高等职业院校机电类专业"十三五"系列规划教材

U0737065

Pro/E Wildfire 5.0
三维设计基础教程

Pro/E Wildfire 5.0 SANWEI SHEJI JICHU JIAOCHENG

主　编　周　源　刘良瑞
副主编　朱润铭　李恒菊
　　　　蔡向阳　刘海蓉
　　　　叶文胜

合肥工业大学出版社

前　言

Pro/ENGINEER Wildfire 5.0 是美国参数技术公司(Parametric Technology Corporation,简称 PTC)的重要产品。它是一款集 CAD/CAM/CAE 功能为一体的综合性三维软件。在目前的三维造型软件领域中占有着重要地位,并作为当今世界机械 CAD/CAE/CAM 领域的新标准而得到业界的认可和推广,是最成功的 CAD/CAM 软件之一。

本书是编者根据多年产品设计、教学以及认证培训中的心得与体会,综合软件教学的特点而编写的。在内容上充分考虑教学规律,由浅入深、系统性强、重点突出、举例典型、条理清楚,具有较强的指导性。

全书共分 13 章,主要内容包括:概述、绘制二维草图、三维造型基础、基准特征、工程特征设计、特征的操作、高级实体特征、曲面特征、模型装配设计、工程图制作、模具设计、数控加工和综合实训项目等。

本书由周源、刘良瑞担任主编,朱润铭、李恒菊、蔡向阳、刘海蓉、叶文胜担任副主编,其中周源负责第 1 章至第 5 章,刘良瑞负责第 6 章、第 7 章,朱润铭负责第 12 章、第 13 章,李恒菊负责第 8 章,蔡向阳负责第 9 章,刘海蓉负责第 10 章,叶文胜负责第 11 章的编写工作。周源负责全书的统稿工作。

本书涉及的案例源文件需要读者自行下载,请登录合肥工业大学出版社网站或扫描封底微信二维码联系管理员下载,还可以联系作者邮箱 21759833@QQ.com 索取。

由于编者的水平和经验有限,书中难免有不妥之处,恳请广大读者批评指正。

编　者

2016.09

目　　录

第1章 初识 Pro/ENGINEER Wildfire 5.0

1.1 Pro/ENGINEER 概述

Pro/E 是美国参数技术公司(Parametric Technology Corporation,简称 PTC)旗下的产品 Pro/Engineer 软件的简称,它是 PTC 公司的重要产品。是一款集 CAD/CAM/CAE 功能一体化的综合性三维软件,在目前的三维造型软件领域中占有着重要地位,并作为当今世界机械 CAD/CAE/CAM 领域的新标准而得到业界的认可和推广,是现今最成功的 CAD/CAM 软件之一。

1. Pro/E 的特点和优势

(1)全相关性 Pro/ENGINEER 的所有模块都是全相关的。这就意味着在产品开发过程中某一处进行的修改能够扩展到整个设计中,同时自动更新所有的工程文档,包括装配体、设计图纸,以及制造数据。全相关性鼓励在开发周期的任一点进行修改,却没有任何损失,并使并行工程成为可能,所以能够使开发后期的一些功能提前发挥其作用。

(2)基于特征的参数化造型 Pro/ENGINEER 使用用户熟悉的特征作为产品几何模型的构造要素。这些特征是一些普通的机械对象,并且可以按预先设置很容易地进行修改。例如:设计特征有弧、圆角、倒角等等,它们对工程人员来说是很熟悉的,因而易于使用。

装配、加工、制造以及其他学科都使用这些领域独有的特征。通过给这些特征设置参数(不但包括几何尺寸,还包括非几何属性),然后修改参数很容易的进行多次设计迭代,实现产品开发。

(3)数据管理 加速投放市场,需要在较短的时间内开发更多的产品。为了实现这种效率,必须允许多个学科的工程师同时对同一产品进行开发。数据管理模块的开发研制,正是专门用于管理并行工程中同时进行的各项工作,由于使用了 Pro/ENGINEER 独特的全相关性功能,因而使之成为可能。

(4)装配管理 Pro/ENGINEER 的基本结构能够使您利用一些直观的命令,例如"啮合"、"插入"、"对齐"等很容易的把零件装配起来,同时保持设计意图。高级的功能支持大型复杂装配体的构造和管理,这些装配体中零件的数量不受限制。

(5)易于使用 菜单以直观的方式联级出现,提供了逻辑选项和预先选取的最普通选项,同时还提供了简短的菜单描述和完整的在线帮助,这种形式使得容易学习和使用。

2. Pro/E 版本

Pro/E 最早进入中国市场的版本是 Pro/E18 版,其后经过十几年的发展和完善,其中每个主版本中间还会有发行一些小改动的日期代码变化的小版本。

Pro/Engineer 是一套由设计至生产的机械自动化软件,是新一代的产品造型系统,是一个参数化、基于特征的实体造型系统,并且具有单一数据库功能。

(1)参数化设计和特征功能 Pro/Engineer 是采用参数化设计的、基于特征的实体模型化系统,工程设计人员采用具有智能特性的基于特征的功能去生成模型,如腔、壳、倒角及圆角,可以随意勾画草图,轻易改变模型。这一功能特性给工程设计者提供了在设计上从未有过的简易和灵活。

(2)单一数据库 Pro/Engineer 是建立在统一基层上的数据库上,不像一些传统的 CAD/CAM 系统建立在多个数据库上。所谓单一数据库,就是工程中的资料全部来自一个库,使得每一个独立用户在为一件产品造型而工作,不管他是哪一个部门的。换言之,在整个设计过程的任何一处发生改动,亦可以前后反应在整个设计过程的相关环节上。例如,一旦工程详图有改变,NC(数控)工具路径也会自动更新;组装工程图如有任何变动,也完全同样反应在整个三维模型上。这种独特的数据结构与工程设计的完整的结合,使得一件产品的设计结合起来。这一优点,使得设计更优化,成品质量更高,产品能更好地推向市场,价格也更便宜。

3. Pro/E 软件的主要功能

Pro/Engineer Pro/Engineer 是软件包,并非模块,它是该系统的基本部分,其中功能包括参数化功能定义、实体零件及组装造型,三维上色实体或线框造型棚完整工程图产生及不同视图(三维造型还可移动,放大或缩小和旋转)。Pro/Engineer 是一个功能定义系统,即造型是通过各种不同的设计专用功能来实现,其中包括:筋(Ribs)、槽(Slots)、倒角(Chamfers)和抽空(Shells)等,采用这种手段来建立形体,对于工程师来说是更自然,更直观,无须采用复杂的几何设计方式。这系统的参数比功能是采用符号式的赋予形体尺寸,不像其他系统是直接指定一些固定数值于形体,这样工程师可任意建立形体上的尺寸和功能之间的关系,任何一个参数改变,其也相关的特征也会自动修正。这种功能使得修改更为方便和可令设计优化更趋完美。造型不单可以在屏幕上显示,还可传送到绘图机上或一些支持 Postscript 格式的彩色打印机。Pro/Engineer 还可输出三维和二维图形给予其他应用软件,诸如有限元分析及后置处理等,这都是通过标准数据交换格式来实现,用户更可配上 Pro/Engineer 软件的其他模块或自行利用 C 语言编程,以增强软件的功能。它在单用户环境下(没有任何附加模块)具有大部分的设计能力,组装能力(人工)和工程制图能力(不包括 ANSI,ISO,DIN 或 JIS 标准),并且支持符合工业标准的绘图仪(HP,HPGL)和黑白及彩色打印机的二维和三维图形输出。Pro/Engineer 功能如下:

(1)特征驱动(例如:凸台、槽、倒角、腔、壳等)。

(2)参数化(参数=尺寸、图样中的特征、载荷、边界条件等)。

(3)通过零件的特征值之间,载荷/边界条件与特征参数之间(如表面积等)的关系来进行设计。

(4)支持大型、复杂组合件的设计(规则排列的系列组件,交替排列,Pro/PROGRAM 的各种能用零件设计的程序化方法等)。

(5)贯穿所有应用的完全相关性(任何一个地方的变动都将引起与之有关的每个地方变

动)。其他辅助模块将进一步提高扩展 Pro/ENGINEER 的基本功能。

1.2　Pro/ENGINEER Wildfire 5.0 中文版操作界面

1. 启动 Pro/ENGINEER Wildfire 5.0 的方法

启动 Pro/ENGINEER Wildfire 5.0 有下列两种方法。

(1)双击桌面上 Pro/ENGINEER Wildfire 5.0 快捷方式图标。

(2)单击任务栏上的"开始"——"所有程序"——Pro ENGINEER Wildfire 5.0——Pro ENGINEER Wildfire 5.0 中文版。

2. Pro/ENGINEER Wildfire 5.0 工作界面介绍

Pro/ENGINEER Wildfire 5.0 工作界面主要由如图 1-1 所示,标题栏、菜单栏、导航栏、工具栏、绘图区、信息栏和过滤器等组成。

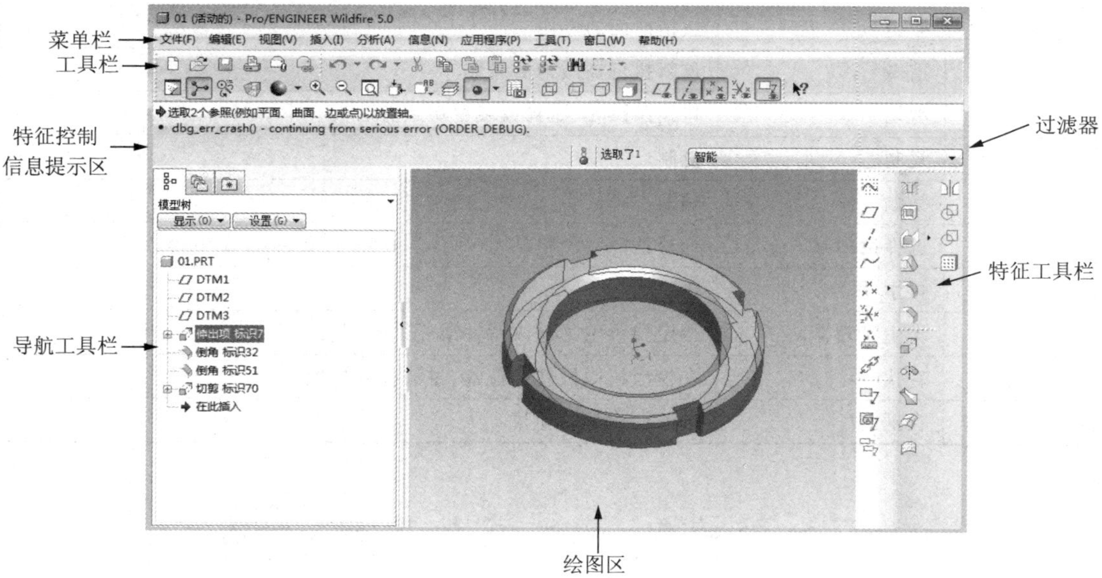

图 1-1　Pro/ENGINEER Wildfire 5.0 工作界面

标题栏:位于主界面的顶部,用于显示当前正在运行的 Pro/ENGINEER Wildfire 5.0 应用程序名称和打开的文件名等信息。

菜单栏:位于标题栏的下方默认共有 10 个菜单项,包括"文件"、"编辑"、"视图"、"插入"、"分析"、"信息"、"应用程序"、"工具"、"窗口"和"帮助"等。单击菜单项将打开对应的下拉菜单,下拉菜单对应 Pro/ENGINEER 的操作命令。但调用不同的模块,菜单栏的内容会有所不同。

工具栏:Pro/ENGINEER 为用户提供的又一种调用命令的方式。单击工具栏图标按钮,即可执行该图标按钮对应的 Pro/ENGINEER 命令。位于绘图区顶部的为系统工具栏,位于绘图区右侧的为特征工具栏。

工具栏中的命令按钮可快速进入命令及设置工作环境,用户可根据需要订制工具栏。

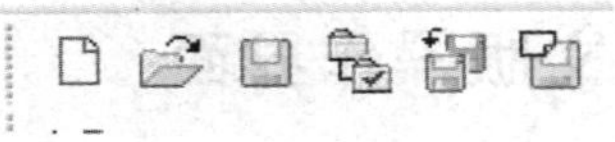

图 1-2 "文件" 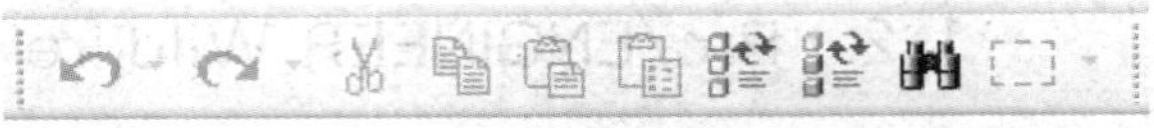   图 1-3 "编辑"

按钮	名　称	功　能
	新建	创建新对象(创建新文件)
	打开	打开文件
	保存	保存激活对象(保存当前文件)
	设置工作目录	设置工作目录
	保存副本	保存一个活动对象的副本(另存为)
	重命名	更改对象名称
	撤销	撤销前面的操作
	重做	重新执行被撤销的操作
	剪切	将绘制图元、注释或表剪切到剪贴板
	复制	复制
	粘贴	粘贴
	选择性粘贴	选择性(高级)粘贴
	再生	再生模型
	再生管理器	指定要再生的修改特性或元件的列表
	查找	在模型树中按规则搜索、过滤及选择项目
	在框内	选取框内部的项目

图 1-4 "视图"

按钮	名　称	功　能
	重画	重画当前视图
	旋转中心	旋转中心显示开/关
	定向模式	定向模式开/关
	透视图	透视图开/关
	外观库	外观库
	放大	放大模型或草图区
	缩小	缩小模型或草图区

（续表）

按钮	名　称	功　能
🔍	重新调整	重新调整对象，使其完全显示在屏幕上
	重定向	重定位视图方向
	已命名的视图列表	已保存的模型视图列表
	层	设置层、层项目和显示状态
禁用	禁用	禁用实时渲染
	增强的真实感	增强的真实感开/关
	展室	展室
	视图管理器	启动视图管理器

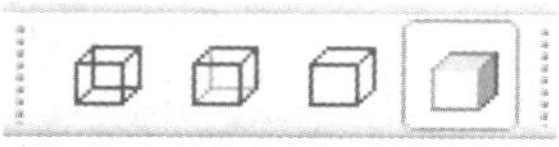

图 1-5　"模型显示"

图 1-6　"基准显示"

按钮	名　称	功　能
	线框	模型以线框方式显示
	隐藏线	模型以隐藏线方式显示
	无隐藏线	模型以无隐藏线方式显示
	着色	模型以着色方式显示
	平面显示	基准平面显示开/关
	轴显示	基准轴显示开/关
	点显示	基准点显示开/关
	坐标系显示	坐标系显示开/关
	注释元素显示	打开或关闭 3D 注释及注释元素

图 1-7　"窗口"命令按钮

按钮	名　称	功　能
	不显示	从进程中移除所有不在窗口中的对象
	新建	创建新的对象窗口
	激活	激活窗口
	关闭窗口	关闭窗口并保持对象在进程中
	帮助	上下文相互帮助

图 1-8 "基准" 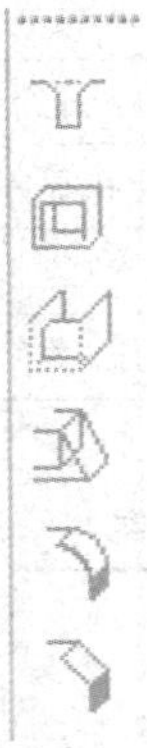   图 1-9 "工程特征"    图 1-10 "基准特征"

按钮	名 称	功 能
	草绘	草绘基准曲线工具
	平面	基准平面工具
	轴	基准轴工具
	曲线	创建基准曲线
	点	基准点工具
	偏移坐标系	偏移坐标系基准点工具
	域	域基准点工具
	坐标系	基准坐标系工具
	分析	创建一个分析特征
	参照	创建一个参照特征
	孔	孔工具
	抽壳	抽壳工具
	筋(肋)	筋(肋)工具
	拔模	拔模工具
	倒圆角	倒圆角工具
	边倒角	倒角工具
	拉伸	拉伸工具
	旋转	旋转工具
	可变剖面扫描	可变剖面扫描工具
	边界混合	边界混合工具
	造型	造型工具

图 1-11　"注释" 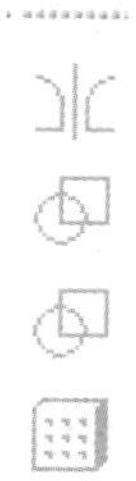　　　　　　　　　　　图 1-12　"编辑特征"

按钮	名　　称	功　　能
	注释特征	插入注释特征
	基准目标注释特征	创建基准目标注释特征以定义基准框
	传播注释元素	插入注释元素传播特征
	镜像	镜像工具
	合并	合并工具
	修剪	修剪工具
	阵列	阵列工具

　　导航栏：位于绘图区的左侧，在导航栏顶部依次排列着"模型树"、"文件夹浏览器"、"收藏夹"和"连接"四个选项卡。例如单击"模型树"选项卡可以切换到如图 1-13 所示面板。模型树以树状结构按创建的顺序显示当前活动模型所包含的特征或零件，可以利用模型树选择要编辑、排序或重定义的特征。单击导航栏右侧的符号"＞"，显示导航栏，单击导航栏右侧的符号"＜"，则隐藏导航栏。

　　绘图区：界面中间的空白区域。在默认情况下，背景颜色是灰色，用户可以在该区域绘制、编辑和显示模型。单击下拉菜单执行"视图"｜"显示设置"｜"系统颜色"命令，弹出如图 1-14 所示"系统颜色"对话框，在该对话框中单击下拉菜单执行"布置"命令，选择默认的背景颜色，再单击"确定"按钮，则绘图区背景颜色自动改变。

　　信息栏：显示在当前窗口中操作的相关信息与提示，如图 1-15 所示。

　　过滤器：位于信息栏右侧，如图 1-15 所示。利用过滤器可以设置要选取特征的类型，这样可以快捷地选取到要操作的对象。

　　在 Pro/ENGINEER 中模型的显示方式有四种，可以单击下拉菜单"视图"｜"显示设置"｜"模型显示"命令，在"模型显示"对话框中设置，也可以单击系统工具栏中下列图标按钮来控制。

　　(1)  线框：使隐藏线显示为实线，如图 1-16 所示。

　　(2)  隐藏线：使隐藏线以灰色显示，如图 1-17 所示。

　　(3)  无隐藏线：不显示隐藏线，如图 1-18 所示。

　　(4)  着色：模型着色显示，如图 1-19 所示。

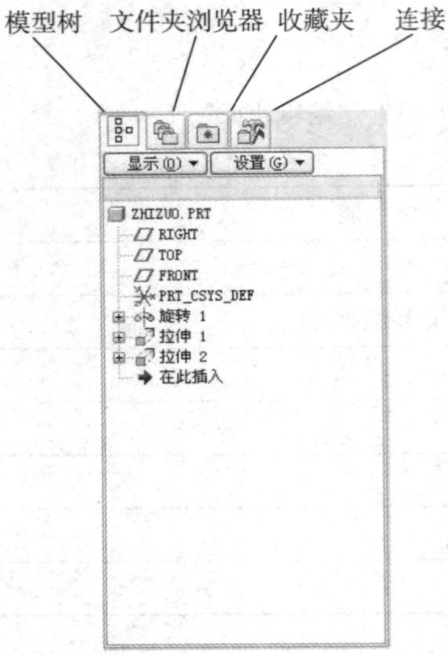

模型树　文件夹浏览器　收藏夹　连接

图 1-13　"模型树"面板

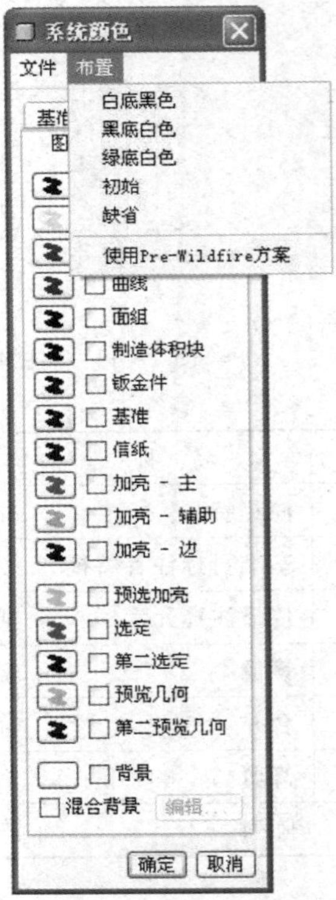

图 1-14　"系统颜色"对话框

图 1-15　信息栏

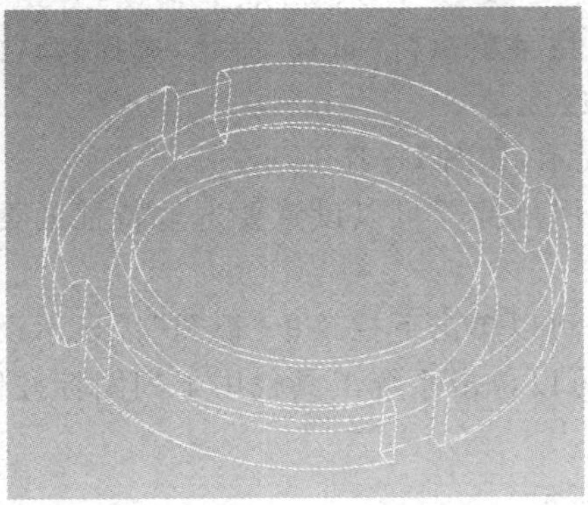

图 1-16　"线框"显示方式

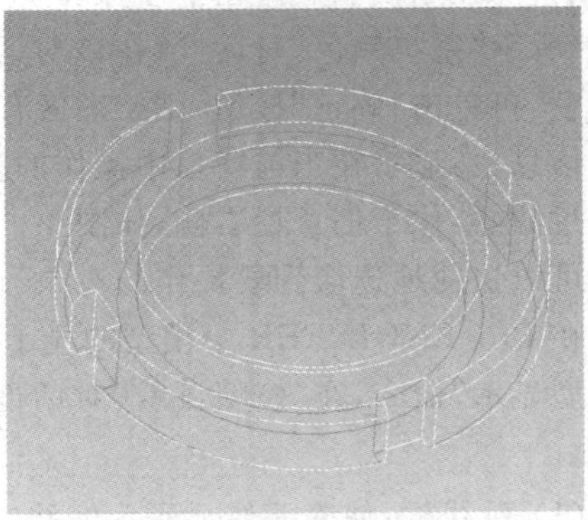

图 1-17　"隐藏线"显示方式

图 1-18　"无隐藏线"显示方式

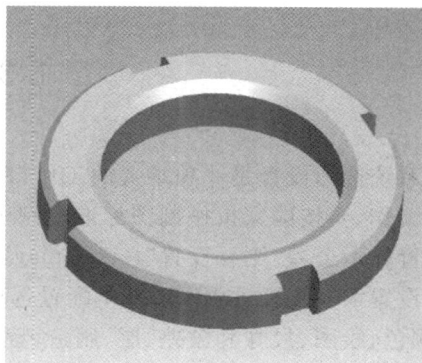

图 1-19　"着色"显示方式

模型观察：为了从不同角度观察模型局部细节，需要放大、缩小、平移和旋转模型。在 Pro/ENGINEER 中，可以用三键鼠标来完成下列不同的操作。

（1）旋转：按住鼠标中键＋移动鼠标。

（2）平移：按住鼠标中键＋Shift 键＋移动鼠标。

（3）缩放：按住鼠标中键＋Ctrl 键＋垂直移动鼠标。

（4）翻转：按住鼠标中键＋Ctrl 键＋水平移动鼠标。

（5）动态缩放：转动中键滚轮。

另外，系统工具栏中还有以下与模型观察相关的图标按钮，其操作方法非常类似于 AutoCAD 中的相关命令。

（1）🔍缩小：缩小模型。

（2）🔍放大：窗口放大模型。

（3）🔍重新调整：相对屏幕重新调整模型，使其完全显示在绘图窗口。

模型定向：

（1）选择默认的视图

在建模过程中，有时还需要按常用视图显示模型。可以单击系统工具栏中📷图标按钮，在其下拉列表中选择默认的视图，包括：标准方向、缺省方向、后视图、俯视图、前视图（主视图）、左视图、右视图和仰视图。

（2）定向的视图

除了选择默认的视图，如果用户根据需要重定向视图。

操作步骤如下：

第 1 步，单击系统工具栏中的🔧图标按钮，弹出如"方向"对话框。

第 2 步，选取 TOP 基准平面为参照 2。

第 3 步，单击"已保存视图"按钮，在名称文本框中输入"自定义"，单击"保存"按钮。

第 4 步，单击"确定"按钮。同时，"自定义"视图保存在视图列表中。

1.3 系统选项

系统选项设置是一项重要的工作,在某些模式下,必须配置文件才能工作。如在绘图模式下工作,要按国家机械制图标准绘制工程图,必须设置"first angle"(第一角视图)选项;如要设置显示公差,则要设置"tol_display"(显示公差)选项。

设置 Pro/ENGINEER 基本配置选项,其基本内容有很多:应用程序界面、组件、组件处理、颜色、绘图、尺寸和公差、层、制造、特征、环境等等。基本配置选项操作步骤如下:

(1)选择主菜单"工具/选项"命令,打开"选项"对话框,去掉"仅显示从文件载入的选项"复选标记,如图 1-20 所示。

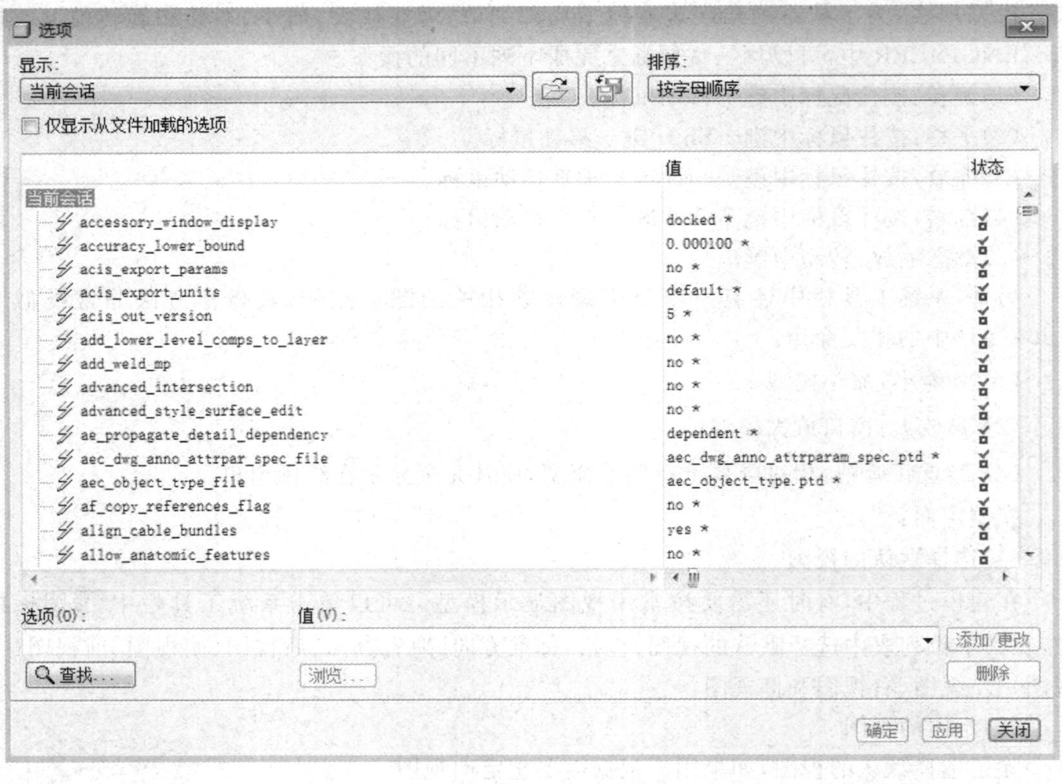

图 1-20 "选项"对话框

(2)钩选"仅显示从文件载入的选项"复选框,在"选项"文本框中输入关键字,如:"version",单击"查找"按钮,弹出"查找选项"对话框,如图 1-21 所示。在"输入关键字"文本框中有"version"字样,在"选择选项"列表框中显示名称以"version"为首的所有选项和选项说明的内容。单击"关闭"按钮,退出"查找选项"对话框。

(3)从"选择选项"列表框中选取配置选项的名称。

(4)单击"添加/更改"按钮,则回到"选项"对话框。

图 1 - 21　"查找选项"对话框

（5）选取要更改的文件，在"值"下拉菜单里选择相应的值，后带有星号（＊）的为缺省值。

（6）单击"添加/更改"按钮，在列表中会出现配置选项及该选项的值。绿色的状态图标用于对所做的改变进行确认。

（7）配置完成后，单击"应用"按钮或"确定"按钮。

（8）单击"保存当前显示的配毁文件的副本"按钮 ，打开"保存副本"对话框，如图 1 - 22 所示。单击"OK"按钮，完成保存。再进入"选项"对话框，单击"关闭"按钮，完成选项的设置。

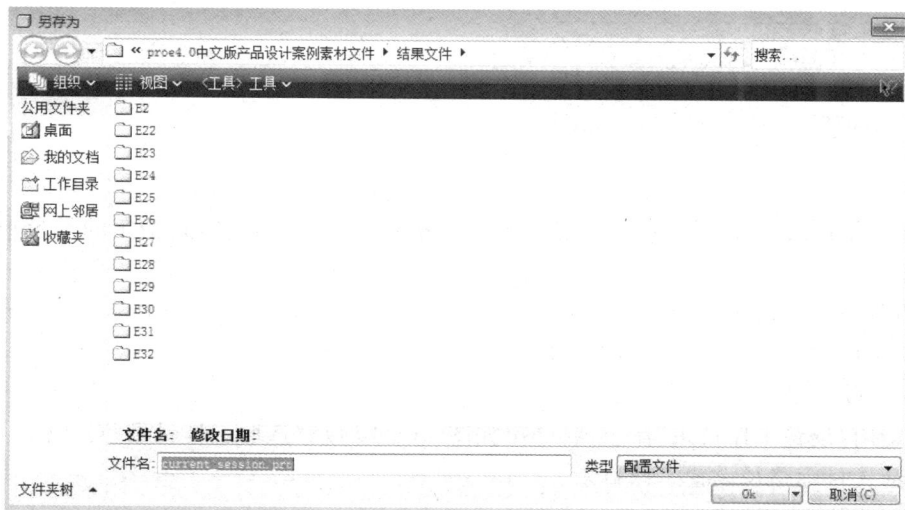

图 1 - 22　"保存副本"对话框

1.4　系统环境

选择下拉菜单"工具"，单击"环境"命令，弹出如图 1-23 所示的"环境"对话框，该对话框中的各选项可以设置 Pro/E 当前运行环境的许多属性。

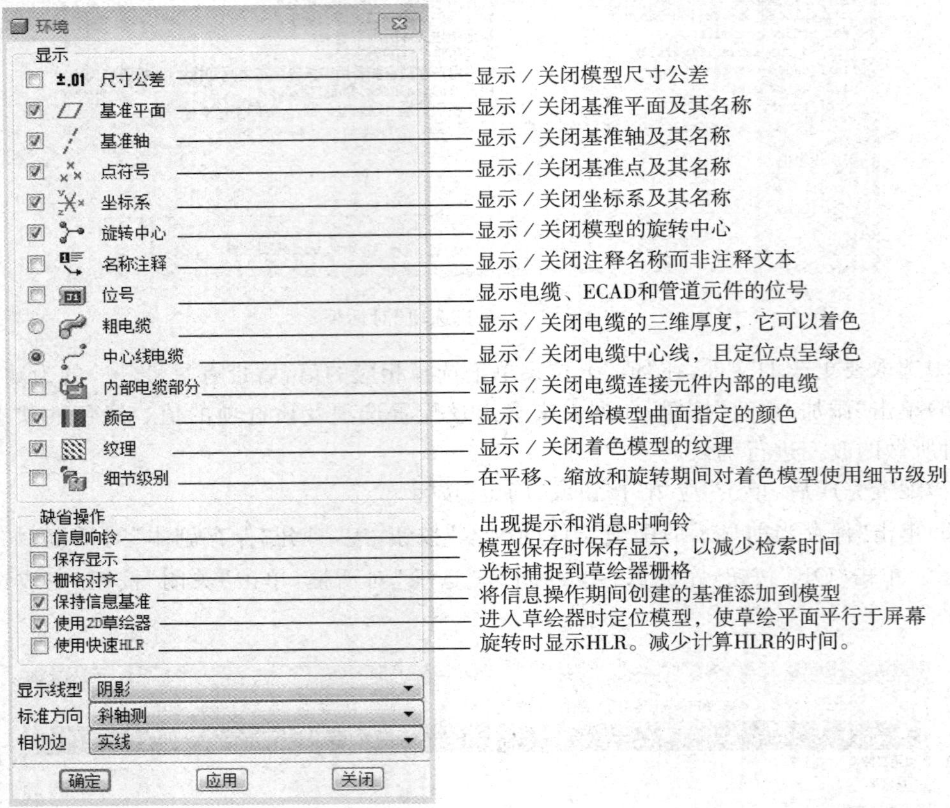

环境项	说明
±.01 尺寸公差	显示／关闭模型尺寸公差
▱ 基准平面	显示／关闭基准平面及其名称
╱ 基准轴	显示／关闭基准轴及其名称
⨯ 点符号	显示／关闭基准点及其名称
⨯ 坐标系	显示／关闭坐标系及其名称
旋转中心	显示／关闭模型的旋转中心
名称注释	显示／关闭注释名称而非注释文本
位号	显示电缆、ECAD和管道元件的位号
粗电缆	显示／关闭电缆的三维厚度，它可以着色
中心线电缆	显示／关闭电缆中心线，且定位点呈绿色
内部电缆部分	显示／关闭电缆连接元件内部的电缆
颜色	显示／关闭给模型曲面指定的颜色
纹理	显示／关闭着色模型的纹理
细节级别	在平移、缩放和旋转期间对着色模型使用细节级别

缺省操作

环境项	说明
信息响铃	出现提示和消息时响铃
保存显示	模型保存时保存显示，以减少检索时间
栅格对齐	光标捕捉到草绘器栅格
保持信息基准	将信息操作期间创建的基准添加到模型
使用2D草绘器	进入草绘器时定位模型，使草绘平面平行于屏幕
使用快速HLR	旋转时显示HLR。减少计算HLR的时间。

显示线型　阴影
标准方向　斜轴测
相切边　实线

确定　　应用　　关闭

图 1-23　"环境"对话框

设置工作目录："设置工作目录"命令可以直接按设置好的路径，在指定的目录中打开和保存文件。

调用命令的方式如下：

菜单：执行"文件"|"设置工作目录"命令。

操作步骤如下：

(1)调用"设置工作目录"命令，将弹出如图 1-24 所示"选取工作目录"对话框。

(2)选择目标路径设置工作目录。

(3)单击"确定"按钮。

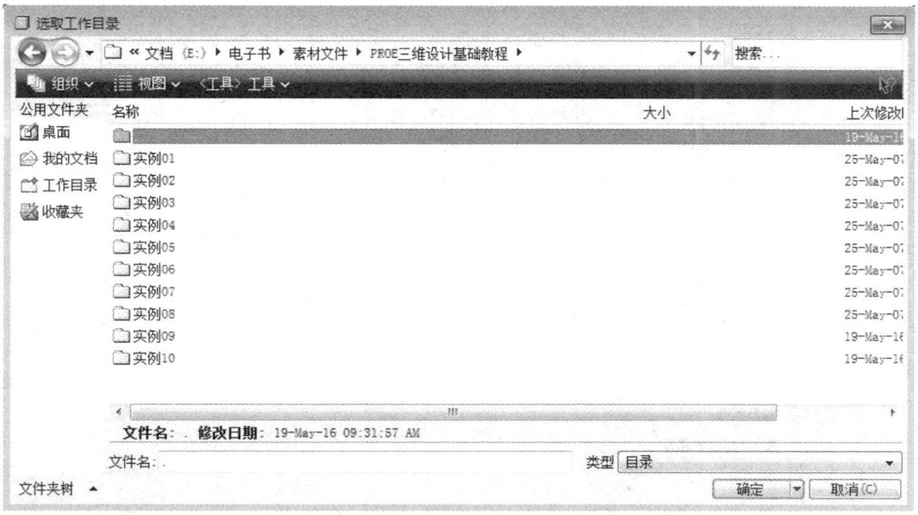

图 1 - 24　"选取工作目录"对话框

1.5　文件管理

1.5.1　新建文件

在 Pro/ENGINEER 中可以利用"新建"命令调用相关的功能模块,创建不同类型的新文件。

调用命令的方式如下:

菜单:执行"文件"|"新建"命令。

图标:单击系统工具栏中 的图标按钮。

操作步骤如下:

(1)调用"新建"命令,弹出如图 1 - 25 所示"新建"对话框。

(2)在"类型"选项组中,选择相关的功能模块单选按钮,默认为"零件"模块,子类型模块为"实体"。

(3)在"名称"文本框中输入文件名。

(4)取消选中"使用缺省模板"复选框。单击"确定"按钮,弹出如图 1 - 16 所示"新文件选项"对话框。

(5)在下拉列表中选择 mmns_part_solid,单击"确定"按钮。

1.5.2　打开文件

"打开"命令可以打开已保存的文件。

调用命令的方式包括:

菜单:执行"文件"|"打开"命令。

图标:单击系统工具栏中的 图标按钮。

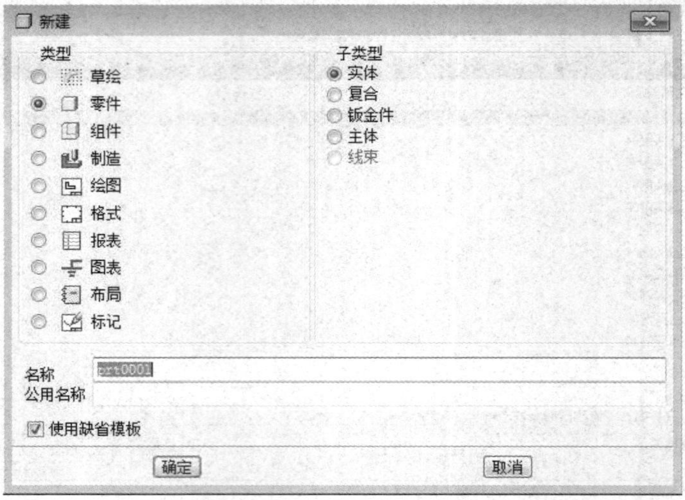

图 1-25 "新建"对话框

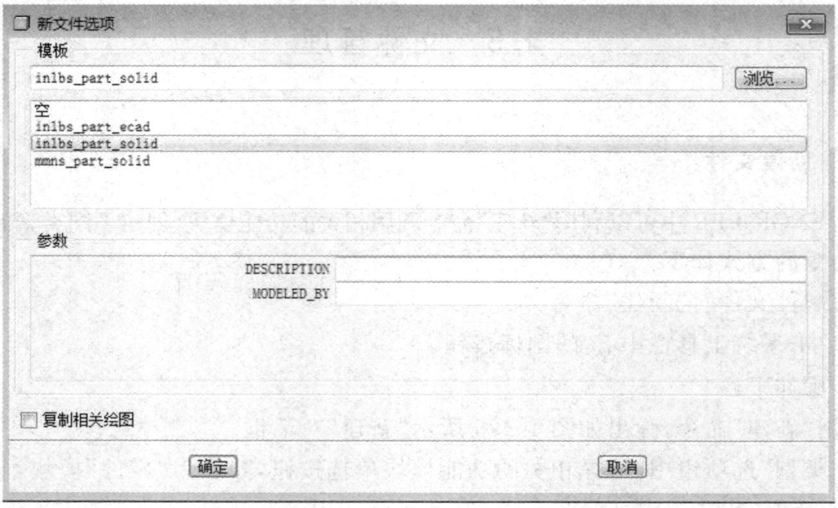

图 1-26 "新建文件选项"对话框

操作步骤如下：

(1)调用"打开"命令,弹出如图 1-27 所示"文件打开"对话框。

(2)选择要打开文件所在的文件夹,在文件名称列表框选中该文件,单击"预览"按钮。

(3)单击"打开"按钮。

1.5.3 保存文件

可以利用"保存"命令保存文件。

调用命令的方式如下：

菜单:执行"文件"|"保存"命令。

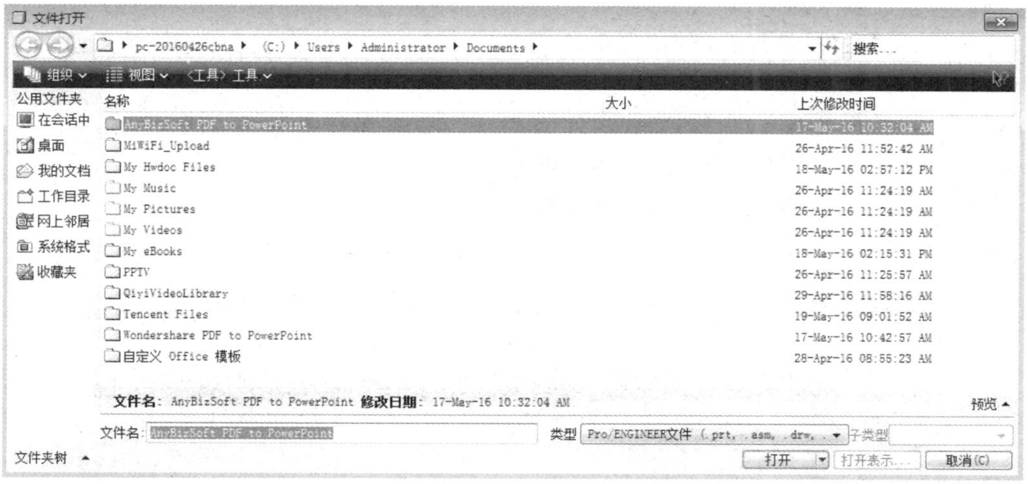

图 1-27　"文件打开"对话框

图标：单击系统工具栏中的 🖫 图标按钮。

操作步骤如下：

（1）调用"保存"命令。弹出如图 1-28 所示"保存对象"对话框。

（2）指定文件保存的路径。

（3）单击"确定"按钮。

图 1-28　"保存对象"对话框

1.5.4　保存副本

"保存副本"命令可以用新文件名保存当前图形或保存为其他类型的文件。

调用命令的方式如下：

菜单：执行"文件"|"保存副本"命令。

操作步骤如下：

（1）调用"保存副本"命令后，将弹出如图1-29所示"保存副本"对话框。

（2）在"新建名称"文本框中，输入新文件名。

（3）单击"类型"下拉列表框，选择文件保存的类型。

（4）单击"确定"按钮。

图1-29 "保存副本"对话框

1.5.5 删除文件

"删除"命令可以删除当前零件的所有版本文件或者仅删除其所有旧版本文件。

（1）删除所有版本

调用命令的方式如下：

菜单：执行"文件"|"删除"|"所有版本"命令。

（2）删除旧版本

调用命令的方式如下：

菜单：执行"文件"|"删除"|"旧版本"命令。

1.5.6 拭除

"拭除"命令可以拭除内存中的文件，但并没有删除硬盘中的原文件。

（1）拭除当前文件

调用命令的方式如下：

菜单：执行"文件"｜"拭除"｜"当前"命令。

（2）拭除不显示文件

调用命令的方式如下：

菜单：执行"文件"｜"拭除"｜"不显示"命令。

1.5.6　关闭窗口

关闭当前模型工作窗口，调用命令的方式如下：

菜单：执行"文件"｜"关闭窗口"命令，或者执行"窗口"｜"关闭"命令。

图标：单击当前模型工作窗口标题栏右端的 [x] 图标按钮。

1.5.7　退出

退出 Pro/ENGINEER Wildfire 5.0 调用命令的方式如下：

菜单：执行"文件"｜"退出"命令。

图标：单击 Pro/ENGINEER Wildfire 5.0 应用程序主窗口标题栏右端的 [x] 图标按钮。

第 2 章　绘制二维草图

截面草图的绘制是创建特征的基础,在创建拉伸、旋转、扫描、混合等特征时,要草绘特征的截面(剖面)形状,其中扫描特征还需要绘制草图以定义扫描轨迹;另外基准曲线、X 截面等也需要定义草图。本模块内容主要包括:草绘模式、基本几何图形的绘制、草图的编辑、草图的几何约束、尺寸标注和修改。

2.1　草绘模式

2.1.1　二维草绘的主要术语

图元:指二维草绘图中的任何几何元素(如直线、中心线、圆弧、圆、椭圆、样条曲线、点或坐标系等)。

参照图元:指创建特征截面二维草图或轨迹时,所参照的图元。

尺寸:图元大小、图元之间位置的量度。

约束:定义图元几何或图元间的位置关系。约束定义后,其约束符号会出现在被约束的图元旁边。例如,在约束两条直线垂直后,垂直的直线旁边将分别显示一个垂直约束符号。默认状态下,约束符号显示为白色。

参数:草绘中的辅助元素。

关系:关联尺寸和(或)参数的等式。例如,可使用一个关系将一条直线的长度设置为另一条直线的两倍。

"弱"尺寸:"弱"尺寸是由系统自动建立的尺寸。当用户增加需要的尺寸时,系统可以在没有用户确认的情况下自动删除多余的"弱"尺寸。默认状态下,"弱"尺寸在屏幕中显示为灰色。

"强"尺寸:是指由用户所创建的尺寸,这样的尺寸系统不能自动地将其删除。如果几个"强"尺寸发生冲突,系统会提示要求删除其中一个。另外用户也可将符合要求的"弱"尺寸转化为"强"尺寸。"强"尺寸显示为白色。

冲突:两个或多个"强"尺寸约束可能会产生矛盾或多余条件。出现这种情况时,用户必须删除一个不需要的约束或尺寸。

2.1.2　进入草绘环境

进入草绘环境的操作方法:

　　选择下拉菜单"文件"→"新建"命令,弹出"新建"对话框如图 2-1 所示;在该对话框中选中"草绘"单选按钮,在"名称"文本框中输入草图名(如 s2d001);单击"确定"按钮,即进入草绘环境。

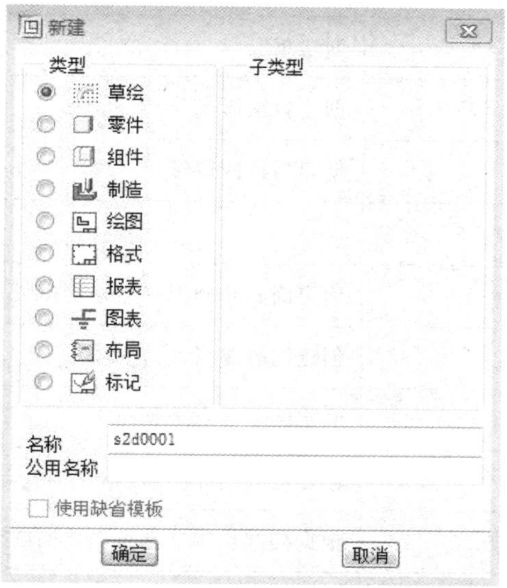

图 2-1　"新建"对话框

3. 草绘工具按钮简介

　　进入草绘环境后,屏幕上会出现草绘时所需要的各种工具按钮,其中常用工具按钮及其功能注释见表 2-1 和表 2-2 所示。

　　(1)草绘工具按钮(一)如下:

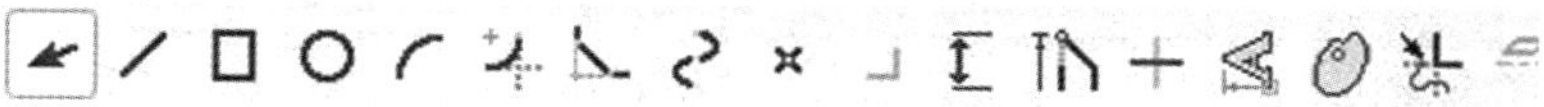

表 2-1　草绘工具按钮(一)

按钮	子按钮	名称	功能
↖		依次(选取项目)	选取一个项目,按住 Ctrl 键可选多个项目
＼			
	＼	线	创建 2 点线
	⤬	直线相切	创建与 2 图元相切的直线
	┊	中心线	创建 2 点中心线
	⸬	几何中心线	创建 2 点几何中心线

（续表）

按钮	子按钮	名称	功能
▢			
	▢	矩形	创建矩形
	▱	斜矩形	创建斜矩形
	▱	平行四边形	创建平行四边形
○			
	○	圆心和点	确定圆心和圆上一点来创建圆
	◎	同心圆	创建同心圆
	○	3 点	确定圆上 3 点来创建圆
	○	3 相切	创建与 3 图元相切的圆
	⊘	椭圆长轴 2 端点	根据椭圆长轴 2 端点创建椭圆
	⊘	椭圆中心和长轴端点	根据椭圆中心和长轴端点创建椭圆
⌒			
	⌒	3 点/相切端	通过 3 点或在其端点与图元相切创建圆弧
	⤳	同心	创建同心圆弧
	⤙	圆心和端点	通过选取圆弧圆心和端点创建圆弧
	⤙	3 相切	创建与 3 图元相切的圆弧
	⌒	圆锥	创建锥形弧
⌇+			
	⌇+	圆形	在 2 图元间创建圆形圆角
	⌇+	椭圆形	在 2 图元间创建椭圆形圆角
⌐			
	⌐	倒角和构造线延伸	在 2 图元间创建倒角并创建构造线延伸
	⌐	倒角	在 2 图元间创建倒角
∿		样条	通过若干点创建样条曲线
✕			

（续表）

按钮	子按钮	名称	功能
	✕	点	创建点
	Gx	几何点	创建几何点
	⅄	坐标系	创建坐标系
	𝒢⅄	几何坐标系	创建几何坐标系
▢			
	▢		利用其他特征的边来创建草图
	⅊		对其他特征的边进行偏移来创建草图
	⅊		对其他特征的边进行两侧偏移创建草图
↦			
	↦	垂直	创建定义尺寸
	⬚	周长	创建周长尺寸
	REF	参照	创建参照尺寸
	⬚	基线	创建一条纵坐标尺寸基线
⇗		修改	修改尺寸值、样条几何或文本图元
＋			
	＋	竖直	使直线或两点竖直
	＋	水平	使直线或两点水平
	⊥	垂直	使两直线垂直
	⌀	相切	使两图元（圆与圆、直线与圆等）相切
	╲	中点	把一点放在线的中间
	⊙	共线	使两点重合，或使一个点落在直线或圆等图元上
	⥁	对称	使两点或顶点对称于中心线
	＝	相等	创建相等长度、相等半径或相等曲率
	∥	平行	使两直线平行
⒜		文本	创建文本，作为截面的一部分

（续表）

按钮	子按钮	名称	功能
🎨		调色板	将外部数据插入到活动对象
✂			
	✂	删除段	修剪图元,去掉选取的部分
	⊤	拐角	修剪图元,保留选取的部分
	⌐	分割	在选取点处分割图元
◫			
	◫	镜像	镜像选定的图元
	⟳	缩放并旋转	缩放并旋转选定图元

（2）草绘工具按钮（二）如下：

表 2-2　草绘工具按钮（二）

按钮	名称	功能
⬚▾	在框内	选取框内部的项目
🔁	草绘方向	定向草绘平面,使其与显示器屏幕平行
⊢⊣	显示尺寸	控制草绘尺寸的显示/关闭
⊥//	显示约束	控制约束符号的显示/关闭
▦	显示栅格	控制草绘网格的显示/关闭
◺	显示顶点	控制草绘截面顶点的显示/关闭

2.1.3　二维草绘环境的设置

1. 设置网格间距

选择下拉菜单"草绘"→"选项"命令。

此时系统弹出图 2-2 所示的"草绘器优先选项"对话框,在"参数"选项卡的"栅格间距"中选取"手动",然后输入 X 和 Y 间距值。

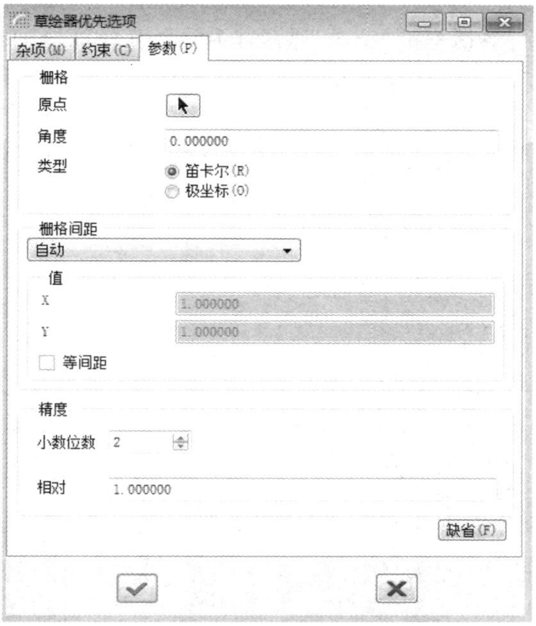

图 2 - 2　"参数"选项卡

2. 设置优先约束项目

在"草绘器优先选项"对话框的"约束"选项卡中,可设置草绘的优先约束项目如图 2 - 3 所示。选中约束选项后,系统将添加绘制草图时的相应约束。

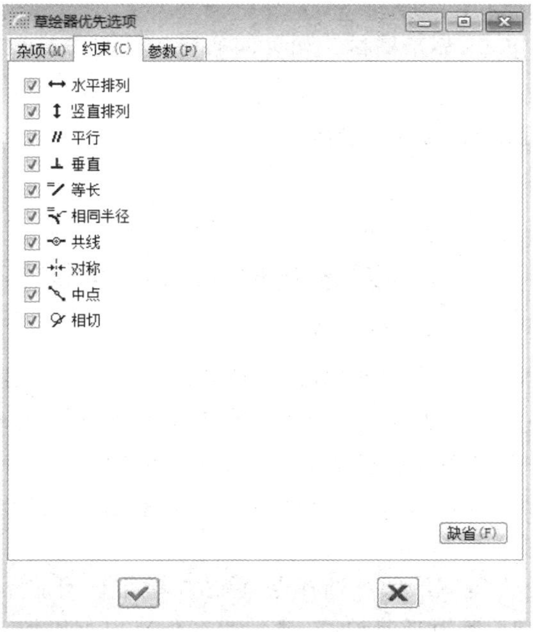

图 2 - 3　"约束"选项卡

3. 设置优先显示

在"草绘器优先选项"对话框的"杂项"选项卡中，可设置草绘的优先显示项目如图 2-4 所示。选中这些显示选项，系统将显示草图的顶点、约束、尺寸等项目。

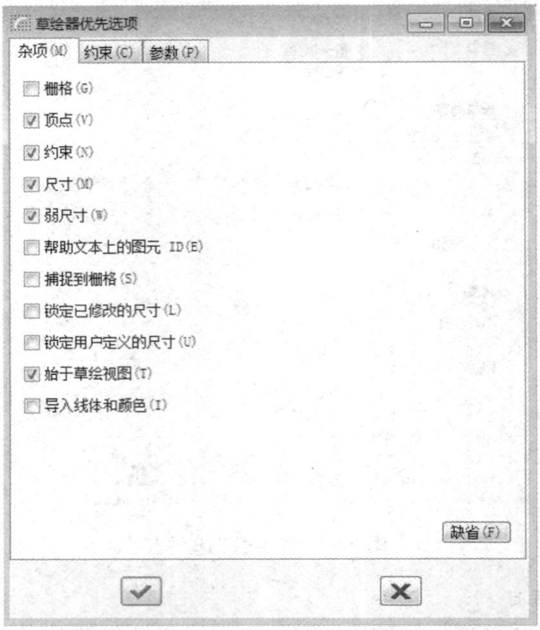

图 2-4　"杂项"选项卡

4. 草绘区的快速调整

单击"显示栅格"按钮，显示栅格。如果网格过密或过疏，可缩放草绘区；如果想调整图形位置，可移动草绘区。

鼠标操作方法：中键滚轮：缩放草绘区。

中键按住：移动草绘区。

2.2　基本几何图形的绘制

草绘时，可从草绘环境的工具栏按钮区或"草绘"下拉菜单中选取一个绘图命令（因工具栏命令按钮简捷，应优先使用），然后可通过在屏幕图形区中单击点来创建图元。

在绘制图元的过程中，当移动鼠标指针时，Pro/E 系统将自动确定可添加的约束并将其显示。当同时出现多个约束时，只有一个约束处于活动状态，显示为红色。

草绘环境中鼠标的使用：

草绘时，可单击鼠标左键在绘图区选择点，单击中键中止当前操作或退出当前命令。

草绘时，可通过右击来禁用当前约束（显示为红色），也可以按 Shift 键和鼠标右键来锁定约束。

当不处于绘制图元状态时,按 Ctrl 键并单击,可选取多个项目;右击将弹出带有常用草绘命令的右键快捷菜单。

2.2.1　绘制直线类图元

1. 绘制一般直线(命令按钮:＼)

单击工具栏中"直线"命令按钮＼ 。

单击直线的起点、终点位置,系统便在两点间创建一条直线。重复此步骤,可创建一系列连续的线段。

单击中键,结束绘制。

2. 绘制相切直线(命令按钮:＼)

在第一个圆或弧上单击一点,在第二个圆或弧上单击与直线相切的位置点,此时便产生一条与两个圆(弧)相切的直线段。

3. 绘制中心线(命令按钮:┊)

中心线可作为一个旋转特征的中心轴,也可作为草图内的对称中心线,还可用来创建辅助线。

2.2.2　绘制矩形图元(命令按钮:□)

矩形对于绘制二维草图十分有用,分别单击矩形的两角点,完成绘制。

2.2.3　绘制圆弧类图元

1. 绘制圆

(1)中心和圆上一点(命令按钮:◯):选取中心点和圆上一点来绘制圆。

(2)同心圆(命令按钮:◉)。

(3)三点(命令按钮:◯):选取圆上三点来绘制圆。

(4)三个图元(命令按钮:◯):选取三个图元来绘制圆。

2. 绘制椭圆

(1)椭圆长轴 2 端点(命令按钮:◯):根据椭圆长轴 2 端点创建椭圆

(2)椭圆中心和长轴端点(命令按钮:◯)

3. 绘制圆弧

(1)三点圆弧(命令按钮:⌒):确定圆弧两个端点和弧上一点创建圆弧。

(2)同心圆弧(命令按钮:⌒)。

(3)圆心和端点(命令按钮:⌒):选取圆弧圆心和端点创建圆弧。

(4)与三个图元相切的圆弧(命令按钮:⌒)。

4. 绘制圆角(命令按钮:⌐)

在两图元间创建圆形圆角。

5. 绘制倒角(命令按钮: ⟋)

在两图元间创建倒角并创建延伸构造线。

2.2.4　绘制样条曲线(命令按钮: ∿)

样条曲线是通过任意多个中间点的平滑曲线。

2.2.5　在草绘环境中创建坐标系

选择下拉菜单"草绘"→"坐标系"命令。

在某位置单击以放置该坐标系原点。

2.2.6　创建点(命令按钮: ✖)

创建点对设计管路等工作十分有用。

2.2.7　创建构建图元

Pro/E 中构建图元(构建线)的作用为辅助线(参考线),构建图元以虚线显示,草绘中的直线、圆弧和样条线等图元都可转化为构建图元。

下面以图 2－5 为例,说明其创建方法。

选取图 2－5(a)中的小圆和矩形(按住 Ctrl 键,可连续选取多个图元),右击,在弹出的右键菜单中选择"构建"命令,被选取的图元就转换成构建图元如图 2－5(b)所示。

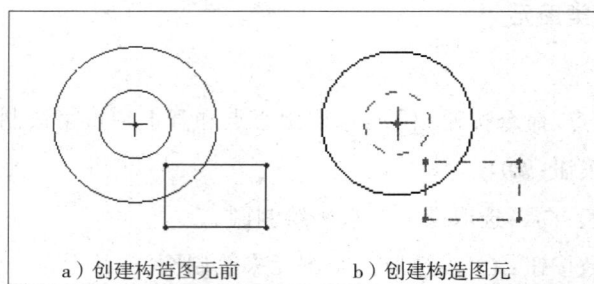

a）创建构造图元前　　　　　b）创建构造图元

图 2－5　创建构造图元

2.2.8　创建文本

(1)单击草绘工具栏按钮 A 或选择"草绘"下拉菜单"文本"命令。

(2)在系统"选择行的起始点,确定文本高度和方向"的提示下,单击一点作为起始点。

(3)在系统"选取行的第二点,确定文本高度和方向。"的提示下,单击另一点。此时在两点之间会显示一条构建线,该线的长度决定文本的高度,该线的角度决定文本的方向。

(4)弹出"文本"对话框,在"文书行"文本框中输入需要创建的文本内容如图 2－6 所示。

(5)在"文本"对话框中,可设置下列文本选项:字体、位置、长宽比、斜角、沿曲线放置、字符间距。

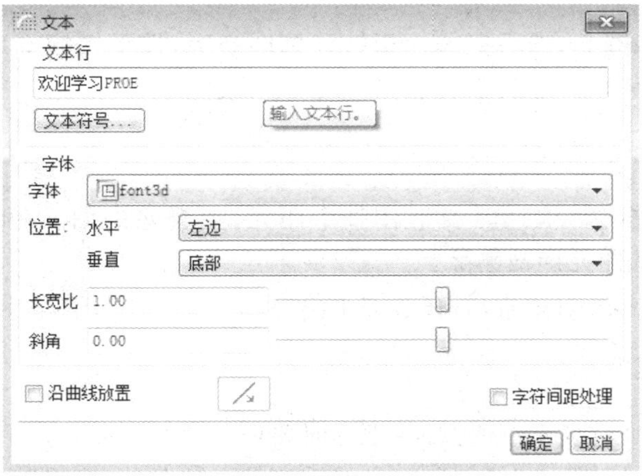

图 2-6　"文本"对话框

2.3　草图的编辑

2.3.1　图元的操纵

Pro/E 提供了图元操纵功能,可平移、旋转和拉伸图元。

(1)直线的操纵

旋转操纵:把鼠标指针移到直线上,按下左键不放,同时移动鼠标,此时直线以远端点为圆心转动,达到绘制意图后,松开鼠标左键。

伸缩操纵:把鼠标指针移到直线的某个端点上,按下左键不放,同时移动鼠标,此时直线以另一端点为固定点伸缩或转动,达到绘制意图后,松开鼠标左键。

(2)圆的操纵

放缩操纵:把鼠标指针移到圆的边线上,按下左键不放,同时移动鼠标,此时圆在变大或缩小。达到绘制意图后,松开鼠标左键。

平移操纵:把鼠标指针移到圆心上,按下左键不放,同时移动鼠标,此时圆随着指针移动。达到绘制意图后,松开鼠标左键。

(3)圆弧的操纵

放缩操纵:把鼠标指针移到圆弧上,按下左键不放,同时移动鼠标,此时圆弧半径变大或变小。达到绘制意图后,松开鼠标左键。

旋转操纵(移动圆弧端点):把鼠标指针移到圆弧的某个端点上,按下左键不放,同时移动鼠标,此时圆弧以另一端点为固定点旋转,并且圆弧的包角也在变化。达到绘制意图后,松开鼠标左键。

旋转操纵(移动圆心):把鼠标指针除移到圆弧的圆心点上,按下左键不放,同时移动鼠标,此时圆弧以某一端点为固定点旋转,并且圆弧的包角及半径也在变化。达到绘制意图后,松开鼠标左键。

平移操纵:先单击圆心,然后把鼠标指针移到圆心上,按下左键不放,同时移动鼠标,此时圆弧随着指针一起移动。达到绘制意图后,松开鼠标。

2.3.2 删除图元

在绘图区单击或框选(框选时要框住整个图元)要删除的图元(可看到选中的图元变红),按 Delete 键,所选图元即被删除。

还可采用另两种方法删除图元:在右键菜单中或"编辑"下拉菜单中选择"删除"命令。

2.3.3 复制图元

在绘图区单击或框选要复制的图元(框选时要框住整个图元),选中的图元变红。

先选择下拉菜单"编辑"→"复制"命令,然后选择下拉菜单"编辑"→"粘贴"命令,再在绘图区单击一点以确定草图放置的位置,则图形被复制。Pro/E 在复制二维草图时,还可对其进行平移、旋转和缩放的操作。

2.3.4 镜像图元

在绘图区单击或框选要镜像的图元。

单击工具栏按钮 ╏╏,或者选择下拉菜单"编辑"→"镜像"命令。

系统提示选取一个镜像中心线。如果没有可用的中心线,须用绘制中心线的命令绘制一条中心线。

2.3.5 裁剪图元

去掉方式:单击工具栏按钮 ⪴,去掉选取的部分。

分别单击各图元要去掉的部分。

保留方式:单击工具栏按钮 ┷,保留选取的部分。

分别单击各图元要保留的部分。

图元分割:单击工具栏按钮 ╶╋,在选取点处分割图元。

2.3.6 比例缩放和旋转图元

在绘图区单击或框选要比例缩放的图元(框选时要框住整个图元,选中后图元变红)。

单击工具栏按钮 ☺;或选择下拉菜单"编辑"→"Move&Resize"命令。弹出"Move&Resize 移动和调整大小"对话框,同时"缩放"、"旋转"和"平移"手柄出现在截面图上。在该对话框内,输入缩放值和旋转值,或者分别操纵手柄进行缩放、旋转和移动操作。

2.4 草图的几何约束

在草绘图中有尺寸的约束和几何约束。尺寸约束用来控制尺寸的大小,即标注尺寸;几何约束就是控制草图中几何图素的定位方向及几何图素之间的相互位置关系。在工作界面中尺寸约束显示为参数符号或数字,几何约束显示为字母符号。

1. 几何约束种类

单击工具栏图标 ⬚,弹出如图 2-7 所示的【约束】对话框,各类约束的功能见表 2-3。

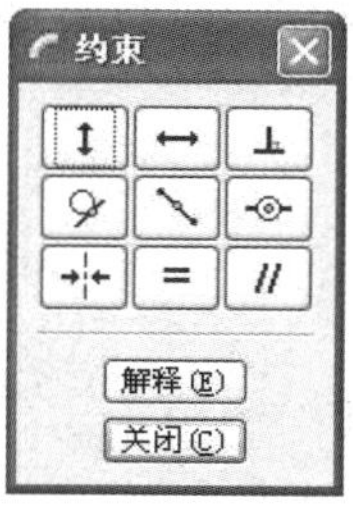

图 2-7　【约束】对话框

表 2-3　几何约束功能

序号	按钮	名称	功能
1	⬍	竖直约束	使直线维持竖直或两点在同一竖直线上
2	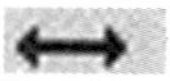 ↔	水平约束	使直线维持水平或两点在同一水平线上
3	⊥	垂直约束	使两直线相互垂直
4	 ⬚	相切约束	使两图素相切
5	 ⬚	中点约束	定义直线的中点
6	 ⬚	对齐约束	使两图素共线、两点重回、两点对齐或点在直线上
7	→|←	对称约束	使两图素对称
8	 =	相等约束	等半径、直径或长度
9	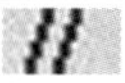 //	平行约束	使两图素平行

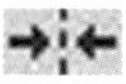

2. 定义约束条件

(1)竖直约束——单击按钮 ⬍,选择直线或两点,直线或两点将被约束在同一竖直线上,如图 2-8 所示。

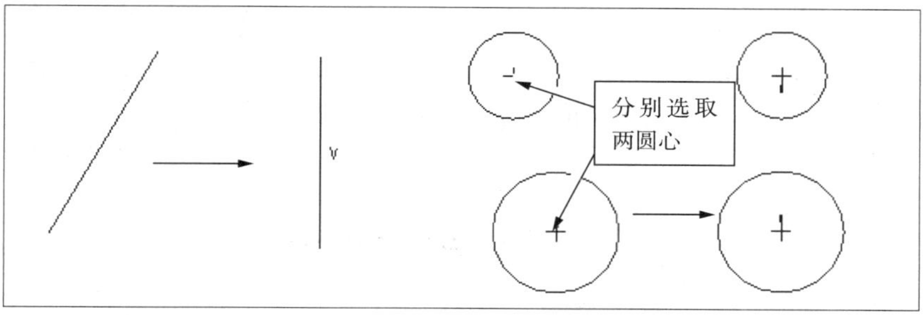

图 2-8　竖直约束

（2）水平约束——单击按钮 ↔ ，选择直线或两点，直线或者两点将被约束在同一水平线上，其方法同竖直约束。

（3）垂直约束——单击按钮 ⊥ ，依次选择两条线，两条线将被约束为互相垂直，如图2-9所示。

（4）相切约束——相切主要有直线和圆、圆和圆，单击按钮 ♀ ，分别选择两图素，则两图素相切，如图2-10所示。

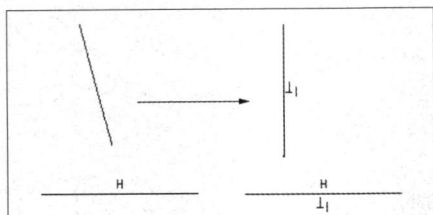

图2-9　垂直约束

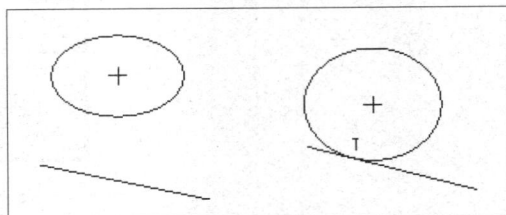

图2-10　相切约束

（5）中点约束——单击按钮 ＼ ，依次选择一个点和直线，选择的点约束为选择直线的中点。

（6）对齐约束——单击按钮 ⊙ ，依次选择两点（结果为共点），或点和直线（点在直线上），或两直线（两直线重合）。

（7）对称约束——单击按钮 →|← ，依次选择对称的中心线和需对齐的两图素上的特征点（比如中点、端点等），如图2-11所示。

（8）相等约束——单击按钮 ═ ，依次选择需要约束为相等的两图素，必须是同类型的两图素。

（9）平行约束——单击按钮 ∥ ，依次选择需要约束为平行的两直线即可。

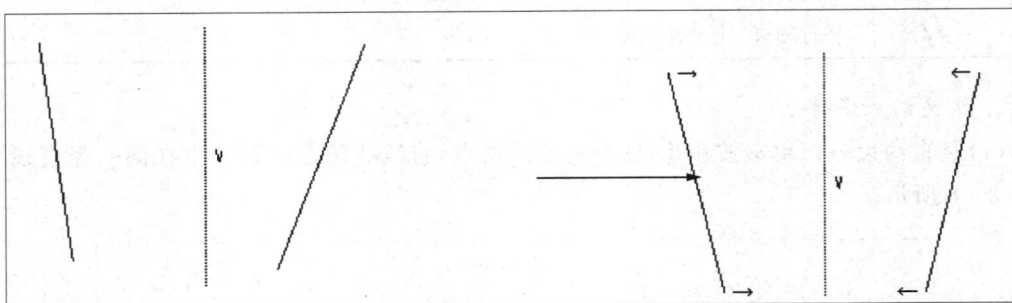

图2-11　对称约束

2.5　尺寸标注和修改

Pro/ENGINEER Wildfire 5.0中文版绘制草图的特点是尺寸参数化，即能自动捕提用户的意图,自动进行尺寸标注,但在一些情况下,系统自动标注的尺寸往往无法完全满足设计需要,此时就必须对图形进行手工标注和修改。

1. 尺寸强化

在草绘中绘制了几何图形后,系统都会自动产生相关的尺寸约束条件。系统自动产生的尺寸叫作"弱尺寸"。这些由系统自动产生的尺寸不一定符合设计者的要求,这时需要设计者进行尺寸的强化,以最终符合设计者的意图,弱尺寸呈灰色显示,强化后的尺寸呈银色高亮显示。下面介绍几种尺寸强化的方法:

(1)直接强化——左键单击尺寸,尺寸变成红色后,按右键,在弹出的快捷键菜单中选择【强】命令,如图 2-12 所示。也可选择主菜单【编辑/转换到/加强】命令来完成。

(2)重新标注强化——在所显示的弱尺寸通过重新标注尺寸的方式来实现。

(3)修改尺寸强化——单击工具栏按钮 (也可直接双击尺寸),选择要修改的尺寸,在弹出如图 2-13 所示的【修改尺寸】对话框中输入所修改的数值即可。在对话框中有【再生】和【锁定比例】两个复选框,其功能如下:

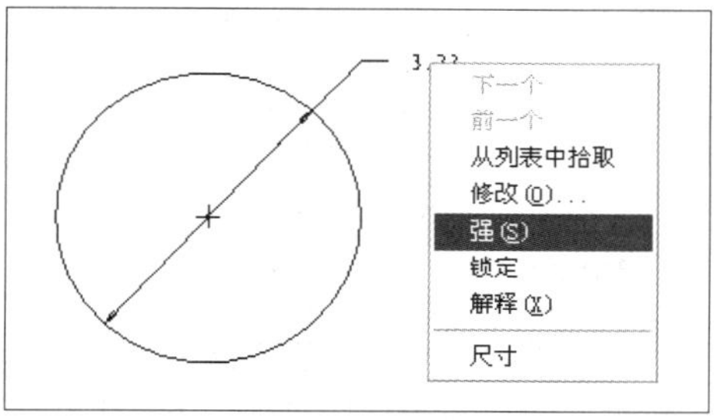

图 2-12 直接强化

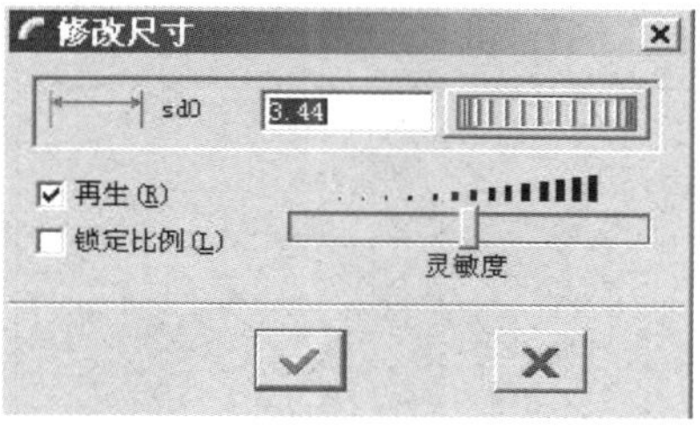

图 2-13 【修改尺寸】对话框

① 再生——若钩选,使一个尺寸数值改变时,线条的几何形状或位置立即更新变化。若不钩选则修改完所有的尺寸确定后,其线条的几何形状才更新变化。

② 锁定比例——若钩选,则其未修改的尺寸自动修改与修改后的尺寸保存为原来的比例关系。比如图 2-14 所示,长宽比例为 2:1,同时选中尺寸数值 6 和 3,单击 按钮,修改尺寸数值 3 为数值 4,回车,则长度尺寸数值 6 自动变为 8。

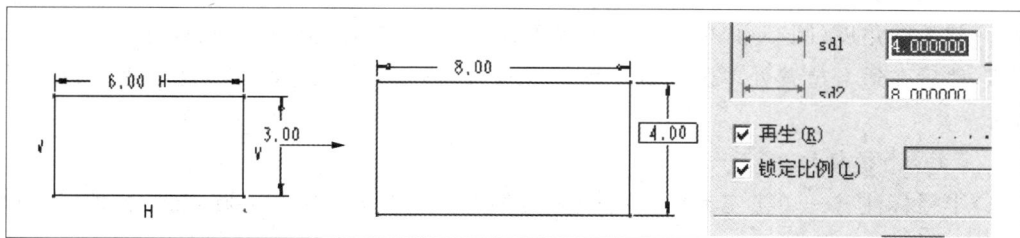

图 2-14 锁定比例修改尺寸

2. 距离标注

(1)直线长度的标注——单击工具栏按钮 ,选择需要标注尺寸的直线,在适合位置处单击鼠标中键放置尺寸,再次单击鼠标中键,完成操作。

（2）平行线间的标注——单击工具栏按钮，分别选择需要标注尺寸的两平行直线，在适合位置处单击鼠标中键放置尺寸，再次单击鼠标中键，完成操作。

（3）点到直线距离的标注——单击工具栏按钮，分别选择需要标注尺寸的点和直线，在适合位置处单击鼠标中键放置尺寸，再次单击鼠标中键，完成操作。

（4）两点间的距离——单击工具栏按钮，分别选择需要标注尺寸的两点，在适合位置处单击鼠标中键放置尺寸，再次单击鼠标中键，完成操作。

（5）直线和圆弧距离的标注——单击工具栏按钮，分别选择需要标注尺寸的圆弧和直线（选择方式为圆心与直线、圆周边与直线），在适合位置处单击鼠标中键放置尺寸，再次单击鼠标中键，完成操作，如图 2-15 所示。

（6）圆弧间距离的标注——单击工具栏按钮，分别选择需要标注尺寸的两圆弧（选择方式为圆心与圆心、圆周边与圆周边等），在适合位置处单击鼠标中键放置尺寸，再次单击鼠标中键，完成操作。当选择圆周边与圆周边时，单击鼠标中键放置尺寸时，会弹出【尺寸定向】对话框，供用户选取"竖直"或"水平"放置方式，选好放置方式后，单击【接受】按钮，如图 2-16 所示。

图 2-15　标注直线和圆弧的距离　　　　　　图 2-16　标注圆弧间距离

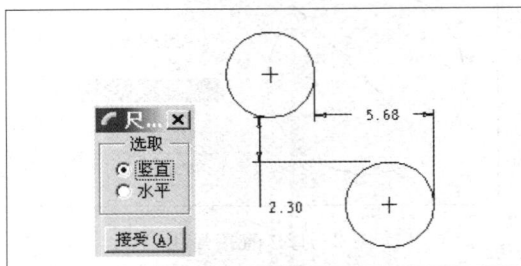

3. 角度标注

角度标注主要有直线间角度和圆弧角度两种。

（1）线段间的夹角标注——单击工具栏按钮，分别选择需要标注角度的两边线，在适合位置处单击鼠标中键放置尺寸，再次单击鼠标中键，完成操作。

（2）圆弧的角度（圆心角）标注——单击工具栏按钮，先分别选择所圆弧的两端，再选择圆弧，然后在适合位置处单击鼠标中键放置尺寸，再次单击鼠标中键，完成操作，如图 2-17 所示。

4. 直径/半径标注

（1）半径标注——单击工具栏按钮，分别选择所要标注圆弧或圆，在适合位置处单击鼠标中键放置尺寸，再次单击鼠标中键，完成操作，如图 2-18 所示。

（2）直径标注——单击工具栏按钮，双击所要标注的圆或圆弧，在适合位置处单击鼠标中键放置尺寸，再次单击鼠标中键，完成操作，如图 2-19 所示。

图 2-17　标注圆弧的角度

图 2-18　标注直径和半径

（3）旋转剖面的直径标注——单击工具栏按钮 |↔|，依次选择旋转母线、旋转中心线，再次选择旋转母线，在适合位置处单击鼠标中键，完成操作，如图 2-19 所示。

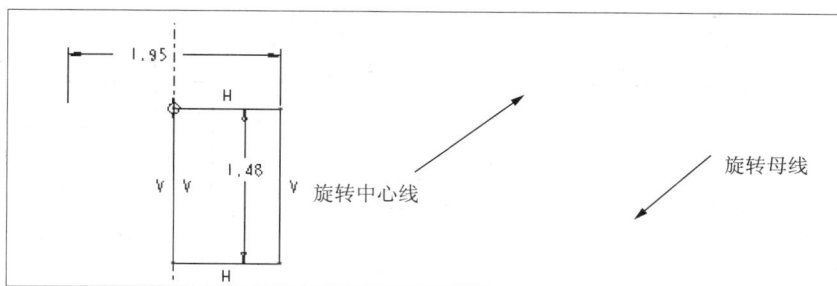

图 2-19　标注旋转剖面的直径

5. 曲率半径的标注

（1）椭圆标注——单击工具栏按钮 |↔|，选择所要标注的曲线，在适合位置处单击鼠标中键，在弹出的【椭圆半径】对话框中选取 "X 半径" 或 "Y 半径" 标注方式，单击【接受】按钮，再次单击鼠标中键，完成操作，如图 2-20 所示。

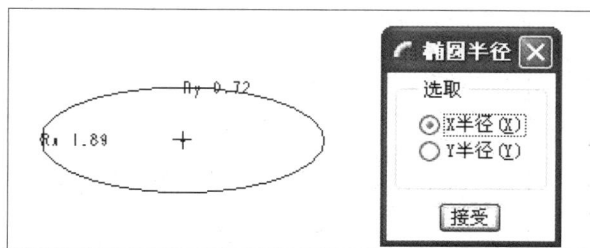

图 2-20　标注椭圆

（2）圆锥曲线标注——圆锥曲线的标注主要包括 rho 值、两个端点的尺寸等，若要修改 rho 值，则直接双击 rho 值即可；若要改变角度尺寸的标注方式，则其步骤如下：①选择曲线；②选择曲线的一个端点（以做为旋转轴）；③选择中心线（以做为角度标注参考线），以鼠标中键指定角度的放置位置，如图 2-21 所示。

（3）样条曲线标注——系统会自动标注曲线头尾两端的相对位置，此外我们也可标注任意一点的位置和首尾两端点的角度。则其步骤如下：①选择曲线；②选择曲线的一个端点（以作为旋转轴）；③选择中心线（以作为角度标注参考线），以鼠标中键指定角度的放置位置，如图 2-22 所示。

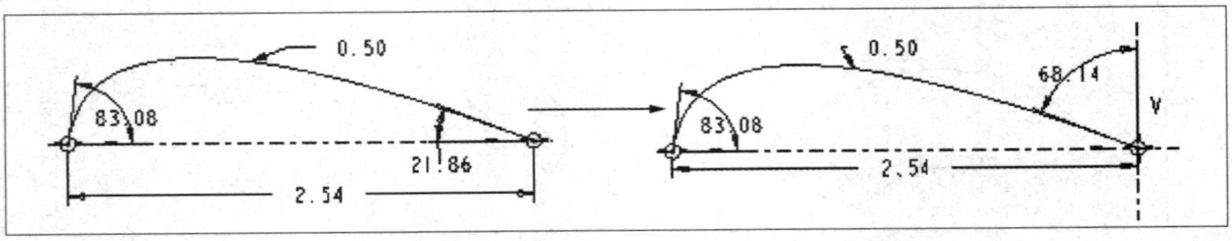

图 2-21　标注圆锥曲线标注

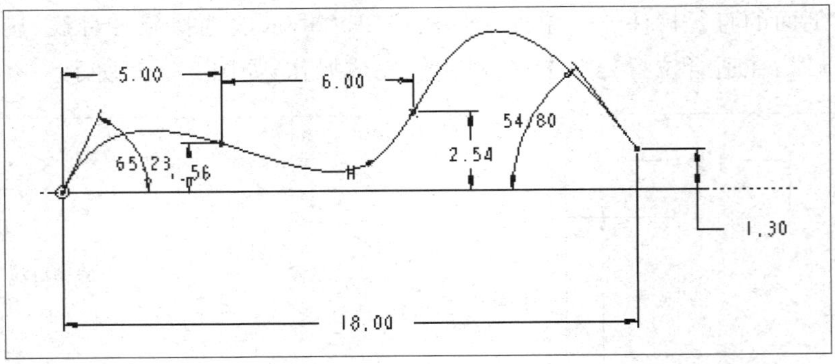

图 2-22　标注样条曲线

2.6　实训练习——草绘截面图

任务一：绘制如图 2-23 所示的草绘截面。

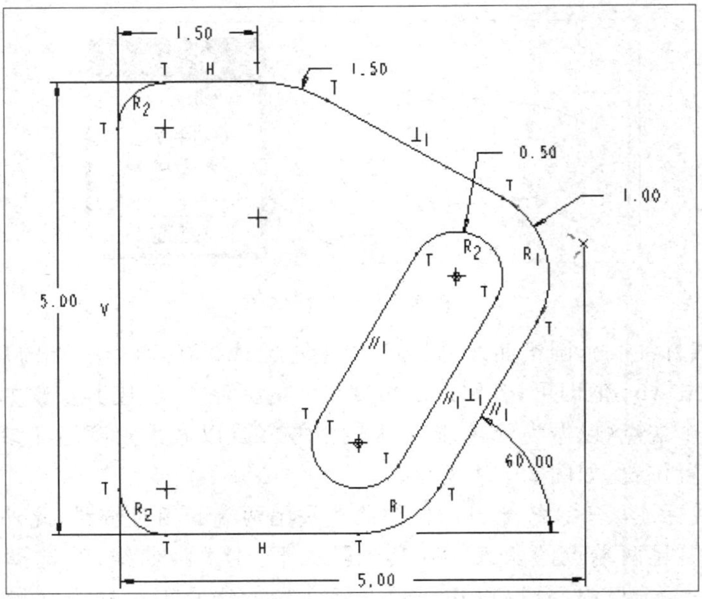

图 2-23　截面图

绘图主要步骤如下：

Step1. 单击主菜单【文件/新建】命令，在【新建】对话框中选择【草绘】类型，然后在【名称】文本框中输入新建文件名称"sect1"，单击【确定】按钮，进入草绘模式。

Step2. 单击工具栏按钮 ＼ ，绘制如图 2-23 所示的图形。

Step3. 单击工具栏按钮 ✖ ，在如图 2-23 所示图形的右侧两直线的交点处作一点，用倒圆命令倒各圆角，并标注如图 2-24 所示。

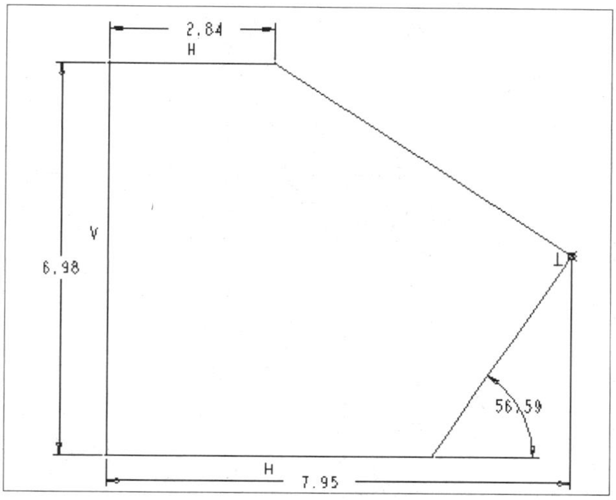

图 2-24　用直线命令绘制图形

Step4. 利用工具栏的直线、圆弧按钮等命令绘制如图 2-25 所示的长圆形，并修改各尺寸。

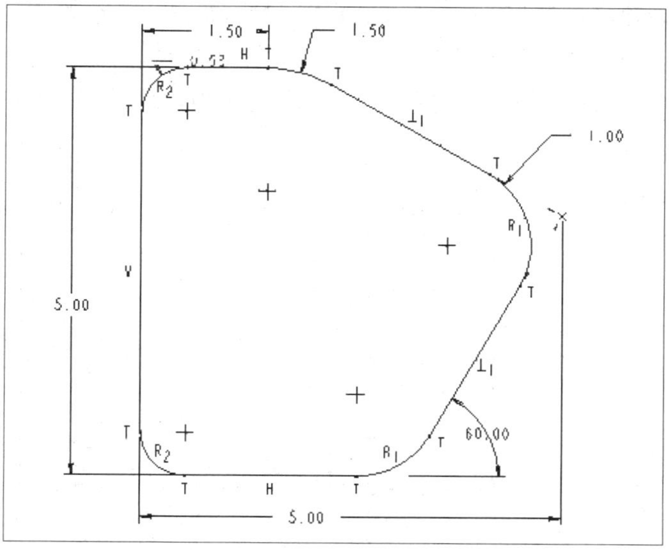

图 2-25　绘制点、倒角、标注尺寸

任务二:绘制如图 2-26 所示的草绘截面。

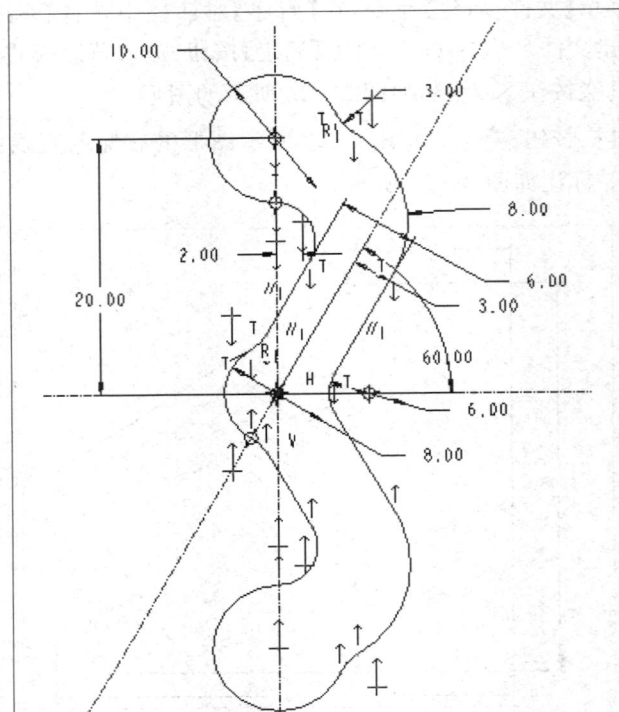

图 2-26 截面图

绘图主要步骤如下:

Step1. 单击主菜单【文件/新建】命令,在【新建】对话框中选择【草绘】类型,然后在【名称】文本框中输入新建文件名称"sect2",单击【确定】按钮,进入草绘模式。

Step2. 绘制中心线、圆、圆弧,并标注如图 2-27 所示的尺寸。

Step3. 绘制直线、倒 R3 圆角,并标注尺寸、约束、修剪如图 2-28 所示。

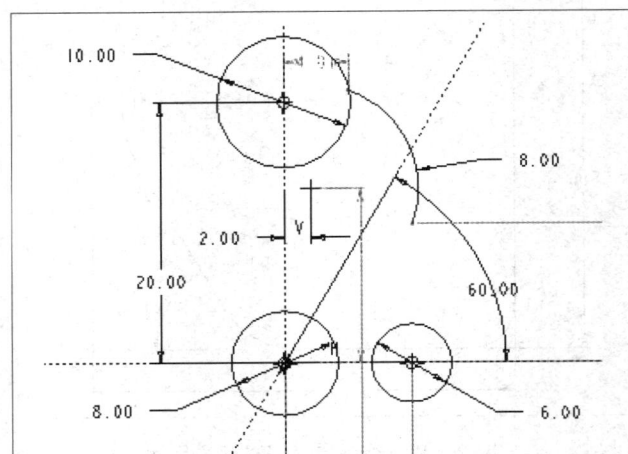

图 2-27 绘制中心线、圆、圆弧,标注尺寸

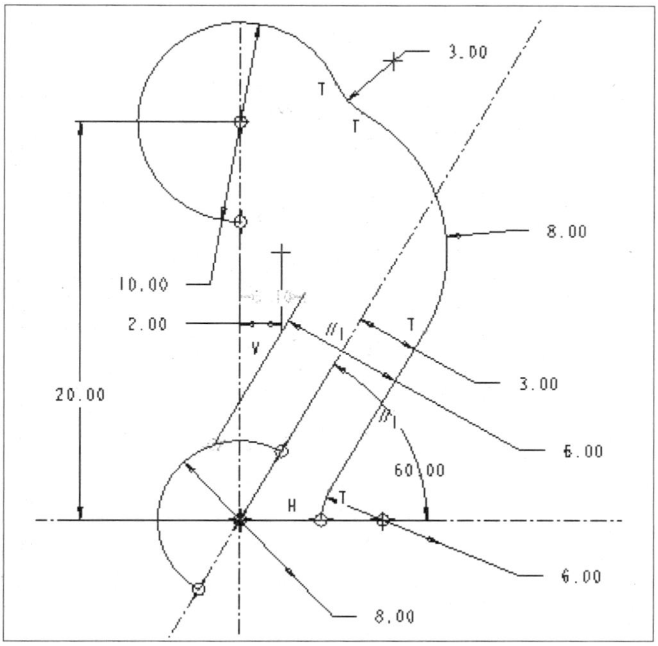

图 2-28　绘制直线、倒圆角,标注尺寸,约束,修剪

Step3. 绘制圆、倒 $R3$ 圆角,并标注尺寸、约束、修剪如图 2-29 所示。

Step4. 利用镜像命令,以水平中心线作为镜像线进行镜像,如图 2-30 所示。

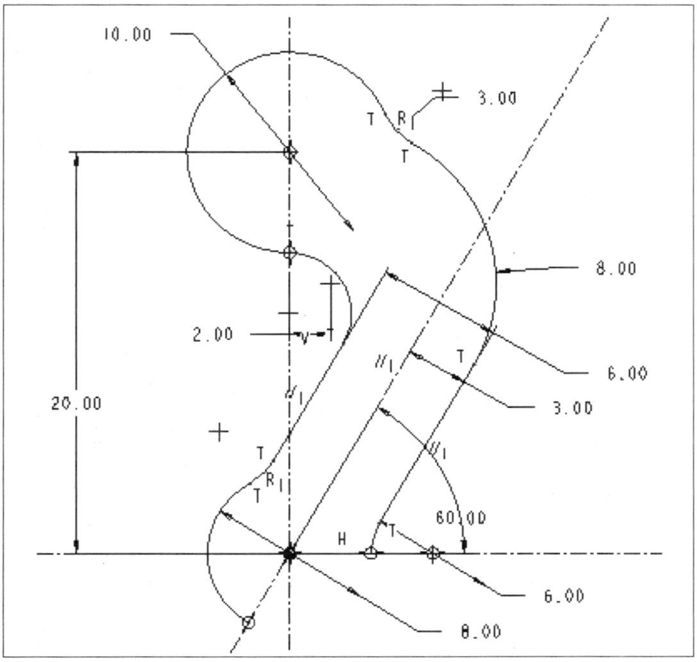

图 2-29　绘制圆、倒 R 圆角,标注尺寸,约束,修剪

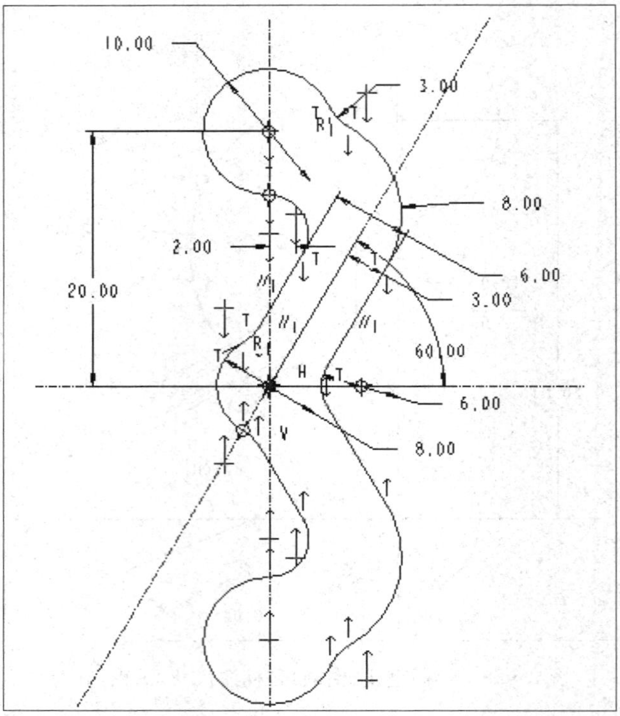

图 2-30　以水平中心线进行镜像

第3章　三维造型基础

实体特征和曲面特征是三维零件建模的重要特征,其中基本的实体特征有拉伸特征、旋转特征、扫描特征、混合特征等。

3.1　新建零件文件操作方法

(1)选择主菜单【文件/新建】命令或单击标准工具栏按钮,打开【新建】对话框。

(2)在对话框的【类型】区域中选择【零件】单选按钮,【子类型】区域中选择【实体】单选按钮,输入文件名称,最后单击【使用缺省模板】复选框去掉该复选标记,单击【确定】按钮,打开【新文件选项】对话框。

(3)在【新文件选项】对话框的模板列表中选择【mmns-part-solid】,单击【确定】按钮,进入公制零件工作窗口。

(4)在三维建模中,默认的有基准平面(FRONT、TOP、RIGHT)、坐标系,如图 3-1 所示,它们的打开和关闭可以通过屏幕上的基准显示工具栏的四个开关按钮来控制,如图 3-2 所示。屏幕的右侧有基础特征所对应的快捷工具按钮,如图 3-3 所示。

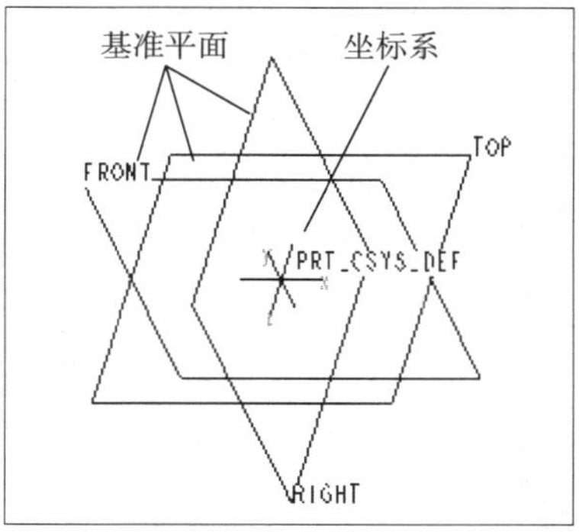

图 3-1　基准平面和坐标系

图 3-2　基准显示按钮

图 3-3　基本特征工具栏

3.2　拉伸特征

选择主菜单【插入/拉伸】命令或标准工具栏 按钮，在主视区下方弹出如图 3-4 所示的拉伸操控板。其各按钮含义如下：

图 3-4　拉伸特征操控板

（1）【放置】——单击【放置】按钮，弹出如图 3-5 所示的上滑面板；单击【定义】按钮，弹出如图 3-6 所示的【草绘】对话框，对话框各项内容如下：

图 3-5　【放置】上滑面板

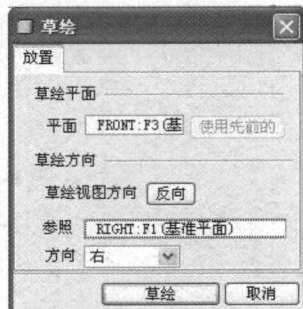

图 3-6　【草绘】对话框

① 草绘平面

平面——定义所要绘图的放置平面。

使用先前的——沿用上一个特征的草绘平面。

② 草绘方向

当指定了草绘平面之后,还需定义绘制零件剖面的方位,指定一个正交于草绘平面的平面,作为定义零件方位的【方向参考平面】,方能使草绘平面呈现二维状态,以进行剖面的绘制,其下的三个选项为:

a. 草绘视图方向——绘制剖面时的视角方向。

(注意:绘制剖面的方向和方位平面的方向关系均为法向关系,且剖面的法向指向屏幕,拉伸方向与剖面法向为反向)

b. 参照——指定与草绘平面正交的平面作为绘制剖面时的方位参考平面(参照平面)。

c. 方向——指定参照平面的放置方位,参照平面的法向朝向顶或底、左或右。下面以图例来加以说明,如图 3-7 所示。

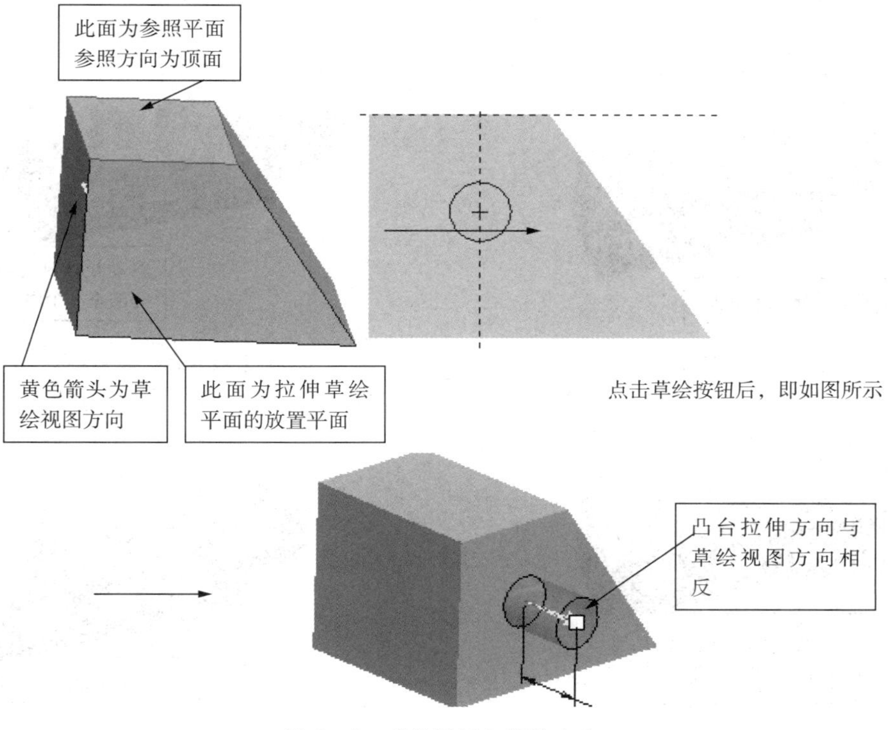

图 3-7　草绘平面与草绘方向

(2)【选项】——单击【选项】按钮,弹出如图 3-8 所示上滑面板。单击【第 1 侧】下拉列表(如图 3-9 所示)、单击【第 2 侧】下拉列表(如图 3-10 所示),可设置两侧的拉伸深度。

① 深度选项

——盲孔,草绘平面用指定深度值拉伸截面。指定一个负的深度值会反转深度方向。

——对称,在草绘平面的两侧,用指定深度值的一半拉伸面。

——穿至,将截面拉伸至与选定平面或曲面相交,如图 3-11 所示。

——到下一个,拉伸截面至下一个曲面处终止,如图 3-12 所示。

图 3-8　【选项】上滑面板

图 3-9　设置【第 1 侧】深度

图 3-10　设置【第 2 侧】深度

——穿透,拉伸截面使之与所有曲面相交,在特征到达最后一个曲面后终止,如图 3-13 所示。

——到选定的,将截面拉伸至一个选定的点或曲线,曲面或平面(与穿至类似),如图 3-14 所示。

此面即为选定的穿至面

图 3-11　穿至

自动拉伸到与其相邻的下一个面

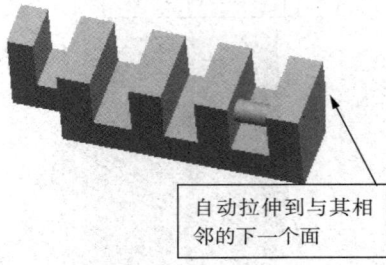

图 3-12　到下一个

穿透:所拉伸的圆柱形截面不能到达截面轮廓外的曲面

图 3-13　穿透

此面为到达选定的面

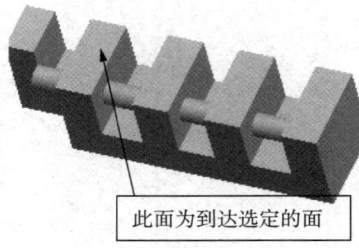

图 3-14　到选定的

注意:【穿至】和【到选定的】的区别,【穿至】只能选择曲面或平面,而【到选定的】除了可以选择曲面或平面外,还可以选择曲线或点。

② 用于创建切口的选项

——从实体上去除材料,如图 3-15 所示。

——创建切口时改变要去除材料的方向。

③ 用于创建薄壁的选项

——创建拉伸薄壁特征。

![图标] ——改变添加厚度材料的方向,或向两侧添加厚度,如图 3-16 所示。

拉伸的实体

切割后
的实体

110.0

图 3-15　从实体上去除材料

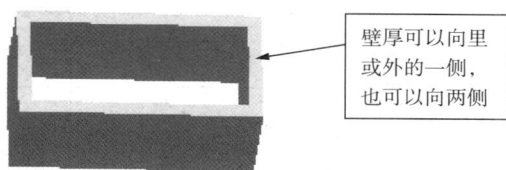

壁厚可以向里
或外的一侧,
也可以向两侧

图 3-16　添加厚度材料

(3)【属性】——单击【属性】按钮,显示当前的特征名称及其相关信息。

3.3　旋转特征

旋转特征是草绘截面绕中心线旋转而创建的特征,主要用于创建回转体零件。

选择主菜单【插入/旋转】命令或标准工具栏 ![图标] 按钮,在主视区下方弹出如图 3-17 所示的旋转特征操控板。

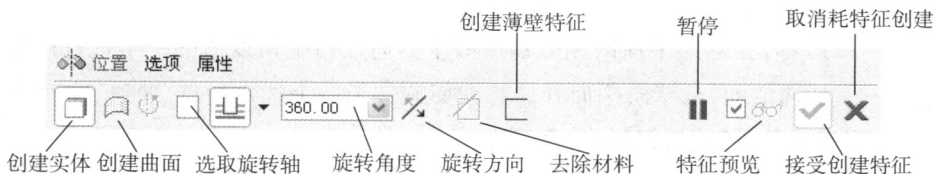

创建薄壁特征　　暂停　　取消耗特征创建

位置　选项　属性

360.00

创建实体　创建曲面　选取旋转轴　　旋转角度　旋转方向　去除材料　　特征预览　接受创建特征

图 3-17　旋转特征操控板

注意:(1)旋转截面中必须创建中心线。

(2)旋转截面不能位于中心轴线的两侧,如图 3-18 所示。

(3)当创建的旋转特征为实体时其旋转表面一般要封闭。

(4)旋转截面若有两条以上的中心线,则以绘制的第一条中心线为旋转轴。在旋转环境下,绘制如图 3-19 所示的旋转截面和两条中心线。

a. 若以第一条中心线是竖直中心线为【旋转轴】,则得到如图 3-20 所示的特征。

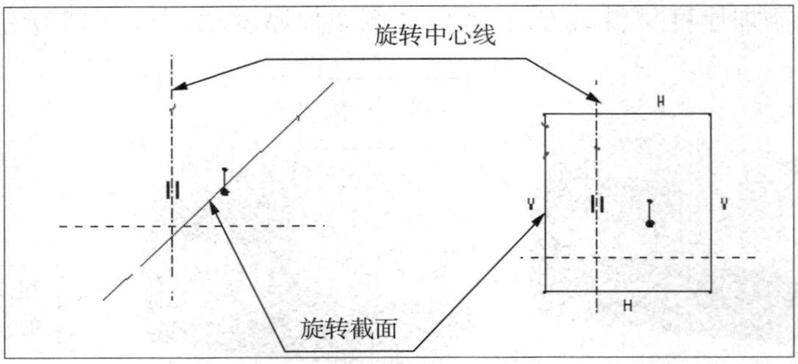

图 3-18   旋转的母线或截面与中心线相交

b. 若以第一条中心线是 45 度中心线为【旋转轴】,则得到如图 3-21 所示的特征。

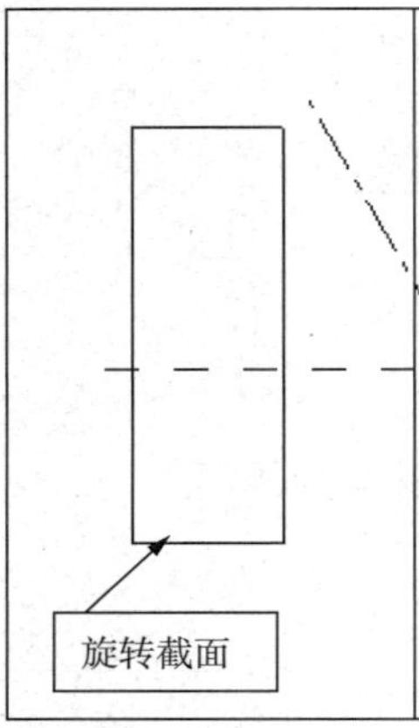

图3-19   绘制旋转截面　　　　　图3-20   旋转特征 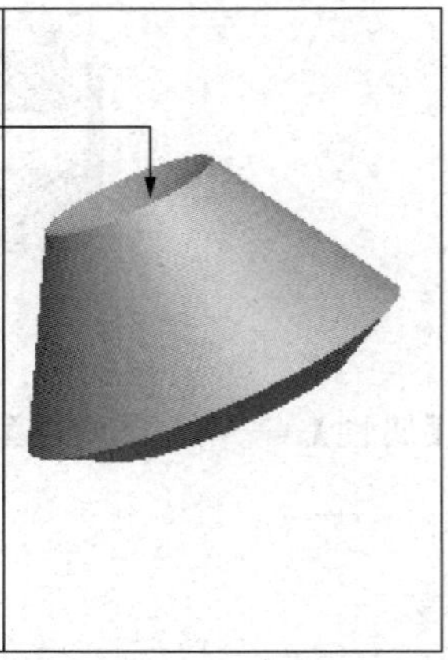　　　　　图3-21   旋转特征
　　　　和两条中心线

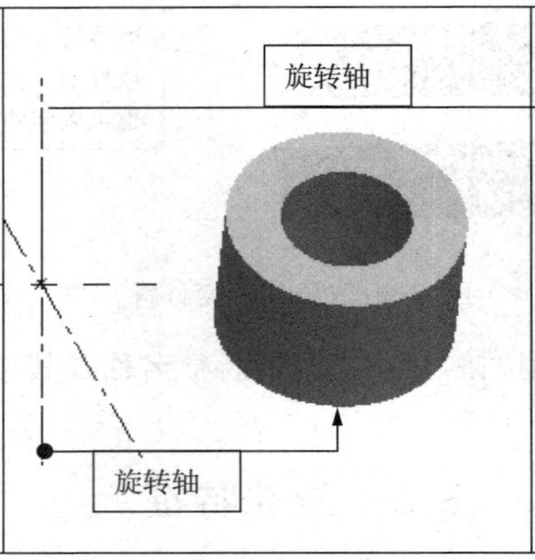

(5)关于旋转角度

a. 旋转——可变,从草绘平面开始以指定的角度值进行旋转。在文本框中输入角度值,或选取一个预定的角度(90°、180°、270°、360°)。

b. 旋转——对称,在草绘平面两侧分别从两个方向以指定角度值的一半进行旋转。

c. 旋转——到选定的,从草绘平面开始将截面旋转至一个选定的点、曲线、曲面或平面。

表 3-1 列出了各种【旋转】特征的类型。

表 3-1   旋转特征的类型

旋转实体伸出顶	具有指定厚度旋转实体伸出项(使用封闭截面创建)
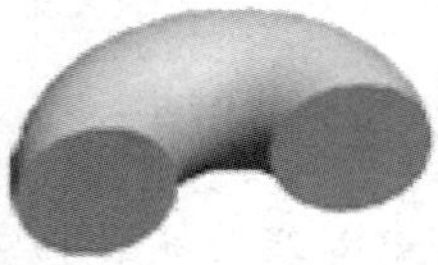	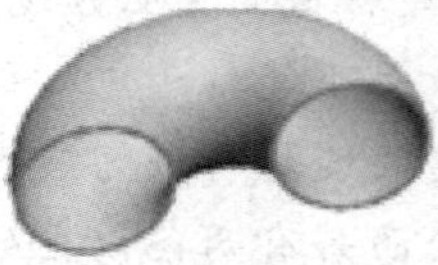
具有指定厚度旋转实体伸出项(使用开放截面创建)	旋转切口

（续表）

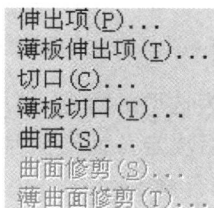

旋转曲面

3.4　扫描特征

扫描特征是通过绘制的或选取现有的轨迹线,将草绘截面沿着绘制的或选取现有的轨迹线扫描创建的特征。

选择主菜单【插入/扫描】命令,打开子菜单。子菜单有四种不同的显示,当屏幕无实体时,显示的子菜单如图 3-22 所示;如果屏幕有实体模型显示时,显示的子菜单如图 3-23 所示;如果屏幕只有曲面,显示的子菜单如图 3-24 所示;如果屏幕有曲面和实体,显示的子菜单如图 3-25 所示。

伸出项(P)…
薄板伸出项(T)…
切口(C)…
薄板切口(T)…
曲面(S)…
曲面修剪(S)…
薄曲面修剪(T)…

图 3-22　无实体

伸出项(P)…
薄板伸出项(T)…
切口(C)…
薄板切口(T)…
曲面(S)…
曲面修剪(S)…
薄曲面修剪(T)…

图 3-23　有实体

伸出项(P)…
薄板伸出项(T)…
切口(C)…
薄板切口(T)…
曲面(S)…
曲面修剪(S)…
薄曲面修剪(T)…

图 3-24　只有曲面

伸出项(P)…
薄板伸出项(T)…
切口(C)…
薄板切口(T)…
曲面(S)…
曲面修剪(S)…
薄曲面修剪(T)…

图 3-25　有曲面和实体

定义扫描轨迹规则:通常截面扫描可以使用草绘创建的轨迹,也可以使用已有的基准曲线或边界组成的轨迹。作为一般规则,该轨迹必须有相邻的参照曲面或是平面。

在定义扫描时,系统检查指定轨迹的有效性,并建立法向曲面。法向曲面是指定一个曲面,其法向是用来建立轨迹的 Y 轴。下面分别说明子菜单各项功能的具体用法。

1. 伸出项

伸出项特征的基本操作流程,如图 3-26 所示。

(1)若轨迹线为草绘轨迹,则操作步骤为:选取轨迹线的草绘平面,并决定草绘轨迹时的视角方向,选取另一平面作为水平或铅垂直的方向参考平面,进入草绘模式,绘制扫描所需要的轨迹线。

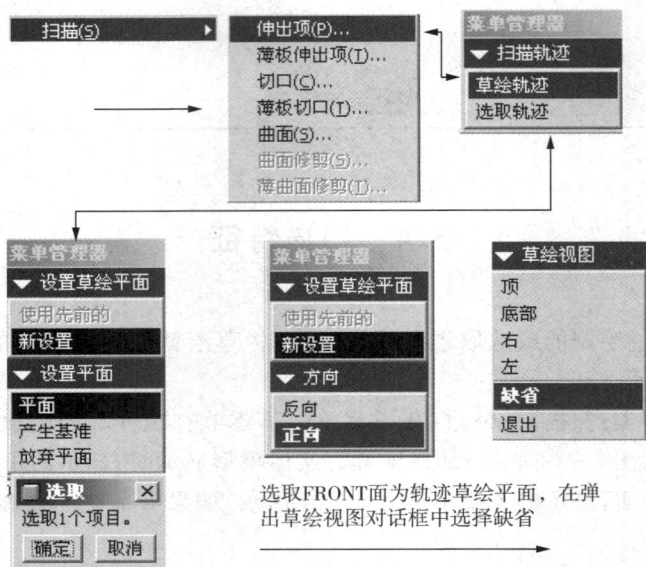

图 3-26　伸出项特征的基本操作流程

(2)若为选取的轨迹,则用户直接由现有零件上选取三维或二维线条,作为扫描所需的轨迹线,然后决定截面绘制时的 Y 轴方向,其扫描截面的起始点可以通过鼠标选取后用右键快捷菜单进行修改。

案例:用扫描伸出项特征创建如图 3-29 所示模型。

Step1. 选择【插入/扫描/伸出项/草绘轨迹】菜单命令,选择 FRONT 作为草绘轨迹平面,RIGHT 作为缺省草绘参照,单击【确定】按钮,进入草绘模式。

Step2. 绘制如图 3-27 所示的轨迹线,单击 ✔ 按钮,进入扫描截面的草绘。

Step3. 草绘区里出现的十字中心线为轨迹线起始点的端点,绘制如图 3-28 所示的截面图形,单击【确定】按钮,最终完成扫描实体如图 3-29 所示。

注意:当所绘制的轨迹为封闭的形式时,将弹出如图 3-30 所示的【属性】菜单。

【无内部因素】——扫描后,封闭轨迹和扫描截面所形成的实体内部无材料,扫描截面可以是开放或闭合的截面,如图 3-31 所示。

【增加内部因素】——扫描后,生成的实体材料位于封闭轨迹和扫描截面内部,扫描截面只能是开放的,如图 3-31 所示。

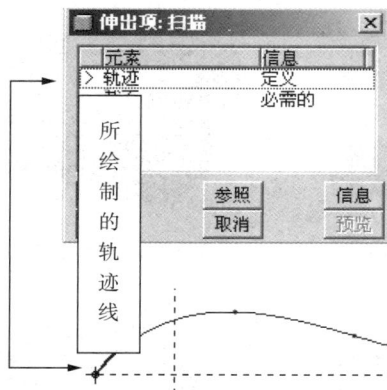

图 3-27　绘制轨迹线　　　　　图 3-28　绘制截面

图 3-29　扫描实体　　　　　图 3-30　【属性】菜单

图 3-31　扫描截面开放与闭合

2. 薄板伸出项

此操作流程与扫描伸出项特征创建类似,不同点在于完成剖面后,需确认材料增加侧,并输入薄壳实体的厚度,其结果如图 3-32 所示。

3. 切口特征

此操作流程与扫描伸出项特征创建类似,不同点在于完成剖面后,需确认材料移除侧,如图 3-33 所示。

4. 薄板切口特征

此操作流程与切口特征创建类似,不同点在于完成剖面后,需确认输入薄壳的厚度,如图 3-34 所示。

实例练习——创建一个水杯

用扫描伸出项和旋转特征,创建如图 3-35 所示水杯。

图 3-32 薄板实体　　　　图 3-33 切口实体　　　　图 3-34 薄板切口实体

Step1. 建立新文件

(1)选择主菜单【文件/新建】命令，打开【新建】对话框。

(2)选择【零件】类型，在【名称】栏中输入文件名【cup】，取消【使用缺省模板】的钩选。

(3)选择【mmns－part－solid】，单击【确定】按钮，进入零件模式。

Step2. 使用旋转工具初步建立杯体

(1)选择标准工具栏 按钮，打开旋转特征定义栏。

(2)单击【位置】按钮，单击【定义…】，打开【草绘】对话框。

(3)选择 FRONT 基准面为草绘平面，RIGHT 基准面为参照。

(4)单击【草绘】对话框中的【草绘】按钮，系统进入草绘模式。

(5)绘制如图 3-36 所示的一条竖直中心线和旋转截面。

(6)单击 按钮，返回旋转特征操作板。

(7)单击 按钮，完成旋转特征的建立，结果如图 3-37 所示。

图 3-35　水杯造型

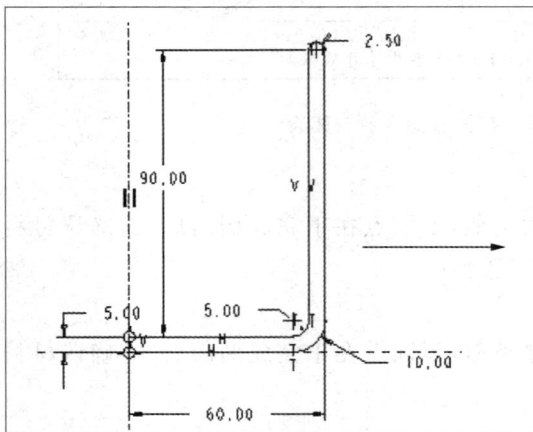

图 3-36　杯体草绘截面

图 3-37　杯体

Step3. 使用扫描工具建立水杯手柄

(1)选择【插入/扫描/伸出项/草绘轨迹】菜单命令。

(2)选择 FRONT 作为草绘轨迹平面，RIGHT 作为缺省草绘参照平面。进入轨迹草绘环境,绘制如图 3-38 所示的手柄轨迹线,单击【确定】按钮。在弹出如图 3-39 所示"加亮的图元是否要对齐"的【确认】对话框中选择【是】(表示扫描轨迹线和实体边界对齐)。

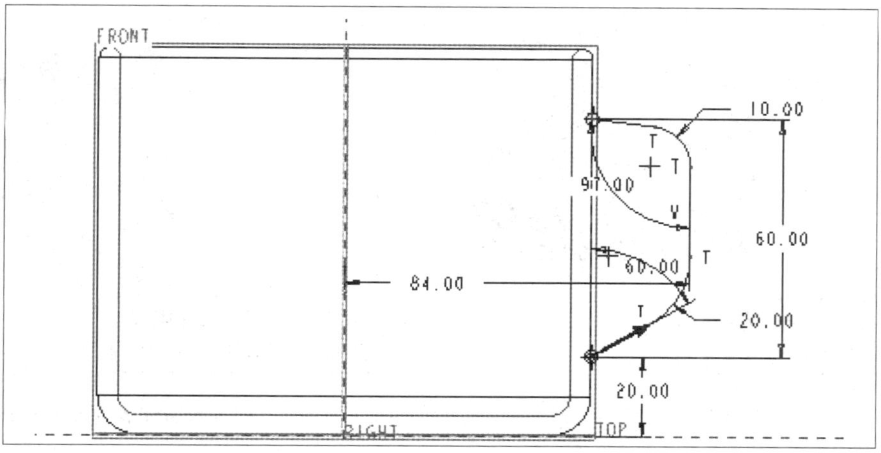

图 3-38 手柄轨迹线

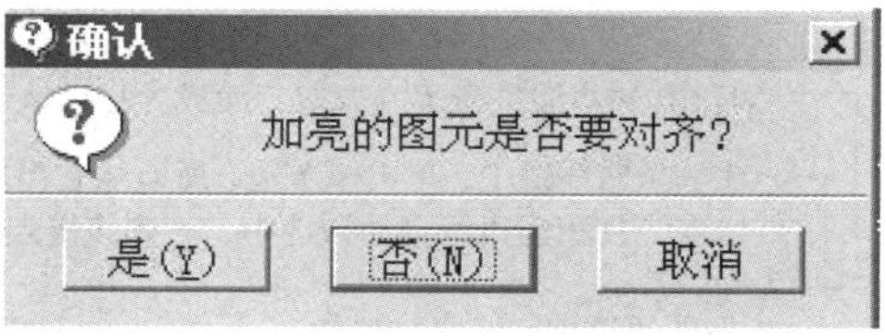

图 3-39 【确认】对话框

(3)单击 ✔ 按钮,弹出扫描【属性】菜单,如图 3-40 所示。若选择【自由端】命令,扫描结果与实体表面不自动拼接,最终结果如图 3-43 所示;若选择【合并终点】命令,扫描结果与实体表面自动拼接,最终结果如图 3-42 所示。

(4)选择【合并终点】命令,在草绘环境中绘制如图 3-41 所示的圆截面。

图 3-40 【属性】菜单 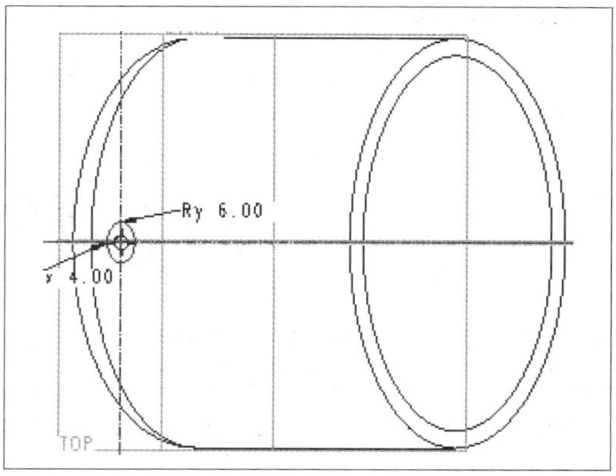　　　　　　　图 3-41 手柄截面图

（5）单击 ✔ 按钮，单击扫描对话框中的【确定】按钮，完成手柄扫描特征的建立，结果如图 3-42 所示。

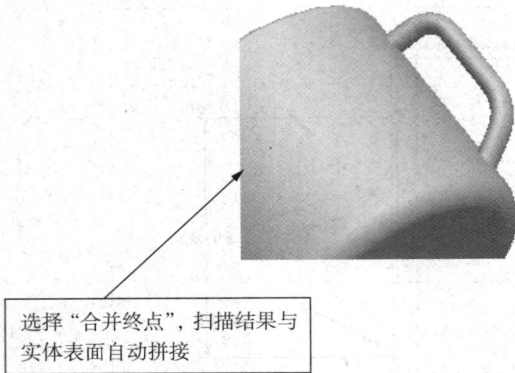

选择"合并终点"，扫描结果与实体表面自动拼接

选择"自由端点"，扫描结果与实体表面不自动拼接

图 3-42　与实体表面自动拼接　　　　　图 3-43　与实体表面不自动拼接

注意：在扫描菜单中，当扫描轨迹选择【选取轨迹】时，将弹出如图 3-44 所示的【链】选取菜单。其各功能含义如下：

对已有的边线进行逐一选取，而成为扫描轨迹线。

在一条曲线链中，单击一条边，所有从它出发的边线，只要链点是切点，其相连边线自动被选中，直到该链点不为切点为止。

在曲线链中，定义扫描轨迹。

通过选取实体边界或曲面组，并使用其单侧边定义轨迹，若实体边界或曲面组有多个环，可选择一个特征环来定义。

通过选取模型中预先定义的边集来定义扫描轨迹。

根据选中的链类型，进行边线、曲线的选择。

对选择的曲线进行裁剪或延长。

通过它可以任意选择扫描轨迹的开始点。

图 3-44　【链】选取菜单

3.5　混合特征

混合特征是由两个或两个以上剖面混合形成一个实体体积。选择主菜单【插入/混合】命令，弹出如图 3-45 所示的子菜单，主要有：伸出项、薄板伸出项、切口、薄板切口等项。选取其中一项后，将弹出如图 3-46 所示混合特征的三种生成方式。混合截面的类型有 4 种，如图 3-47 所示。

图 3-45　混合特征子菜单　　　图 3-46　混合方式选项　　　图 3-47　混合截面选项

1. 混合特征的生成方式

（1）平行——所有混合截面相互平行，如图 3-48(a)所示。

（2）旋转的——混合截面绕 Y 轴旋转，最大角度可达 120°。每个截面都单独草绘，并用截面坐标系对齐，如图 3-48(b)所示。

（3）一般——一般混合截面可以绕 X 轴、Y 轴和 Z 轴旋转，也可以沿这 3 个轴平移。每个截面都单独草绘，并用截面坐标系对齐，如图 3-48(c)所示。

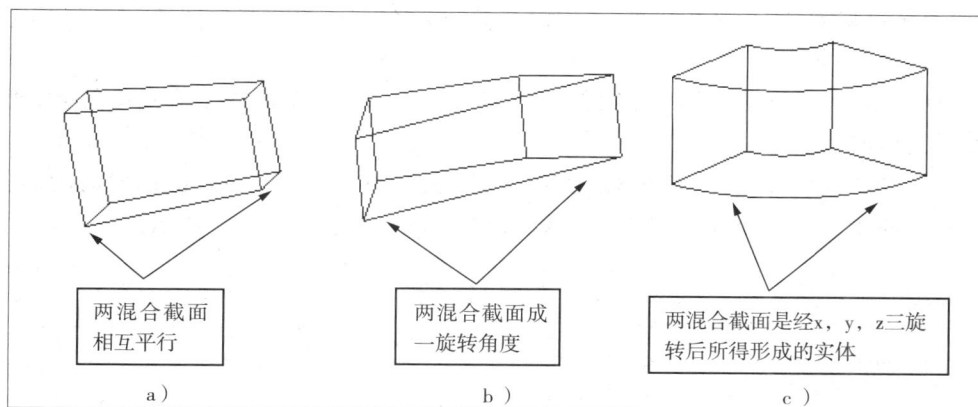

图 3-48　混合特征的生成方式

2. 混合截面的类型

规则截面——在草绘平面绘制的截面或由现有零件选取的面。

投影截面——将截面投影到指定的曲面上，该选项只用于平行混合。

选取曲面——选取已有截面，该选项对平行混合无效。

草绘截面——草绘的截面。

3.6　实例练习——创建平行混合实体特征

1. 创建如图 3-49 所示的平行混合实体特征

Step1. 建立新文件

（1）新建一个零件，命名为【pingxingliti. prt】。

（2）选择主菜单【插入/混合/伸出项】命令，在弹出的菜单管理器中选择【平行/规则截面/草绘截面/完成】命令。

(3)在如图 3-50 所示的混合【属性】菜单中选择【直的/完成】命令(【直的】——截面对应点以直线相连;【光滑】——所有截面间对应点以平滑曲线相连)。

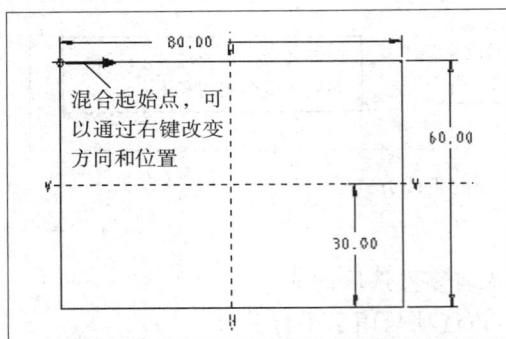

图 3-49 平行混合实体

图 3-50 【属性】菜单

Step2. 草绘截面

(1)选择 FRONT 为草绘平面,接受默认设置,进入草绘模式。绘制如图 3-51 所示的第一截面——矩形。

(2)单击鼠标右键,在快捷菜单中选择【切换剖面】命令,并绘制如图 3-52 所示的第二截面——圆和中心线。

(3)选择主菜单【编辑/修剪/分割】命令,在圆与两条中心线的四个交点处打断,使其与第一截面矩形的顶点相对应。

Step3. 单击 ✔ 按钮,在系统"输入截面 2 的浓度"的提示下,输入截面间的距离值,完成混合特征的建立,单击混合对话框中的【确定】按钮,结果如图 3-49 所示。

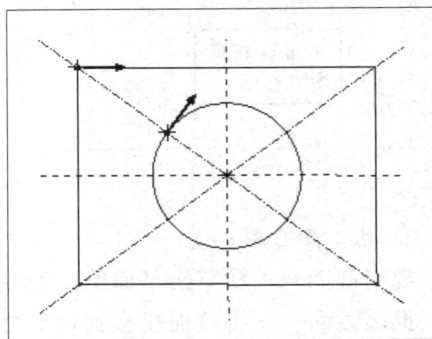

图 3-51 草绘第一截面

图 3-52 草绘第二截面

2. 编辑修改图 3-49 为图 3-53 所示的特征模型

Step1. 在模型树中选择混合特征 🔗 1伸出项,然后右击,在弹出的快捷菜单中选择【编辑定义】命令,在弹出如图 3-54 所示的【平行混合伸出项】对话框中选择【截面】元素,并单击【定义】按钮,在弹出的菜单管理器中选择【草绘】命令,进入草绘模式。

Step2. 单击鼠标右键,在快捷菜单中选择【切换剖面】命令,进入第二截面,删除原有图形,然后绘制三角形,单击三角形的一顶点(如图 3-53 所示),在右键快捷菜单中选择【混合顶点】命令,单击 ✔ 按钮,再单击【平行混合伸出项】对话框中的【确定】按钮,结果如图 3-53 所示。

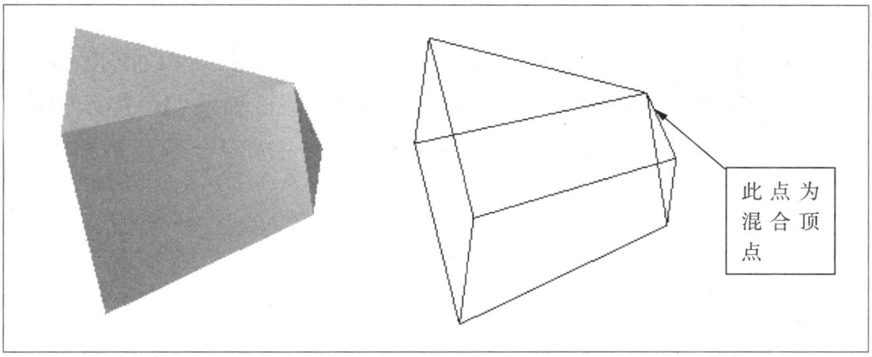

图 3 - 53　具有混合顶点的平行混合实体

图 3 - 54　【平行混合伸出项】对话框

注意：混合实体对截面的要求

(a)在进行混合特征创建时，所有截面必须要有相同数目的边；

(b)所有截面的起始点位置要一致；

(c)一个"混合顶点"可当作两个顶点用，但不能作为起始点。

3.7　实例练习——创建旋转混合实体特征

创建如图 3 - 57 所示的旋转混合实体特征。

Step1. 建立新文件

(1)新建一个零件，命名为【xuanzhuanliti. prt】

(2)选择主菜单【插入/混合/伸出项】命令，在弹出的菜单管理器中选择【旋转的/规则截面/草绘截面/完成】命令。

(3)在弹出的混合【属性】菜单中选择【光滑/开放/完成】命令。

Step2. 草绘截面

(1)选择 FRONT 基准面为草绘平面，接受默认设置，进入草绘模式。选择主菜单【草绘/坐标系】命令，建立坐标系，绘制如图 3 - 55 所示的第一截面。

(2)单击 ✔ 按钮，在主视区下方弹出的【为截面 2 输入 y_axis 旋转角】栏中输入 80，单击□按钮。

(3)选择主菜单【草绘/坐标系】命令,建立坐标系,绘制如图 3-56 所示的第二截面。

Step3. 单击 ✔ 按钮,在主视区下方弹出的【继续下一截面吗?】的提示栏中,单击【否】按钮,在【旋转混合伸出项】对话框中,单击【确定】按钮,完成混合特征的建立,如图 3-57 所示。

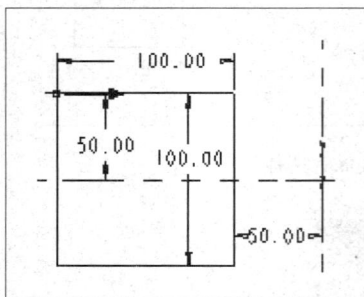

图 3-55　草绘第一截面

图 3-56　草绘第二截面

图 3-57　旋转混合实体

3.8　实例练习——创建一般混合实体特征模型

创建如图 3-60 的一般混合实体特征模型。

Step1. 建立新文件

(1)新建一个零件,命名为【xuanzhuanliti. prt】。

(2)选择主菜单【插入/混合/伸出项】命令,在弹出的菜单管理器中选择【一般/规则截面/草绘截面/完成】命令。

(3)在弹出的混合【属性】菜单中选择【光滑/完成】命令。

Step2. 草绘截面

(1)选择 FRONT 基准面为草绘平面,接受默认设置,进入草绘模式。选择主菜单【草绘/坐标系】命令,建立坐标系,绘制如图 3-58 所示的第一截面。

(2)单击 ✔ 按钮,依次输入绕 X、Y、Z 三轴旋转的角度 10°、20°、45°,单击□按钮。

(3)选择主菜单【草绘/坐标系】命令,建立坐标系,绘制如图 3-59 所示的第二截面。

Step3. 单击 ✔ 按钮,在主视区下方弹出的【继续下一截面吗?】的提示栏中,单击【否】

按钮,接着输入截面深度值 200,在【一般混合伸出项】对话框中,单击【确定】按钮,完成一般混合特征的建立,如图 3-60 所示。

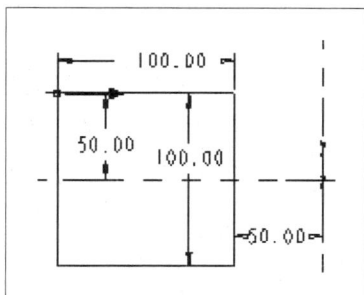

图 3-58 第一截面

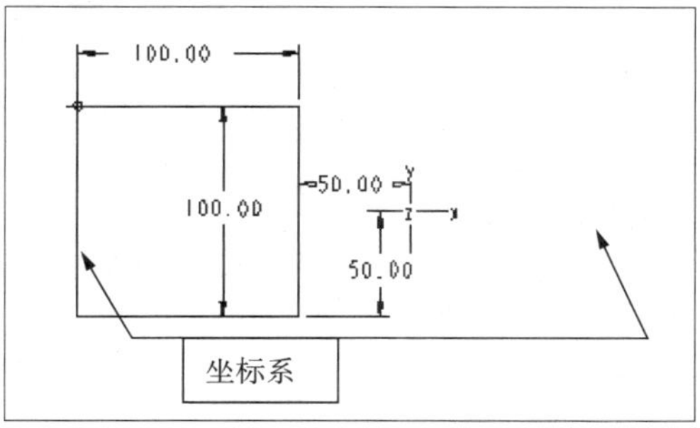

图 3-59 第二截面

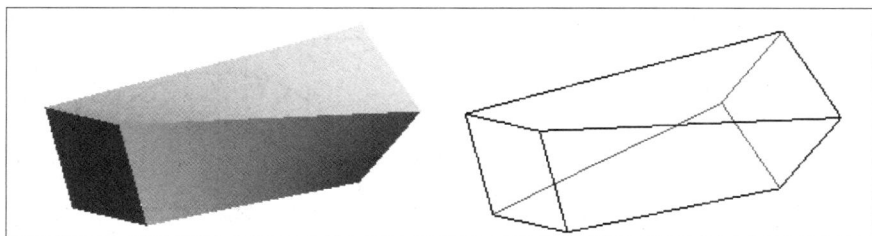

图 3-60 一般混合实体

3.9 实例练习——电吹风

任务:绘制如图 3-61 所示电吹风的模型。

操作步骤:

Step1. 单击新建 按钮,在弹出的【新建】对话框【名称】文本框中输入文本名【dianchuifeng】,不使用缺省模板,在弹出的【文件选项】对话框中选择【mmns_prt_solid】,单击【确定】按钮。

Step2. 单击标准工具栏 按钮,在弹出的旋转特征操控板中,单击【位置/定义】按钮;绘图平面选择 PRONT,参照平面选择 RIGHT 平面,单击【草绘】按钮,绘制图 3-62 所示的图形,单击 按钮,退出草绘模式;单击 按钮,完成如图 3-63 所示的电吹风基体造型。

Step3. 选择主菜单【插入/混合/伸出项】命令,选择 RIGHT 为绘图平面,TOP 平面为参照平面,在草绘环境中绘制如图 3-64 所示 φ40 的圆截面,击右键,在快捷菜单中选择【切换剖面】命令,绘制如图 3-65 所示的矩形截面,单击 按钮;输入截面间深度值 35,单击 按钮,单击混合对话框中的【确定】按钮,完成混合特征的建立,如图 3-66 所示。

Step4. 单击标准工具栏 按钮,在弹出的拉伸特征操控板中,单击【位置/定义】按钮;选择 PRONT 为绘图平面,RIGHT 平面为参照平面,在草绘环境中绘制如图 3-67 所示的

图形,单击 ✔ 按钮,退出草绘;选取深度类型 ⊟ ,再在深度文本框中输入深度值18,单击

✔ 按钮,完成如图3-68所示的电吹风手柄造型。

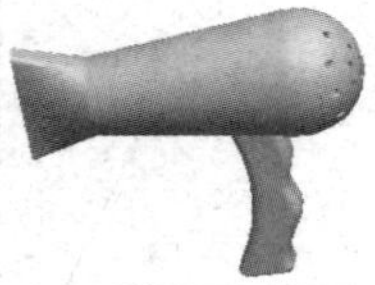

图 3-61 电吹风造型

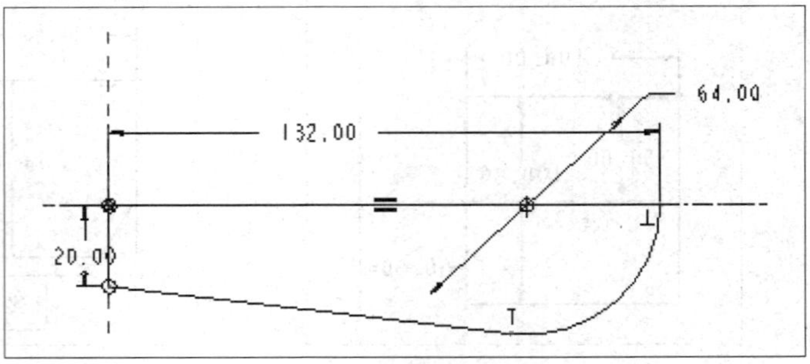

图 3-62 基体草绘截面

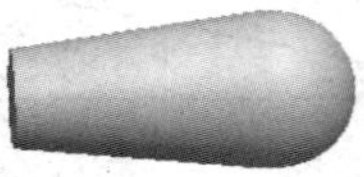

图 3-63 电吹风基体

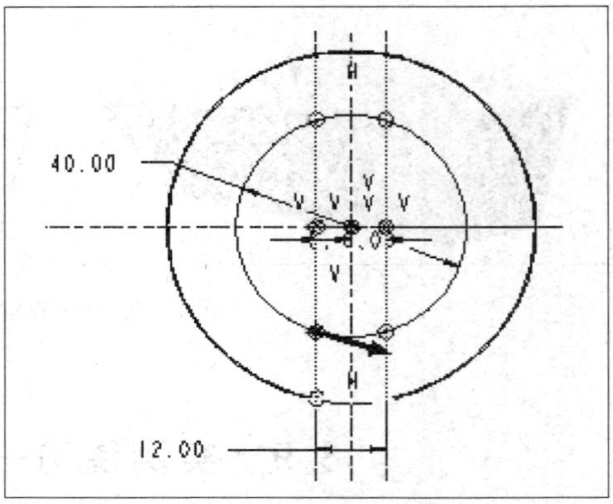

图 3-64 φ40 的圆截面

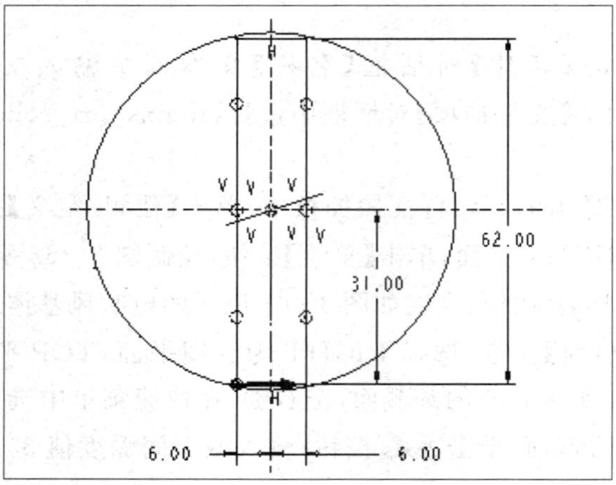

图 3-65 矩形截面

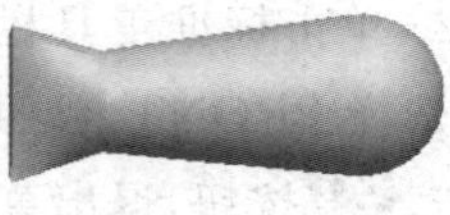

图 3-66 完成的混合特征

图 3-67　手柄截面

图 3-68　手柄造型

　　Step5. 单击标准工具栏 按钮,在手柄四周倒圆角 R5;单击标准工具栏 按钮。在手柄底部倒角 2×2,如图 3-69 所示;单击标准工具栏 按钮,选择如图 3-70 所示的面进行抽壳,抽壳厚度为 1.5。

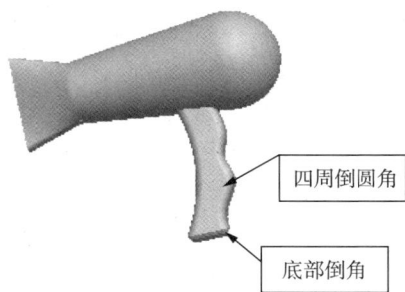

四周倒圆角

底部倒角

图 3-69　底部倒角

选择此面进行抽壳

图 3-70　抽壳

　　Step6. 单击基准平面创建按钮 ,在弹出的【基准平面】对话框中,选取电吹风的口部端面为参照平面,再在对话框中选择【偏移】选项,输入偏距的距离值 150(注:偏移方向朝电吹风头部),单击【确定】按钮,即得基准平面 DTM1。

　　Step7. 单击标准工具栏 按钮,在弹出的拉伸特征操控板中,单击【位置/定义】按钮;选择 DTM1 为绘图平面,TOP 平面为参照平面,在草绘模式中绘制如图 3-71 所示的三个圆,单击 按钮,退出草绘;选取深度类型 ,再在深度文本框中输入深度值 100,单击去除材料按钮 ,再单击 按钮,完成如图 3-72 所示的散热孔造型。

　　Step8. 选择步骤 7 生成的孔拉伸特征,单击标准工具栏 按钮,在弹出的阵列特征操控板中,选择阵列类型【轴】选项,再选取通过圆心的轴,在阵列数量栏中输入数量值 10,在增量栏中输入角度增量值 36,单击 按钮,完成如图 3-61 所示的电吹风造型。

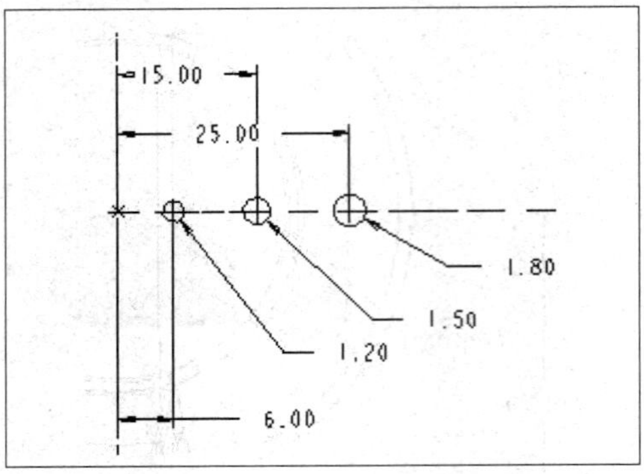

图 3-71　圆截面

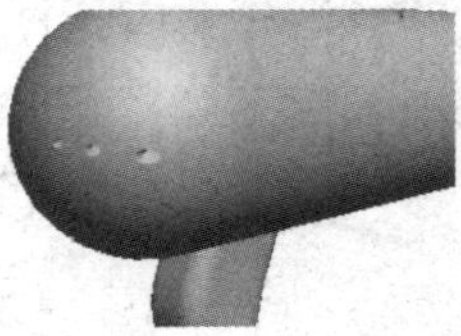

图 3-72　散热孔造型

第4章 基准特征

基准特征是零件建模的辅助特征,其主要用途是辅助实体特征的创建。在 Pro/ENGINEER 当中,包括草绘、实体、曲面,都需要一个或多个基准来确定其在空间或平面的具体位置。基准特征有:基准平面、基准轴、基准曲线、基准点和基准坐标系,系统会自动定义其名称。

基准特征的建立方法:

选择主菜单【插入/模型基准】命令或单击基准特征工具栏中的基准特征按钮,如图 4-1 所示。

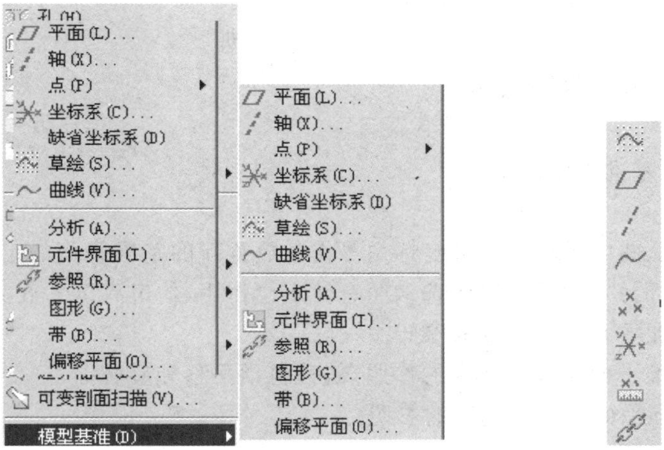

a）下拉菜单   b）基准特征工具栏

图 4-1　基准特征下拉菜单和工具栏

4.1　基准平面

在新建一个零件文件时,如果选择系统默认的模板,则出现 3 个相互正交的基准平面,即 TOP、RIGHT、FRONT 平面,通常建模时要以它们作为参照。有时还需要除默认基准平面以外的其他基准平面作为参照,此时就需要新建基准平面。新建基准平面名称由系统自动定义为 DTM1、DTM2、DTM3 等。

基准平面系统默认是一个无限大的面,它以一个四边形的形式显示在画面上,包括正反两面,正面观察时边界显示为褐色,背面观察时边界显示为灰褐色。

1. 基准平面

选择主菜单【插入/模型基准/平面】命令,或单击基准特征工具栏的 ⏢ 按钮,弹出【基准平面】对话框,如图 4-2 所示。

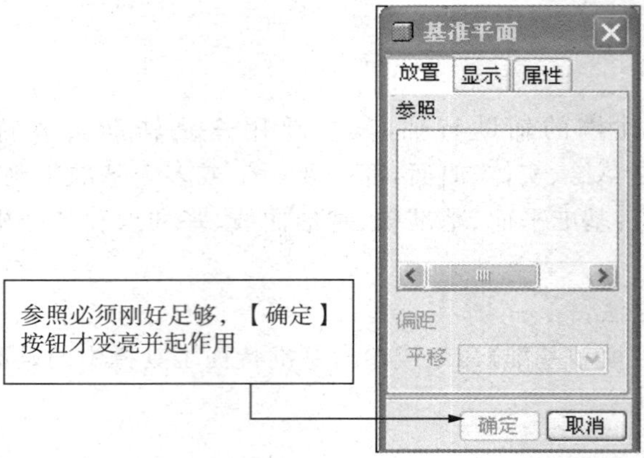

图 4-2 【基准平面】对话框

参照必须刚好足够,【确定】按钮才变亮并起作用

对话框中各选项卡的功能含义如下:

(1)【放置】选项

该选项用来设定基准平面的位置。

①"参照"

单击存在的平面、曲面、边、轴、点、坐标系等作为放置新的基准平面的定位参照。此外,可设置每一选定参照的约束,即指出所选参照有何定位作用,约束有以下五类。

a.【穿过】:新基准平面通过选定的参照。

b.【偏移】:新基准平面偏移于选定的参照,偏移包括平移和旋转。

c.【平行】:新基准平面平行于选定的参照。

d.【法向】:新基准平面垂直于选定的参照。

e.【相切】:新基准平面相切于选定的参照。

选定的参照不同,对应的约束类型也不同,如图 4-3 所示。

②"偏距"

依据所选定的参照,可输入新基准平面的平移距离值和旋转角度值。

(2)【显示】选项

该选项包括【反向】按钮(所显示的黄色箭头的反向)和调整轮廓复选框。调整轮廓复选框可用于调整表示基准平面的四边形的大小。

(3)【属性】选项

该选项用于显示当前新建基准特征的信息,也可对基准平面重命名。

2. 实例演练

(1)创建一个偏移基准平面

① 进入零件模式,在绘图区中有 3 个默认的基准平面:TOP、FRONT、RIGHT。

a）面参照   b）线参照   c）点参照

图 4 - 3 参照约束类型

② 单击工具栏中的基准平面 ⧄ 按钮，弹出【基准平面】对话框。

③ 单击 RIGHT 面作为参照，对话框中显示所选定的参照 RIGHT 面及【偏移】约束类型。

④ 在【平移】文本框中输入偏距的距离值 100，如图 4 - 4a 所示。

⑤ 单击【确定】按钮，完成基准面的创建。系统显示新建的基准平面的名称为 DTM1，如图 4 - 4b 所示。

a）【基准平面】对话框   b）创建的偏移基准平面

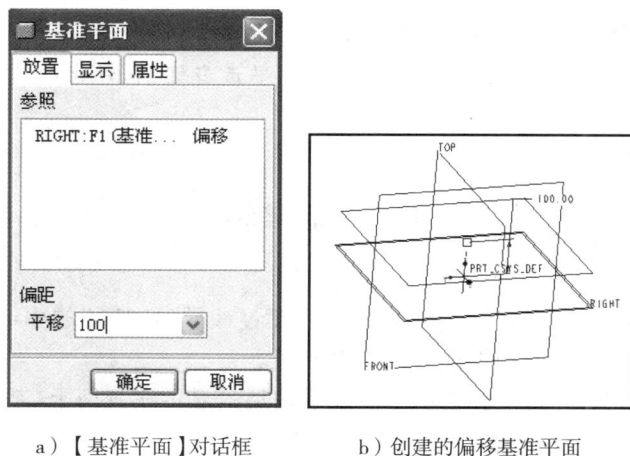

图 4 - 4 对话框与创建的基准平面

（2）创建一个旋转基准平面

① 进入零件模式，创建一长方体 100×80×50。

② 单击工具栏中的基准平面 ⧄ 按钮，弹出【基准平面】对话框。

③ 选择第一个参照：选取长方体顶面的左侧棱作为参照，在对话框中选择【穿过】约束选项。

④ 按住 Ctrl 键,选择第二个参照:选取长方体顶面作为参照,在对话框中选择【偏移】约束选项。

⑤ 在【旋转】文本框中输入偏距的角度值 45,表示顶面绕左侧棱旋转 45 度得到新的基准平面。如图 4 - 5a 所示。

⑥ 单击【确定】按钮完成基准面 DTM1 的创建,如图 4 - 5b 所示。

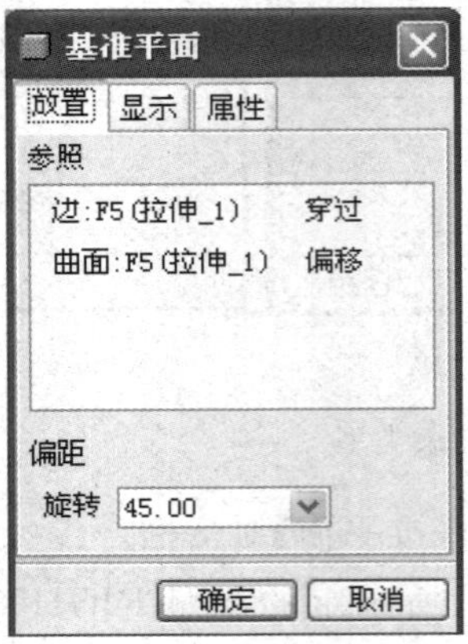

a)【基准平面】对话框 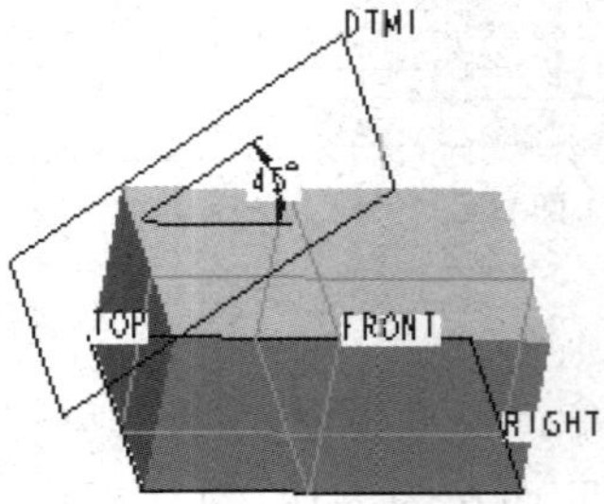   b)创建的旋转基准平面

图 4 - 5   对话框与创建的基准平面

注意:

① 基准特征的创建往往需要多个参照才能确定位置,在选择多个参照时,一定要按住 Ctrl 键,以进行第二个和第三个参照的选择;否则,只是替换第一个参照。

② 若要删除某参照,可以先选择此参照,然后单击右键,在弹出的快捷菜单中,选择【移除】命令。

4.2   基准轴

基准轴常用作尺寸标注的参照、基准平面的穿过参照、孔特征的中心参照、同轴特征的参照、特征复制的旋转中心轴和零件装配的参照等。

基准轴是一个无限长的直线,它以一段虚线的形式显示在画面上,基准轴以棕色中心线标识,由系统自动给出轴的名称。

在生成由拉伸产生圆柱特征、旋转特征和孔特征时,系统会自动产生基准轴。

1. 基准轴

选择主菜单【插入/模型基准/轴】命令,或单击基准特征工具栏的 ╱ 按钮,弹出【基准轴】对话框,如图 4 - 6 所示。

该对话框包括【放置】、【显示】、【属性】三个选项,根据所选取的参照不同,各选项显示的内容也不相同。各选项卡的功能含义如下:

（1）【放置】选项

该选项用来设定基准轴的位置。

① "参照"

单击存在的平面、曲面、边、轴、点、坐标系等作为放置新
的基准轴的定位参照。此外，可设置每一选定参照的约束，约
束有以下 3 类。

a.【穿过】：新基准轴通过选定的参照。

b.【法向】：新基准轴垂直于选定的参照。此时，还需要在
【偏移参照】框中进一步定义尺寸标注参照以完全定位基
准轴。

c.【相切】：新基准轴相切于选定的参照。此时，还需要增
加参照以完全定位基准轴。选定的参照不同，对应的约束类型也不同。

图 4 - 6　【基准轴】对话框

② "偏移参照"

在选用"法向"约束时，该框被激活，用以选择尺寸标注参照。

（2）【显示】选项

该选项包括调整轮廓复选框，用以调整表示基准轴的虚线的长度。

（3）【属性】选项

该选项用于显示当前新建基准特征的信息，也可对基准轴重命名。

2. 实例演练

创建基准轴 A1 和 A2

① 单击基准工具栏 ✎ 按钮，弹出【基准轴】对话框。

② 选取图 4 - 7（a）中所示的平面作为基准轴的定位参照，在对话框中选择【法向】约束
选项，模型中显示一基准轴及其定位方块。

③ 拖动定位方块到定位基准，并修改定位尺寸为 55、30，如图 4 - 7（b）所示。

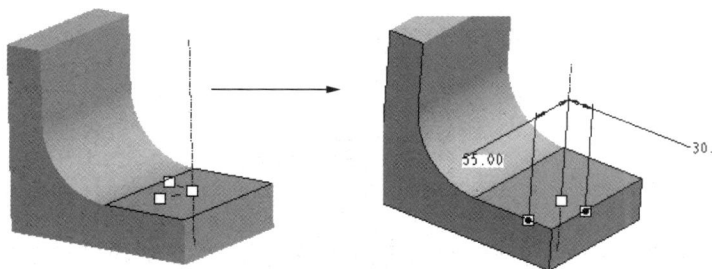

a）选择基准轴的定位参照平面　　　　b）修改定位尺寸

图 4 - 7　参照面的选择与尺寸修改

④ 单击【基准轴】对话框中的【确定】按钮，完成基准轴 A1 的建立，如图 4 - 8（a）、（b）
所示。

⑤ 再次单击基准工具栏中的 ✎ 按钮，弹出【基准轴】对话框。

⑥ 选取图 4-9(a)中的圆弧面作为基准轴的定位参照,在对话框中选择【穿过】约束选项。

⑦ 单击【基准轴】对话框中的【确定】按钮,完成基准轴 A2 的建立,如图 4-9(a)、(b)所示,该基准轴通过这段圆弧面的中心线。

a)【基准轴】对话框

b) 建立基准轴A_1

图 4-8　基准轴

a) 选择基准轴的定位参照面

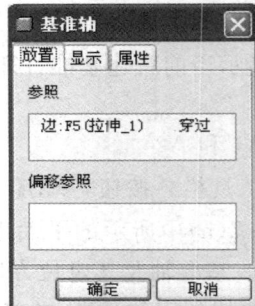

b)【基准轴】对话框

图 4-9　参照面的选择与对话框

4.3　基准点

基准点常用于尺寸标注的参照、倒圆角的半径定义、基准轴的穿过参照、零件装配的对齐参照等。

基准点以符号×形式显示,并且由系统自动给出名称 PNT0、PNT1、…。

选择主菜单【插入/模型基准/点】命令,或单击基准特征工具栏中的 按钮后的 ,可发现基准点包括一般基准点、草绘基准点、坐标系基准点和域基准点四类,如图 4-10 所示。

一般基准点是以选定参照的方式来定位的,该对话框的使用方式与基准平面或基准轴类似。

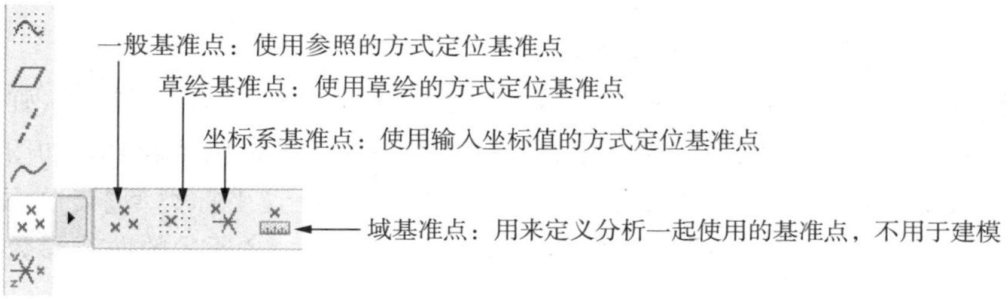

一般基准点：使用参照的方式定位基准点
草绘基准点：使用草绘的方式定位基准点
坐标系基准点：使用输入坐标值的方式定位基准点
域基准点：用来定义分析一起使用的基准点，不用于建模

图 4-10　基准点的种类

4.4　基准坐标系

在建模过程中，基准坐标系是设计中的公共基准，用来精确定位特征的放置位置。显示为三条互相正交的褐色短直线，系统默认以 PRT－CSYS－DEF 来表示，其后建立的以 CS0、CS1、……来表示。

主要用于零件的质量、质心和体积等辅助计算；在零件装配中，建立约束条件；使用加工模块时，设定程序原点；辅助建立其他基准特征；定位参照和导入其他格式文件等。

基准坐标系的建立方法与其他基准特征的类似，只要指定一些参照对象即可，但必须满足以下条件：

① 定义原点的位置；

② 定义两个坐标轴的方向，第三坐标轴的方向按照右手定则确定。

通常采用平面参照或直线参照来定义坐标轴的方向；对于平面参照，其法线方向即为坐标轴的方向；对于直线参照，坐标轴的方向与该直线平行。

4.5　基准曲线

基准曲线常用于扫描特征的轨迹、定义曲面特征的边界、定义制造程序的切割路径等。曲线默认以蓝色显示。

1. 基准曲线

选择主菜单【插入/模型基准/曲线】命令，或单击基准工具栏中的 $\sim$ 按钮，弹出【曲线选项】菜单，如图 4-11(a)所示。菜单中有四种创建基准曲线的方法。

各选项卡的功能含义如下：

【经过点】——通过数个参照点建立基准曲线；

【自文件】——通过编辑【*.ibl】文件，建立基准曲线；

【使用剖截面】——用截面的边界建立基准曲线；

【从方程】——利用参数方程建立基准曲线。

2. 实例演练

用"从方程"命令创建一条基准曲线。

① 选择主菜单【插入/模型基准/曲线】命令或基准工具栏中的 ～ 按钮,弹出【曲线选项】菜单,选择【从方程/完成】命令,弹出【曲线】对话框和【得到坐标系】菜单,如图 4-11(b)。

② 选择系统缺省的坐标系,在如图 4-11(c)所示的【设置坐标类型】菜单中选择【笛卡尔】,系统弹出【记事本】窗口,在【记事本】窗口中输入如图 4-12 所示的曲线参数方程。

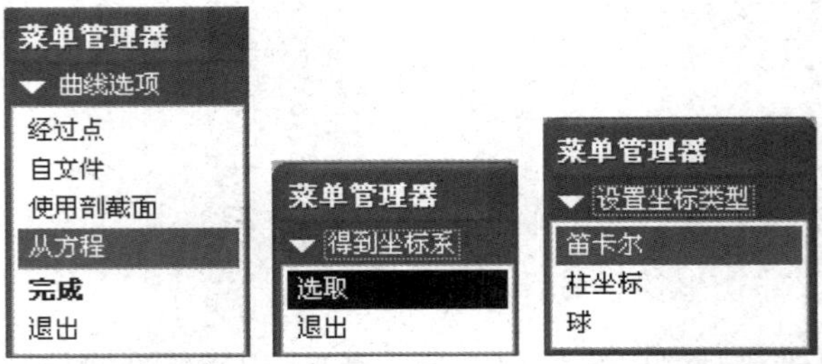

图 4-11 【曲线选项】菜单

③ 选择主菜单【文件/保存】和命令,退出【记事本】窗口。

④ 单击【曲线】对话框的【确定】按钮,完成基准曲线的创建如图 4-13 所示。

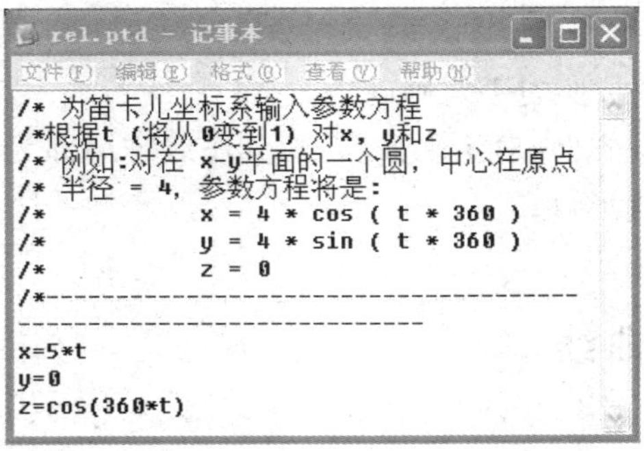

图 4-12 【记事本】窗口

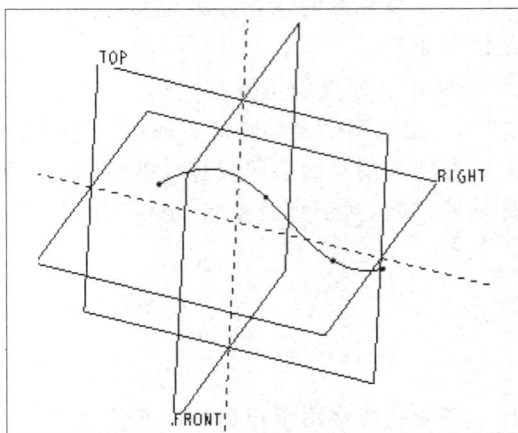

图 4-13 基准曲线

4.6 实例练习——创建端盖

任务:绘制如图 4-14 所示的端盖。

操作步骤如下:

Step1. 选择主菜单【文件/新建】命令,打开【新建】对话框,选择【零件】单选按钮,在【名称】文本框中输入新建文件名"duangai.prt",单击【确定】按钮,进入零件模式。

图 4－14 端盖

Step2. 单击拉伸命令 按钮,在主视区下方的拉伸操控板上单击【放置】按钮,再单击【定义…】按钮,在弹出的草绘对话框中,选择"FROT"为草绘平面,"RIGHT"为参照平面,单击【草绘】按钮,进入草绘模式,绘制如图 4－15 所示的截面。

Step3. 单击 按钮,在拉伸操控板中,选取深度类型 ,再在深度文本框中输入深度260,单击 按钮,生成如图 4－16 所示的拉伸实体。

图 4－15 绘制的截面

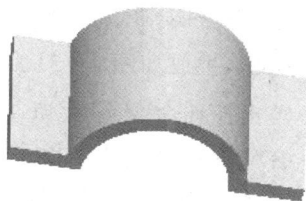

图 4－16 拉伸实体

Step4. 单击拉伸命令 按钮,在拉伸操控板上单击【放置】按钮,再单击【定义…】按钮,在弹出的草绘对话框中,选择图 4－16 中的半圆形面为草绘平面,"RIGHT"为参照平面,单击【草绘】按钮,进入草绘模式,绘制如图 4－17 所示的截面。

Step5. 单击 按钮,在拉伸操控板中,选取深度类型 ,再在深度文本框中输入深度20,单击 按钮,生成如图 4－18 所示的拉伸实体。

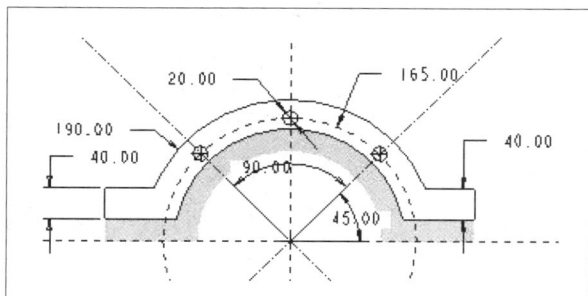

图 4－17 绘制截面

图 4－18 拉伸实体

Step6. 选择图 4－17 的截面所拉伸的实体,单击镜像 按钮,选择平面"FRONT"为镜像平面,单击☑按钮,生成如图4-19所示的实体。

Step7. 单击拉伸命令🗗按钮,在拉伸操控板上单击【放置】按钮,再单击【定义…】按钮,在弹出的草绘对话框中,选择"FROT"为草绘平面,"RIGHT"为参照平面,单击【草绘】按钮,进入草绘模式,绘制如图4-20所示的截面。

图4-19 镜像实体

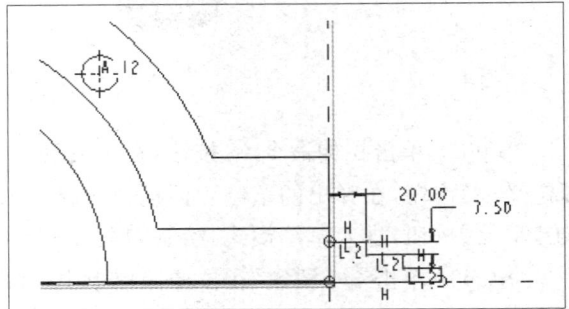

图4-20 绘制截面

Step8. 单击✔按钮,在拉伸操控板中,选取深度类型⊟,再在深度文本框中输入深度210,单击☑按钮,生成如图4-21所示的拉伸实体。

Step9. 单击拉伸命令🗗按钮,在拉伸操控板上单击【放置】按钮,再单击【定义…】按钮,在弹出的草绘对话框中,选择"TOP"为草绘平面,"RIGHT"为参照平面,单击【草绘】按钮,进入草绘模式,绘制如图4-22所示的截面。

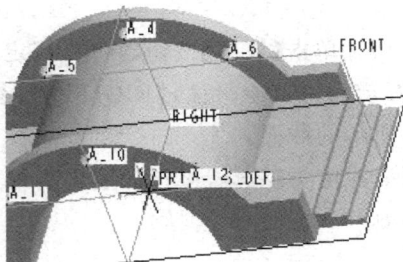

图4-21 拉伸实体

图4-22 绘制截面

Step10. 单击✔按钮,在拉伸操控板中,选取深度类型⊟,再在深度文本框中输入深度100,选择去除材料⬰按钮,单击☑按钮,生成如图4-23所示的拉伸实体。

Step11. 单击基准面▱按钮,选择图4-24中的端面作为偏移参照平面,输入偏移值为15,创建基准平面DTM1。

Step12. 单击旋转✦按钮,在旋转特征操控板上单击【放置】按钮,再单击【定义…】按钮,在【草绘】对话框中,选择DTM1基准面为草绘平面,"FRONT"基准面为参照平面,单击【草绘】按钮,进入草绘模式,绘制如图4-25所示的旋转截面和中心线。

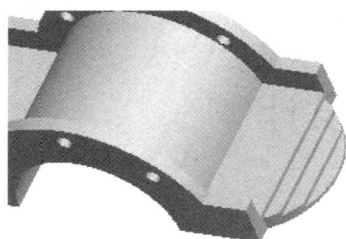

图 4-23　拉伸实体

选择此面作为偏移参照平面

图 4-24　选择基准偏移面

Step13. 单击 ✔ 按钮，单击 ☑ 按钮，生成如图 4-26 所示的实体。

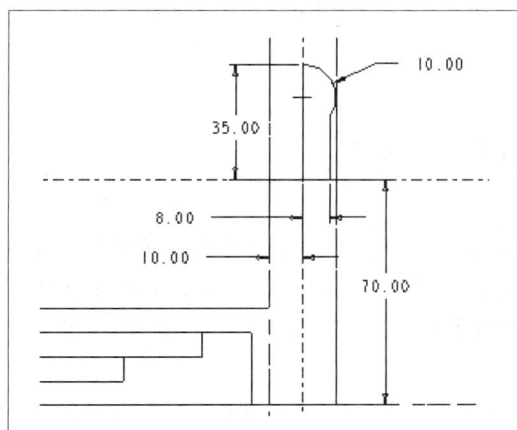

图 4-25　绘制旋转截面和中心线

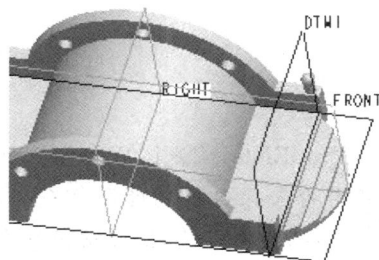

图 4-26　旋转实体

Step14. 剩余特征分别进行对称镜像操作即可得到如图 4-14 所示的图形。

第5章　工程特征设计

Pro/ENGINEER Wildfire 5.0 提供了多种类型的工程特征,如孔特征、倒角特征和抽壳特征等。用户尚未创建实体特征时,工程特征设计工具为灰色不可用状态,它是一种放置实体特征,不能单独存在,必须附属于实体上。

在零件建模过程中使用工程特征,用户一般需要给系统提供以下信息:放置工程特征的位置、定位尺寸和定形尺寸。

5.1　孔特征

在 Pro/ENGINEER Wildfire 5.0 中把孔分为"简单孔"、"草绘孔"和"标准孔"。除使用前面讲述的去除材料功能制作孔外,还可直接使用 Pro/ENGINEER Wildfire 5.0 提供的【孔】命令,从而更方便、快捷地制作孔特征。在创建孔特征时,只需指定孔的放置平面并给定孔的定位尺寸及孔的直径、深度即可。

选择主菜单【插入/孔】命令或单击 ⟟ 按钮,在主视区下方弹出如图 5-1 所示的孔特征操控板。该上滑板中各功能按钮的含义如下。

图 5-1　孔特征操控板(修改图片)

【放置】:单击该按钮,弹出如图 5-2 所示的上滑面板,进行放置孔特征的操作。

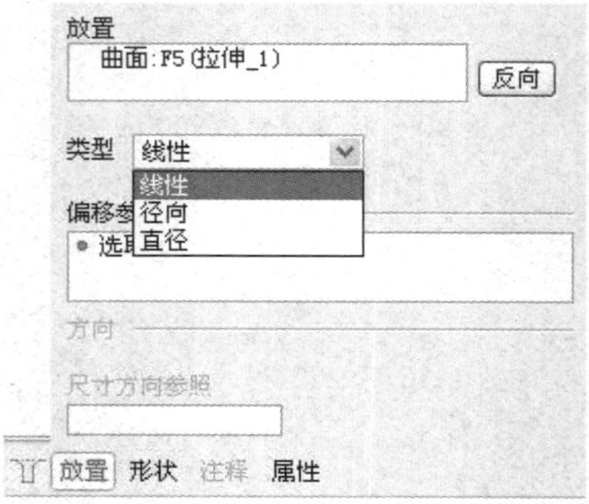

图 5-2　放置对话框(修改)

【放置】上滑面板中各选项功能介绍如下：

（1）【放置】：定义孔的放置平面信息。

（2）【偏移参照】：定义孔的定位信息。

（3）【反向】：改变孔放置的方向。

（4）【类型】：定义孔的定位方式。

（a）【线性】：使用两个线性尺寸定位孔，标注孔中心线到实体边或基准面的距离。

（b）【径向】：使用一个线性尺寸和一个角度尺寸定位孔，以极坐标的方式标注孔的中心线位置。此时应指定参考轴和参考平面，以标注极坐标的半径及角度尺寸。

（c）【直径】：使用一个线性尺寸和一个角度尺寸定位孔，以直径的尺寸标注孔的中心线位置，此时应指定参考轴和参考平面，以标注极坐标的直径及角度尺寸。

【形状】：单击该按钮，可设置孔的形状及其尺寸，并可对孔的生成方式进行设定，其尺寸也可即时修改。

【注释】：当生成"标准孔"时，单击该按钮，显示该标准孔的信息。

【属性】：单击该按钮，在打开的面板中显示孔的名称（可进行更改）及其相关参数信息。

5.1.1　简单孔

选择主菜单【插入/孔】命令或单击 按钮，弹出如图 5-3 所示孔特征操控板。选取钻孔面，确定孔定位方式。

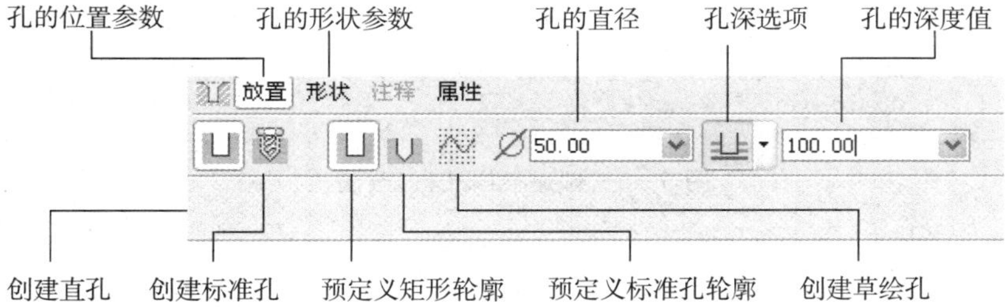

图 5-3　孔特征操控板（修改图片）

孔的定位方式有三种，分别为：线性、径向、直径。

（1）线性孔：通过给定两个距离尺寸定位，如图 5-4 所示，通过给定孔距左侧面及前侧面的距离确定孔的位置。操作方法为：在【放置】上滑面板中选定【线性】选项，将图中的定位把手分别拖拽到左侧面或左边线和前侧面或前边线上，输入具体的位置尺寸，给定孔径及孔深值，也可直接拖拽操作把手，单击孔特征操控板的 按钮或鼠标中键。

（2）径向孔：通过给定极半径和极角的方式定位。如图 5-5 所示，通过给定孔中心距零件中心轴线的极径值及其与参考面形成的极角来确定孔的位置。

操作方法为：在【放置】上滑面板中选定【径向】选项，将图中的定位把手分别拖拽到中心轴和参考面上，输入具体的位置尺寸，给定孔径及孔深值，单击孔特征操控板的 按钮或鼠标中键。

（3）直径孔：与径向孔类似，如图 5-6 所示。

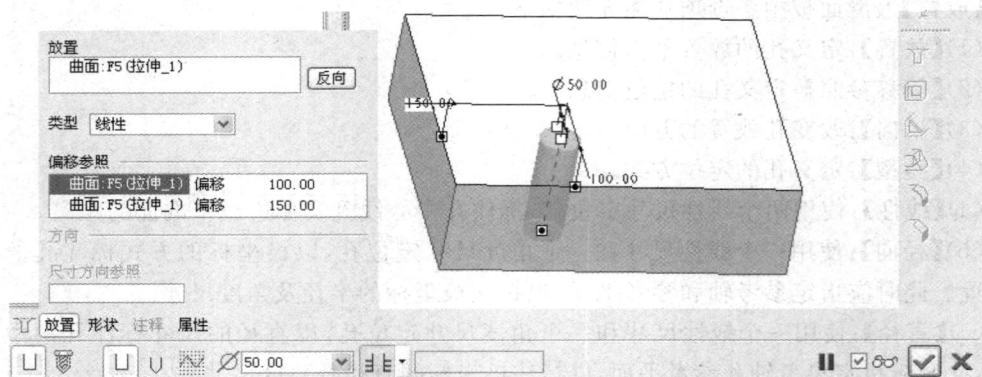

图 5-4　创建线性孔（修改图片）

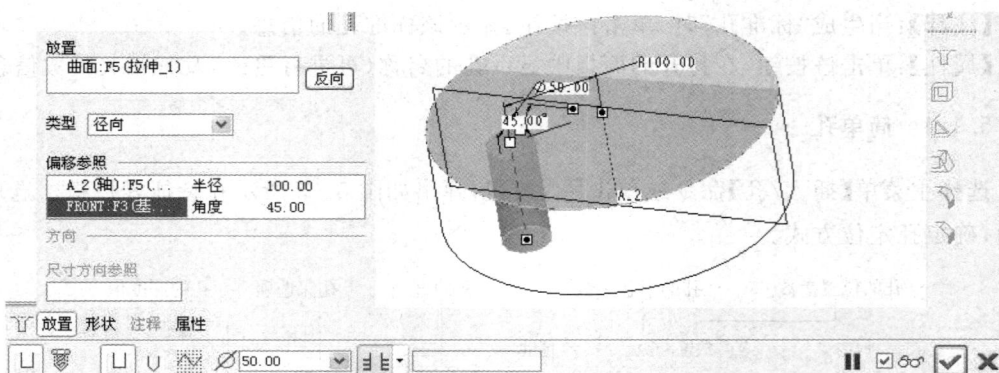

图 5-5　创建径向孔（修改图片）

图 5-6　创建直径孔

　　钻孔时,孔的定位方式很关键。当需要钻多个孔时,往往要做孔的阵列。线性孔只可以做矩形尺寸阵列,径向孔和直径孔只可以做圆形尺寸阵列。

5.1.2 草绘孔

草绘孔类似于一个旋转去除材料特征。

选择主菜单【插入/孔】命令或单击 ![按钮] 按钮,弹出如图 5-7 所示孔特征操控板。单击创建草绘孔 ![按钮] 按钮,弹出如图 5-8 所示草绘孔特征操作板,单击操控板的绘制剖面 ![按钮] 按钮,进入草绘模式。绘制旋转剖面,如图 5-9 所示。选取钻孔面,定义孔的放置方式及定位尺寸,单击孔特征操控板的 ![按钮] 按钮或鼠标中键。

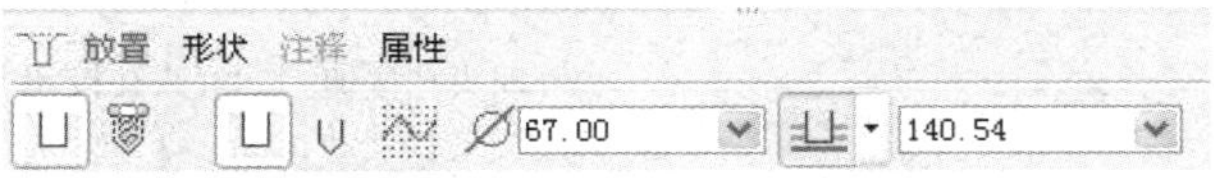

图 5-7 孔特征操控板 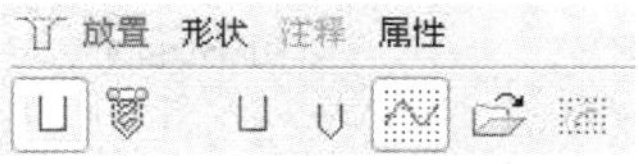 图 5-8 草绘孔特征操控板

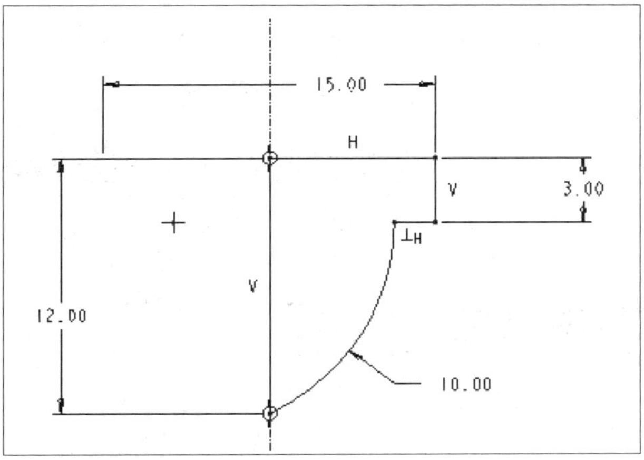

图 5-9 草绘孔剖面

5.1.3 标准孔

选择主菜单【插入/孔】命令或单击 ![按钮] 按钮,弹出如图 5-10 所示孔特征操控板。单击创建标准孔 ![按钮] 按钮,选择螺纹类型、螺纹规格、标准孔的形状。打开操控板的【形状】上滑面板,编辑孔的尺寸,选取钻孔面,定义孔的放置方式及定位尺寸,单击孔特征操控板的 ![按钮] 按钮或鼠标中键。

隐藏图形窗口中标准孔注释文字的方法:

STEP1. 在导航栏中显示模型树,单击导航选项卡的【设置】按钮,选择树过滤器,如图 5-11 所示,打开【模型树项目】对话框如图 5-12 所示。在对话框左侧勾选【注释】选项,以使模型树中能够显示"注释"项目,单击【确定】按钮。

STEP2. 此时模型树中显示出标准孔的注释项"Note"。选择"Note",单击鼠标右键,在快捷菜单中选择【拭除】命令,图形窗口的标准孔注释文字被隐藏。若要重新显示,可在模型树中点选该"Note",单击鼠标右键,快捷菜单中选择【显示】命令。

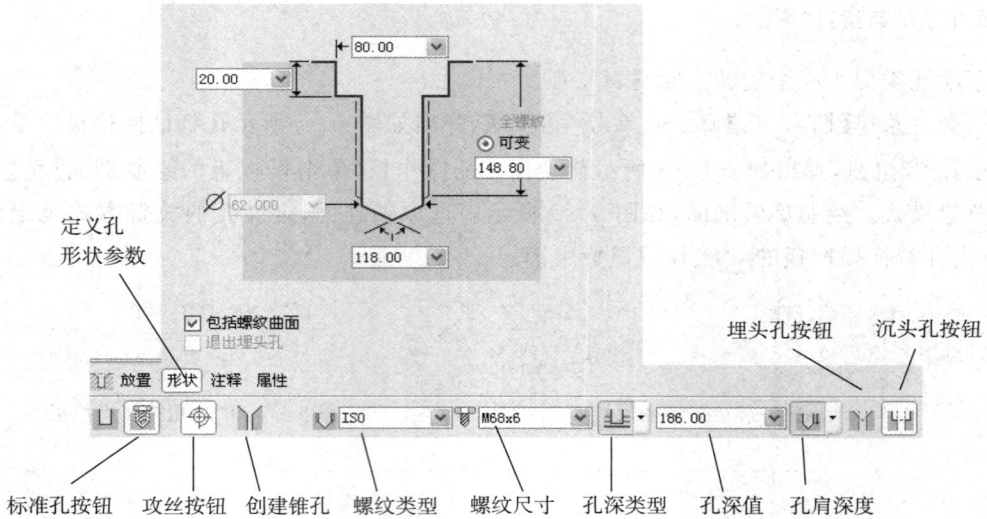

图 5-10　创建标准孔(修改)

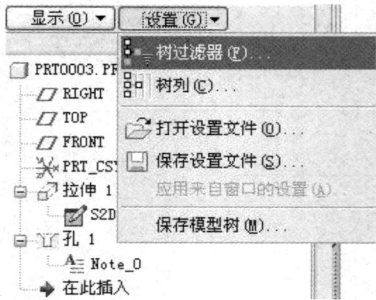

图 5-11　选择树过滤器　　　　　　图 5-12　模型树项目对话框

5.2　抽壳特征

抽壳特征指将实体变成薄壳件,薄壁类零件设计时常用此功能。抽壳特征基本操作如下:

选择主菜单【插入/壳】命令或单击 ▣ 按钮,弹出如图 5-13 所示抽壳特征操控板。选取要从零件上删除的面(按住 Ctrl 键可选取多个面),给定抽壳厚度,单击壳特征操控板的 ☑ 按钮或鼠标中键。

选取抽壳面并给定抽壳厚度后,单击参照,弹出图 5-13 所示的上滑板面板,选取【非缺省厚度】选项,单击非等厚面并给定其厚度,可以做出非等厚薄壳件。

注意：抽壳不能破坏实体表面的相切性。

图 5-13　壳特征操控板（修改图片）

5.3　筋特征

筋特征是指在两个或两个以上的相邻平面或回转面间添加加强筋，是一种特殊的增料特征。

根据相邻平面的类型不同，生成的筋分为：直筋和旋转筋两种形式。相邻的两个面均为平面时，生成的筋称为直筋，即筋的表面是 1 个平面。相邻的两个面中至少有 1 个为回转面时，生成的筋为旋转筋，其表面为圆锥曲面。

筋特征基本操作如下：

选择主菜单【插入/筋】命令或单击 按钮，弹出如图 5-14 所示筋特征操控板，各功能选项的含义说明如下：

【定义】：建立或修改筋特征的草绘截面。若对已有的筋特征进行修改时，则该按钮显示为【编辑】。

【反向】：控制筋特征的生成方向是向外还是向内，如图 5-15 所示。

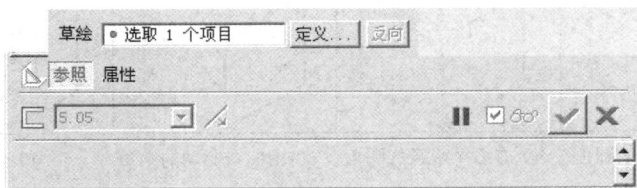

图 5-14　筋特征操控板

——设置筋的厚度。

——控制筋特征生成材料的方向。连续点击此键，则特征由草绘基准面的一侧到另一侧再到中间,如图 5 - 16 所示。

向内　　　　　　向外

图 5 - 15　筋特征的生成方向

图 5 - 16　改变生成材料的方向

5.4　圆角特征

圆角特征在零件设计中必不可少,它有助于模型设计中造型的变化或产生平滑的效果,如图 5 - 17 所示为四种常用圆角类型的示意图。

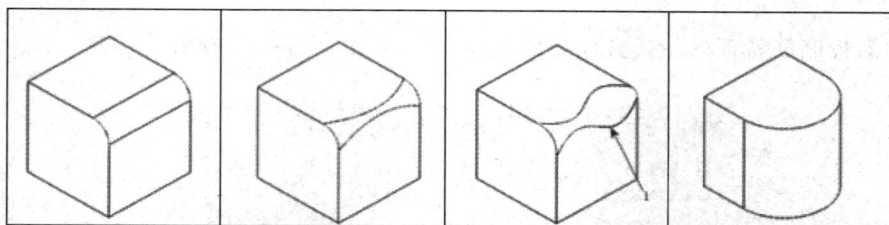

a)半径为常数的圆角　b)有多个半径的圆角　c)由曲线驱动的圆角　d)全圆角

图 5 - 17　常用圆角类型

选择主菜单【插入/圆角】命令或单击 按钮,弹出如图 5 - 18(a)所示圆角特征操控板,各功能选项的含义说明如下:

　　　——打开圆角设定模式。

　　　——打开圆角过渡模式。

5.50 ──定义半径大小。

a)
　　　　　　b)

图 5-18　圆角特征操控板及其过渡类型

【设置】:设定模型中各圆角或圆角集的特征及大小。

【过渡】:使用前,必须激活"过渡模式"(至少选一条边才能激活),然后单击模型中的圆角过渡区域,再从过渡列表中选取过渡类型,单击【过渡】按钮后,在过渡上滑面板中显示了除缺省过渡类型外的所有用户定义的过渡类型,如图 5-18(b)所示。

【段】:查看倒圆角特征的全部倒圆角集,查看当前倒圆角集中的全部倒圆角段,修剪、延伸或排除这些倒圆角段,以及处理放置模糊问题。

【选项】:单击该按钮,在弹出的上滑面板中选择创建实体圆角或者曲面圆角。

【属性】:单击该按钮,显示当前圆角特征名称及其相关信息。

圆角特征的基本操作如下:

① 选择主菜单【插入/圆角】命令或单击 按钮,弹出如图 5-18 所示圆角特征操控板。

② 单击【设置】按钮,在上滑面板中设定圆角类型、形成圆角的方式、圆角的参照、圆角的半径等。

③ 单击圆角模式按钮 ,设置过渡区圆角的形状。

④ 单击【选项】按钮,选择生成的圆角是实体形式还是曲面形式。

⑤ 单击【预览】按钮,观察生成的圆角。

⑥ 单击 按钮,完成圆角特征的建立。

注意:如果想把几条边的圆角放入同一组(集)中,即同时具有一个圆角半径,应单击Ctrl 键,然后单击要加入的边线即可。

实例演练:练习建立常用圆角的方法,制作如图 5-19 所示的零件模型。

STEP1. 拉伸特征建立如图 5-20 所示的实体。

STEP2. 建立全圆角

选择箭头 2 指示的面和与该面平行的背面为参照,选取箭头 1 指示的平面为驱动曲面,完成圆角如图 5-21 所示。

图 5 - 19　零件模型 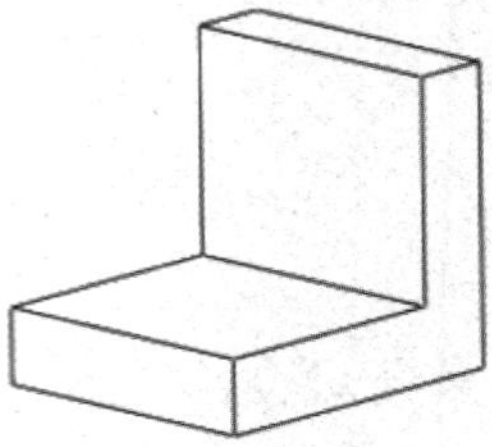　　　　　　　图 5 - 20　拉伸实体

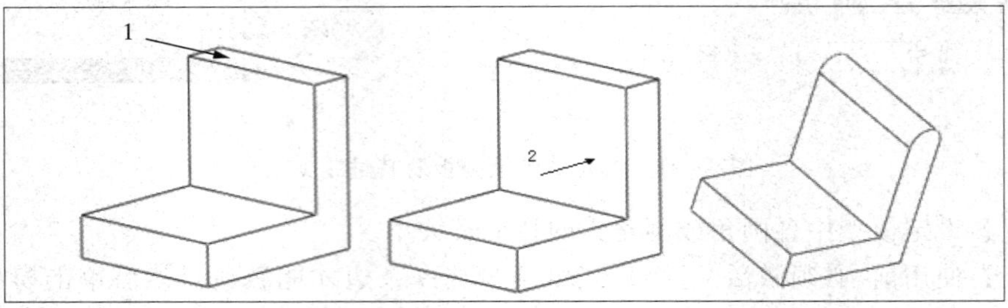

图 5 - 21　全圆角

STEP3. 建立变半径倒圆角

选择边线 1 设置圆角,在【设置】上滑面板内从右键快捷菜单中选择【添加半径】命令添加半径的值,如图 5 - 22 所示。结果如图 5 - 23 所示。

注意:图中"0.20"、"0.5"分别指圆角控制点在圆角片上的位置比例。如"0.5"指圆角控制点位于圆角片的中点。

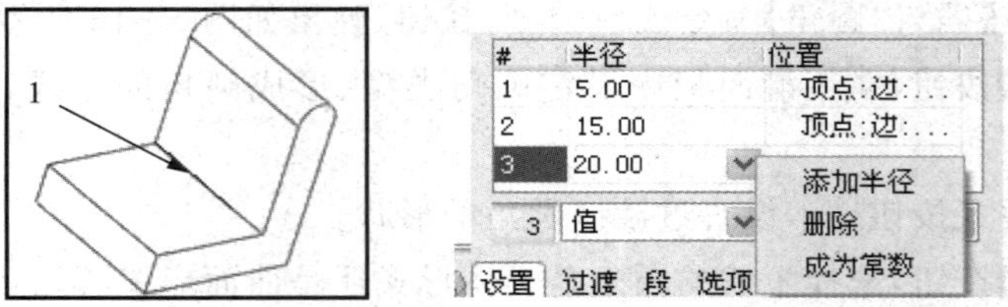

#	半径	位置
1	5.00	顶点:边:…
2	15.00	顶点:边:…
3	20.00	添加半径
		删除
3	值	成为常数

设置　过渡　段　选项

图 5 - 22　设置边线 1 圆角半径

STEP4. 建立曲线驱动圆角

选择箭头指示的平面为草绘平面,绘制一条曲线,如图 5 - 24 所示。

单击【设置】上滑面板中【通过曲线】按钮,参照选择箭头指示的边,驱动曲线选择刚才绘制的曲线,结果如图 5 - 25 所示。

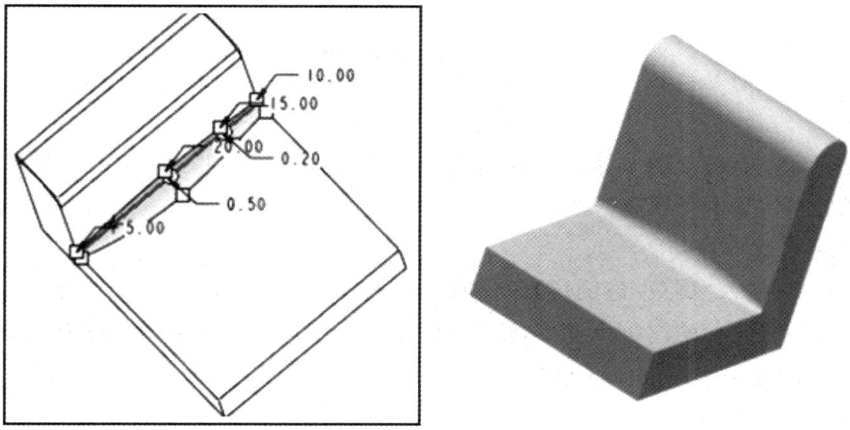

图 5-23　变半径圆角

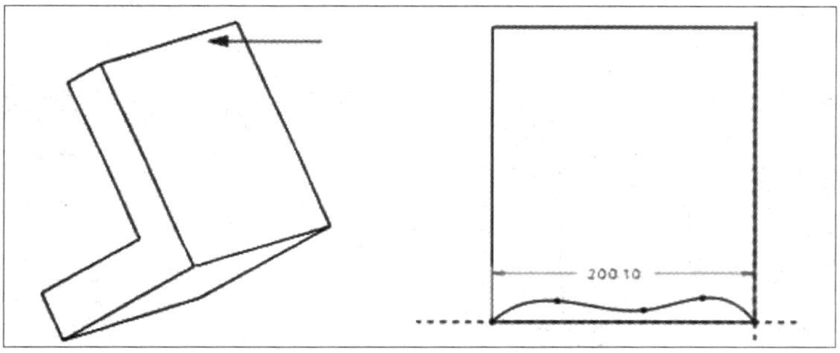

图 5-24　绘制曲线

图 5-25　曲线驱动圆角

5.5 倒角特征

倒角特征可以对模型的实体边或拐角进行斜切削加工,在机械零件中应用广泛。系统提供了边倒角和拐角倒角两种方法。

1. 边倒角的基本操作

选择主菜单【插入/倒角/边倒角】命令或单击 ✎ 按钮,弹出如图 5-26 所示倒角特征操控板,选取要倒角的边,给定倒角类型,输入倒角值(也可通过拖动手把来改变倒角值),单击倒角特征操控板的 ✔ 按钮或鼠标中键。

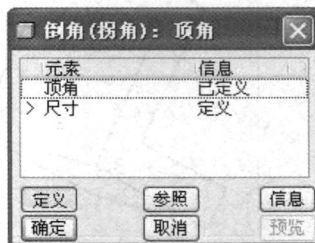

2. 顶点倒角基本操作

选择主菜单【插入/倒角/拐角倒角】命令,弹出如图 5-27 所示【倒角(拐角):顶点】对话框,选取要倒角的顶点,分别在三个边上给定切角的位置(或输入值),在对话框中单击【确定】按钮。

图 5-26 倒角特征操控板   图 5-27 【倒角(拐角)】对话框

5.6 拔模特征

为了便于成型的零件从模具型腔中取出,造型时在零件侧面上一般要添加脱模斜度,则可用拔模特征来完成。

拔模特征基本操作:

① 选择主菜单【插入/拔模】命令或单击 ◺ 按钮,弹出如图 5-28 所示拔模特征操控板。

② 选取欲拔模的面,一般不要破坏表面的相切性。

③ 单击图标 ⌐【单击此处添加项目】 的【单击此处添加项目】,选取一个平面、一条边或一条曲线作为拔模枢轴。

④ 单击图标 ↟【单击此处添加项目】 的【单击此处添加项目】,选取一个平面、一条边、一个轴或两个点作为拖动方向。

⑤ 修改拔模角及拔模方向,单击拔模特征操控板的 ✔ 按钮或鼠标中键。

注意:多个面的选取技巧。

图 5-28　拔模特征操控板

（1）选取多个表面：按住 Ctrl 键单击所要选的面。

（2）选取环表面：如图 5-29 所示。

图 5-29　选取环表面

5.7　实例练习——制作法兰盘模型

在造型中主要使用旋转特征、孔特征、阵列特征、筋特征、倒角特征等工具来完成模型的构建。该模型的基本制作过程如图 5-30 所示。

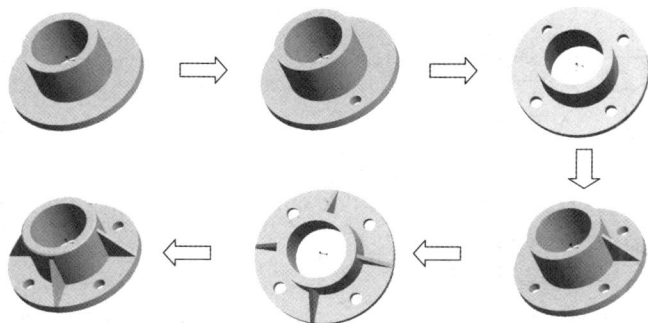

图 5-30　模型制作过程

STEP1. 建立新文件

(1)单击主菜单【文件/新建】命令,弹出【新建】对话框。

(2)选择【零件】类型,输入新建文件名称"flan"。

(3)单击【确定】按钮,进入零件设计工作模式。

STEP2. 使用旋转工具建立法兰盘毛坯

(1)单击 ⬥ 按钮,打开旋转特征操控板。

(2)单击【位置/定义】按钮,系统弹出【草绘】对话框

(3)选择 FRONT 基准面为草绘平面,RIGHT 基准面为参照。

(4)单击【草绘】对话框中的【草绘】按钮,系统进入草绘工作模式。

(5)绘制如图 5-31 所示的一条竖直中心线和旋转截面。

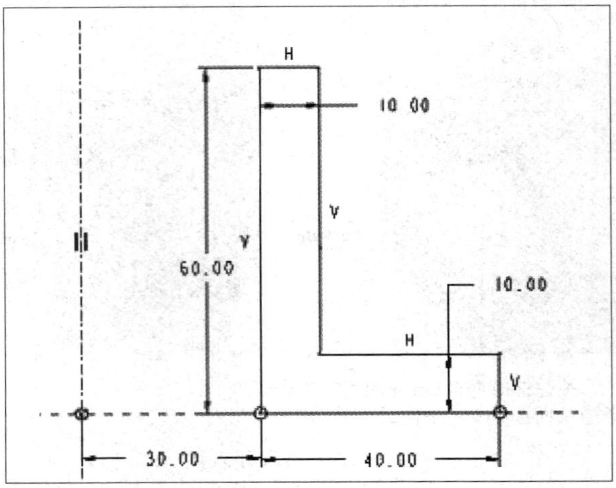

图 5-31　绘制中心线、旋转截面

(6)单击 ✔ 按钮,返回旋转特征操控板。

(7)单击 ✔ 按钮,完成旋转特征的建立,结果如图 5-32 所示。

STEP3. 建立孔特征

(1)单击 ⨂ 按钮,打开孔特征操控板,接受系统默认设置,输入孔径为"12",通孔,如图 5-33所示。

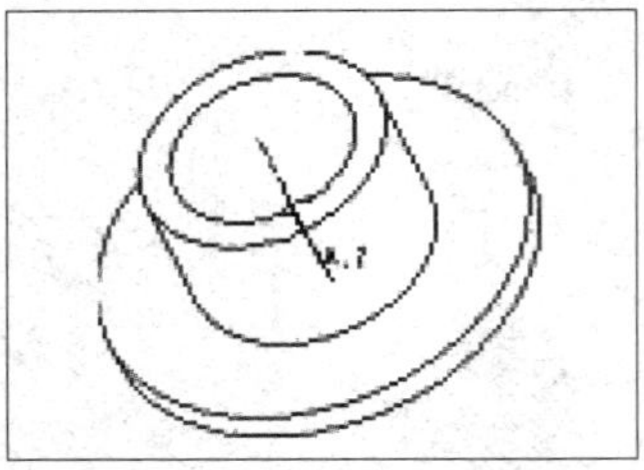

图 5-32　建立旋转特征

图 5-33　孔特征操控板(修改图片)

(2)选择图 5-34 中箭头指示的面为孔放置平面。

（3）单击【放置】按钮，在上滑面板【类型】中选择【直径】定位方式放置孔，在【偏移参照】栏中，单击左键启动该栏目，以选择两个定位参照。如图 5 - 35。

（4）按住 Ctrl 键，在模型中选择基准轴线"A－2"和"FRONT"基准面

图 5 - 34　选择面

图 5 - 35　选择定位参照（修改图片）

（5）设定相对于基准轴线"A－2"为中心的参照圆直径为"Φ110"，设定相对于 FRONT 基准面的角度为"45°"，如图 5 - 36 所示。

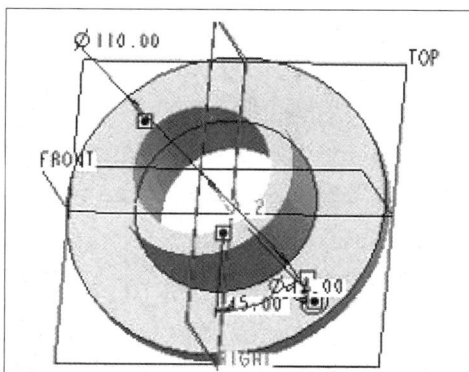

图 5 - 36　设定直径、角度值

（6）单击 ✔ 按钮，完成孔特征的建立。

STEP4. 阵列孔特征

（1）在模型树中选择建立的孔特征，然后单击 ▦ 按钮，打开阵列特征操控板。

（2）在模型中单击角度尺寸"45"，在弹出的文本框中输入该尺寸方向的尺寸增量为"90"，如图 5 - 37 所示。

（3）在阵列面板中输入阵列子特征数为"4"。

（4）单击 ✔ 按钮，完成孔特征的阵列，结果如图 5 - 38 所示。

STEP5. 建立第一个筋特征

（1）单击 ◿ 按钮，打开筋特征操控板，如图 5 - 39 所示。

（2）单击【参照】上滑面板中的【定义】按钮，打开【草绘】对话框。

（3）选择"FRONT"基准面为草绘平面，"RIGHT"基准面为参照，单击【草绘】按钮，系统

进入草绘模式。

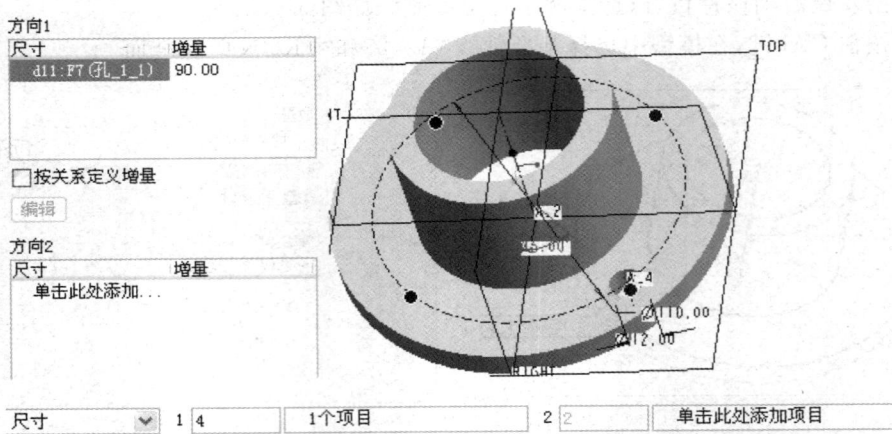

图 5-37　设置尺寸阵列孔特征

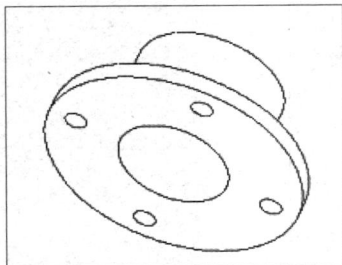

图 5-38　法兰盘基本体

图 5-39　筋特征操控板

(4)绘制如图 5-40 所示的一条线段。

(5)单击 ✔ 按钮,返回筋操控板,设定筋厚度为"4"。

(6)单击【参照】面板中的【反向】按钮,使材料生成方向(黄色箭头指示)为如图 5-41 所示。

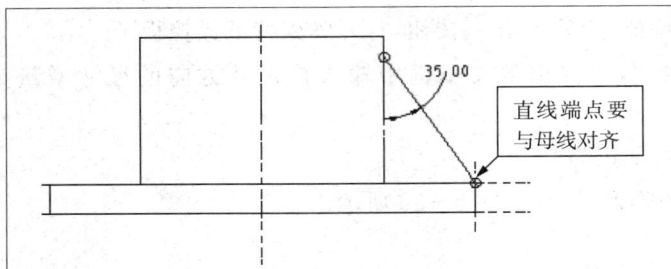

图 5-40　绘制线段

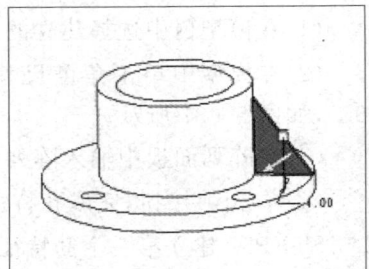

图 5-41　显示材料生成方向

(7)单击主面板中的 ⁄ 按钮,调整筋的位置,使其中心层与"FRONT"基准面重合。如

图 5－42 所示。

(7)单击 ✔ 按钮,完成筋特征的建立,结果如图 5－43 所示。

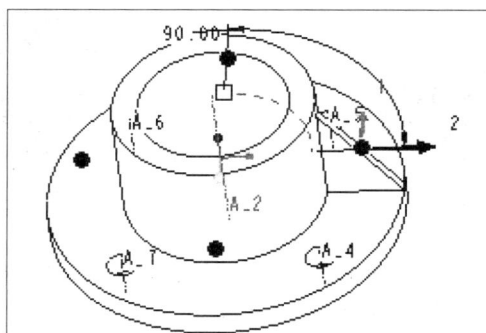

图 5－42 调整筋的位置

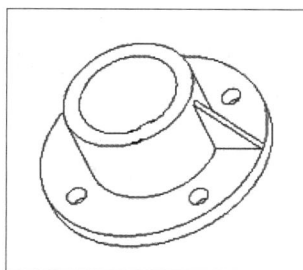

图 5－43 建立筋特征

STEP6. 阵列复制筋特征

(1)在模型树中选择建立的筋特征,单击 ▦ 按钮,打开阵列特征操控板。

(2)选择阵列类型为【轴】,选择基准轴线"$A-2$"为旋转阵列轴线。

(3)设定阵列个数为 4,如图 5－44 所示。

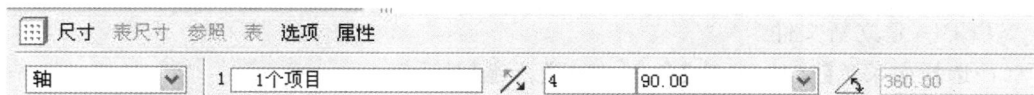

▦ 尺寸 表尺寸 参照 表 选项 属性

| 轴 | ▾ | 1 | 1个项目 | ⤢ | 4 | 90.00 | ▾ | ⟋ | 360.00 |

图 5－44 设置阵列个数

(4)单击 ✔ 按钮,完成筋特征的建立,结果如图 5－45 所示。

STEP7. 建立倒角特征

(1)单击 ◳ 按钮,打开倒角特征操控板。

(2)选择倒角类型为【45×D】,输入 D 值为"1.5"。

(3)单击 ✔ 按钮,完成倒角特征的建立,结果如图 5－46 所示。

STEP8. 保存模型

单击菜单【文件/保存】命令,保存当前建立的零件模型。

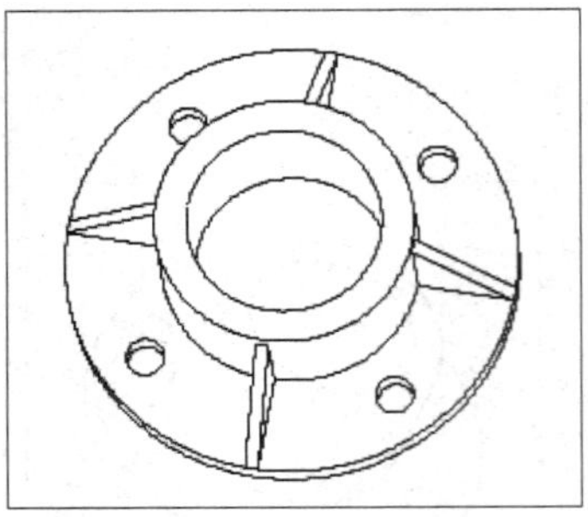

图 5-45　建立筋特征阵列

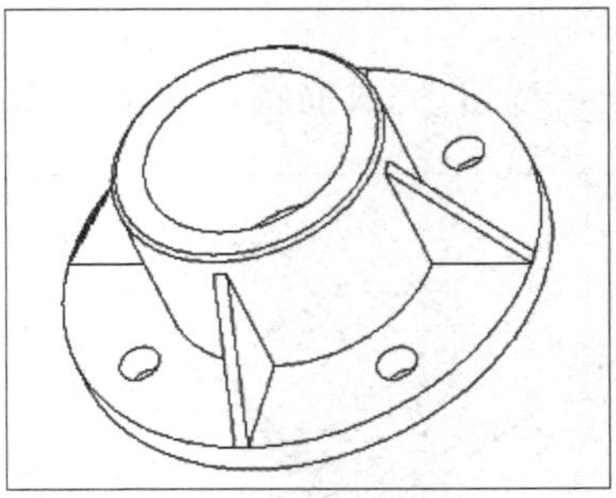

图 5-46　建立倒角特征

5.8　实例练习——减速箱造型

建立如图 5-47、图 5-48 所示的减速箱箱体与箱盖零件模型。

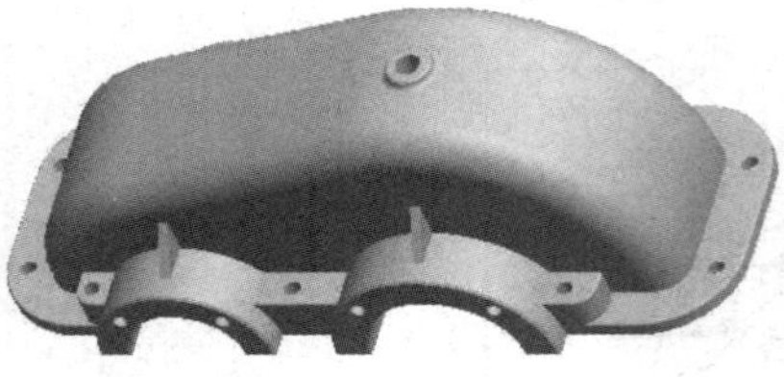

图 5-47　减速箱箱盖

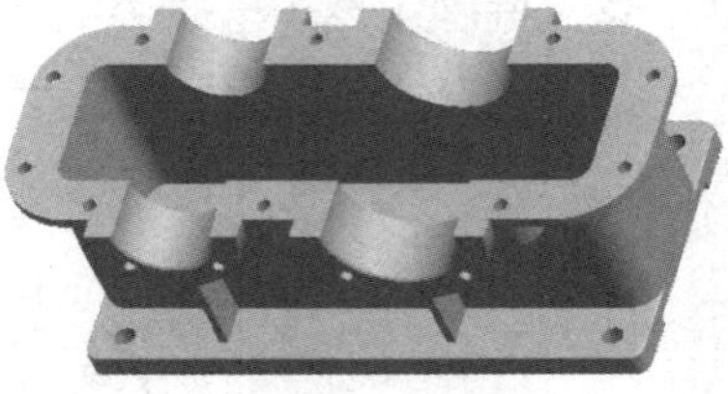

图 5-48　减速箱箱体

在造型中先使用拉伸、切割、抽壳、孔特征实体化、倒角、圆角、拔模等特征工具构建一个原始模型，然后通过基准面切割实体的方法来完成两个相互配合的零件模型的构建，这种"整分"法保证了零件配合的尺寸和位置一致性的要求。

STEP1. 建立新文件

（1）选择主菜单【文件/新建】命令，打开【新建】对话框。

（2）选择【零件】类型，在【名称】文本框中输入新建文件名称【gearbox】。

（3）单击【确定】按钮，进入零件设计工作环境。

STEP2. 使用拉伸工具建立模型基体

（1）单击 按钮，打开拉伸特征操控板。

（2）选择实体拉伸方式、关于草绘平面双向对称拉伸，设置拉伸深度为"240"。

（3）单击【放置/定义】按钮，系统弹出【草绘】对话框。

（4）选择 FRONT 基准面为草绘平面，RIGHT 基准面为参照。

（5）单击【草绘】按钮，进入草绘工作环境。

（6）绘制如图 5-49 所示的拉伸截面。

（7）单击 按钮，返回拉伸操控板。

（8）单击 按钮，完成拉伸特征的建立，如图 5-50 所示。

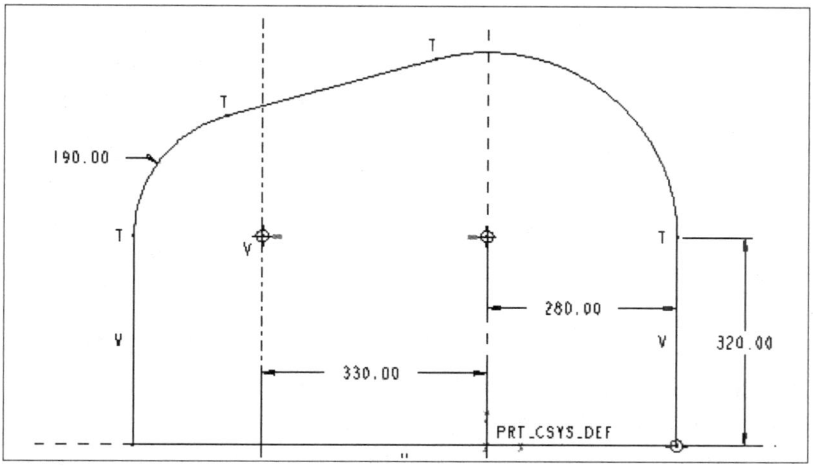

图 5 - 49　绘制拉伸截面 1

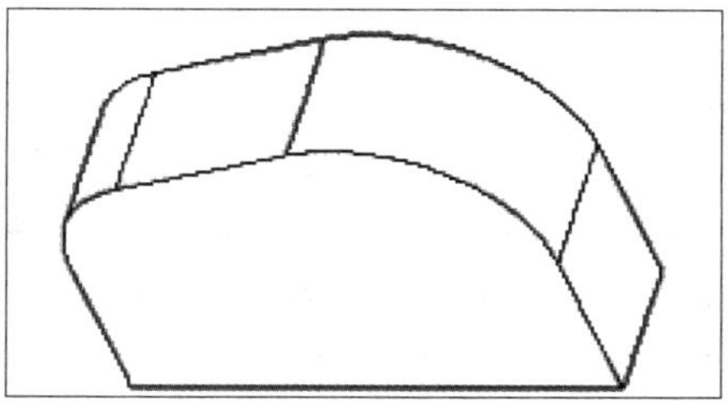

图 5 - 50　建立拉伸特征 1

STEP3. 建立圆角

（1）单击按钮，打开圆角特征操控板，设定圆角半径为"45"。

（2）选择图 5 - 51 中箭头指示的两条边线。

（3）单击按钮，完成圆角特征的建立。

STEP4. 建立抽壳特征

（1）单击按钮，打开抽壳特征操控板。

（2）选择底面为抽壳表面，设定抽壳厚度为"18"，默认方向抽壳。

（3）单击按钮，完成抽壳特征的建立。

STEP5. 使用拉伸工具建立结合面基体

（1）单击按钮，打开拉伸特征操控板。

（2）选择实体、关于草绘平面双向对称拉伸，设置拉伸深度为"38"。

（3）单击按钮，打开【基准平面】对话框，选择 TOP 基准面，输入偏移量为"300"，建立如图 5 - 52 所示的基准平面 DTM1。

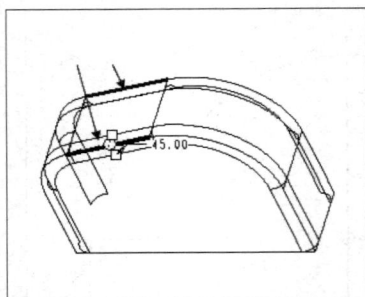

图 5-51 建立圆角特征

图 5-52 建立基准平面

(4)单击【放置/定义】按钮,系统弹出【草绘】对话框。

(5)选择 DTM1 基准面为草绘平面,RIGHT 基准面为参照。

(6)单击【草绘】按钮,系统进入草绘工作环境。

(7)单击 □ 按钮,选择模型的外轮廓线构成一圆角四边形,然后再绘制一圆角四边形,构成环状,如图 5-53 所示。

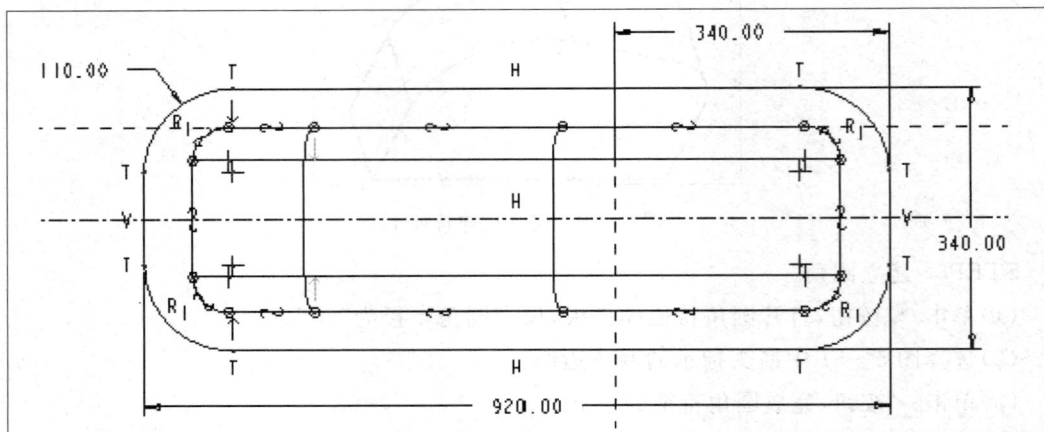

图 5-53 构建圆角四边形

(8)单击 ✔ 按钮,返回拉伸特征操控板。

(9)单击 ✔ 按钮,完成本次拉伸特征的建立,结果如图 5-54 所示。

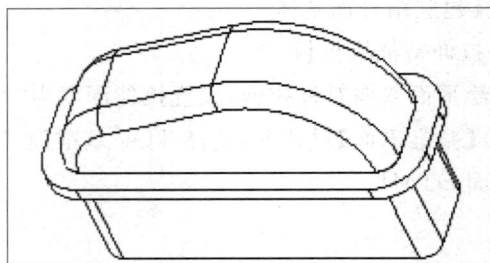

图 5-54 建立拉伸特征 2

STEP6. 使用拉伸工具建立模型底座

(1)单击 按钮,打开拉伸特征操控板。

(2)选择实体、单向向上拉伸,设置拉伸深度为"38"。

(3)单击【放置/定义】按钮,系统弹出【草绘】对话框。

(4)选择 TOP 基准面为草绘平面,RIGHT 基准面为参照。

(5)单击【草绘】按钮,系统进入草绘工作环境。

(6)绘制如图 5-55 所示的拉伸截面。

图 5-55 绘制拉伸截面 3

(7)单击 按钮,返回拉伸特征操控板。

(8)单击 按钮,完成本次拉伸特征的建立,结果如图 5-56 所示。

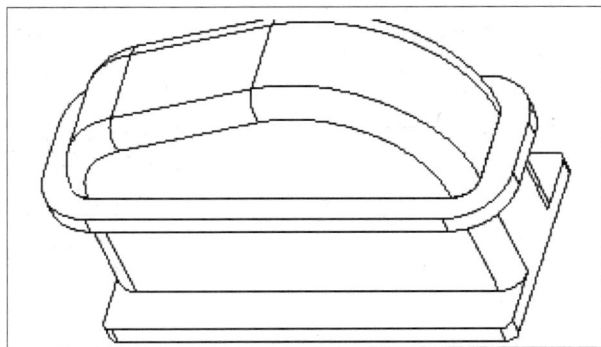

图 5-56 建立拉伸截面 3

STEP7. 使用拉伸工具建立第一个轴孔基体

(1)单击 按钮,打开拉伸特征操控板。

(2)选择实体、单向向上拉伸,设置拉伸深度为"80"。

(3)单击【放置/定义】按钮,系统弹出【草绘】对话框。

(4)选择模型主体的侧面为草绘平面,RIGHT 基准面为参照。

(5)单击【草绘】按钮,系统进入草绘工作环境。

(6)绘制如图 5-57 所示的拉伸截面。

(7)单击 ✔ 按钮,返回拉伸特征操控板。

(8)单击 ✔ 按钮,完成本次拉伸特征的建立,结果如图 5-58 所示。

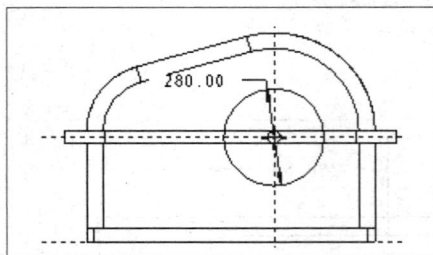

图 5-57　绘制拉伸截面 4

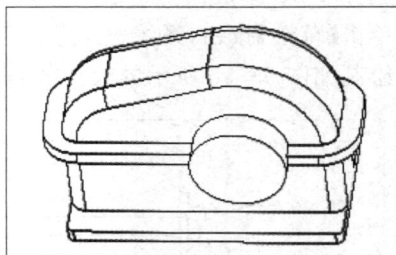

图 5-58　建立拉伸特征 4

STEP8. 使用拉伸工具建立第二个轴孔基体

(1)单击 按钮,打开拉伸特征操控板。

(2)选择实体、单向向外拉伸,设置拉伸深度为"80"。

(3)单击【放置/定义】按钮,系统弹出【草绘】对话框。

(4)选择模型主体的侧面为草绘平面,RIGHT 基准面为参照。

(5)单击【草绘】按钮,系统进入草绘工作环境。

(6)绘制如图 5-59 所示的拉伸截面。

(7)单击 ✔ 按钮,返回拉伸特征操控板,单击 ✔ 按钮,完成本次拉伸特征的建立,结果如图 5-60 所示。

图 5-59　绘制拉伸截面 5

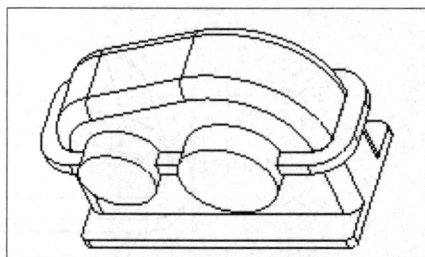

图 5-60　建立拉伸特征 5

STEP9. 使用拉伸工具建立凸台

(1)单击 按钮,打开拉伸特征操控板。

(2)选择实体、双向对称拉伸,设置拉伸深度为"120"。

(3)单击【放置】面板中的【定义】按钮,系统弹出【草绘】对话框。

(4)选择 DTM1 基准面为草绘平面,RIGHT 基准面为参照。

(5)单击【草绘】按钮,系统进入草绘工作环境。

(6)绘制如图 5-61 所示的拉伸截面。

（7）单击 ✔ 按钮，返回拉伸特征操控板，单击 ✔ 按钮，完成本次拉伸特征的建立，结果如图 5－62 所示。

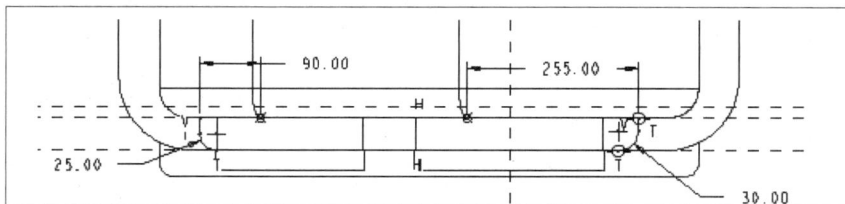

图 5－61　绘制拉伸截面 6

图 5－62　建立拉伸特征 6

STEP10. 使用拉伸工具切割轴孔

（1）单击 按钮，打开拉伸特征操控板。

（2）选择实体、双向对称拉伸、切割，设置拉伸深度为"500"。

（3）单击【放置】面板中的【定义】按钮，系统弹出【草绘】对话框。

（4）选择 FRONT 基准面为草绘平面，RIGHT 基准面为参照。

（5）单击【草绘】按钮，系统进入草绘工作环境。

（6）绘制如图 5－63 所示的拉伸截面。

（7）返回拉伸特征操控板。

（8）调整材料移除方向，单击 ✔ 按钮，完成轴孔特征的建立，结果如图 5－64 所示。

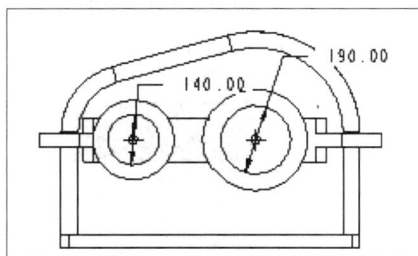

图 5－63　绘制拉伸截面 7

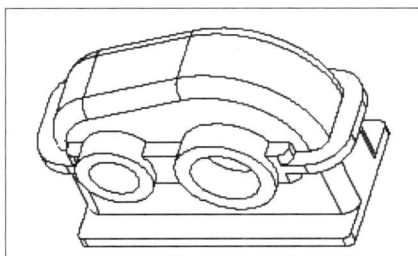

图 5－64　建立轴孔特征

STEP11. 使用孔工具建立第一个安装孔

（1）单击 按钮，打开孔特征操控板。

（2）选择凸台上表面为孔的放置平面，选择【线性】定位方式，选择 FRONT 基准面、RIGHT 基准面为定位参照，设定孔径为"20"，孔深为"180"，设定孔中心相对于 FRONT 基准面的尺寸为"145"，相对于 RIGHT 基准面的尺寸为"440"，上述设定如图 5-65 所示。

（3）模型中各尺寸如图 5-66 所示。

图 5-65　各项设置（修改图片）

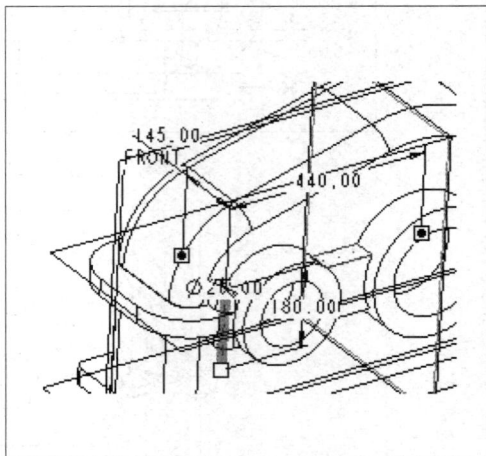

图 5-66　模型中的尺寸

（4）单击 ✔ 按钮，完成孔特征的建立，结果如图 5-67 所示。

STEP12. 复制安装孔

（1）选择主菜单【编辑/特征操作】命令，打开【特征】菜单。

（2）依次单击【复制/移动/选取/独立/完成】命令。

（3）选择步骤 11 建立的孔特征，然后单击【完成】命令。

（4）在弹出的菜单中依次单击【平移/平面】命令，如图 5-68 所示。

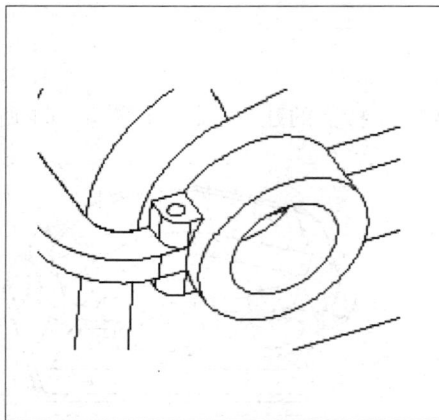

图 5-67　建立孔特征

图 5-68　单击命令

（5）选择 RIGHT 基准面为移动方向参照，单击【正向】命令，接受系统默认的方向。

（6）在信息区显示的文本框中输入偏移尺寸值为"250"，按回车确定。

(7)选择【完成移动/完成】命令,然后单击鼠标中键,完成第二个安装孔的建立,结果如图 5-69 所示。

(8)用同样的方法选择建立的第二个安装孔特征,仍以 RIGHT 基准面为移动方向参照,输入偏移尺寸值为"340",完成第三个安装孔的建立。如图 5-70 所示。

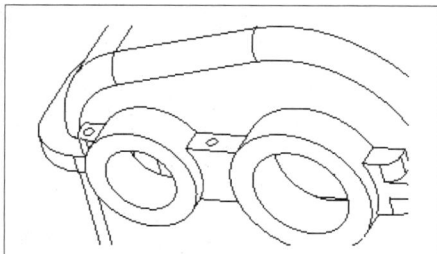

图 5-69　建立第二个安装孔

图 5-70　建立第三个安装孔

STEP13. 使用孔工具建立安装孔

(1)单击 按钮,打开孔特征操控板。

(2)选择图 5-71 中指示的平面为孔的放置平面,选择【线性】定位方式,选择 FRONT 基准面、RIGHT 基准面为定位参照,设定孔径为"20",孔深为"50",设定孔中心相对于 FRONT 基准面的尺寸为"80",相对于 RIGHT 基准面的尺寸为"310"。

(3)单击 按钮,完成安装孔的建立,结果如图 5-72 所示。

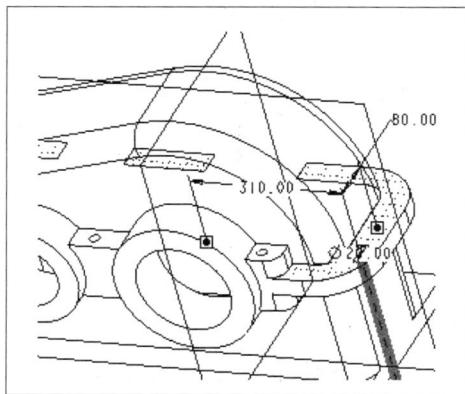

图 5-71　选择放置平面

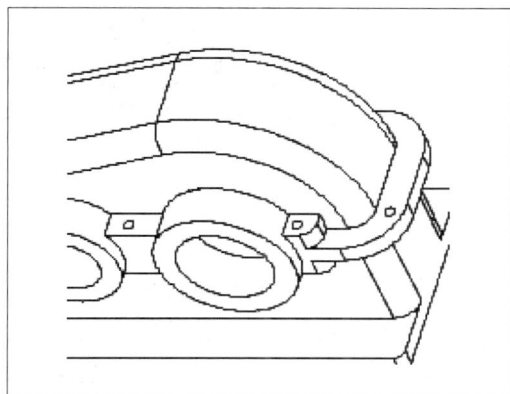

图 5-72　建立安装孔

STEP14. 镜像孔特征

(1)单击基准特征工具栏中的 按钮,打开【基准平面】对话框,选择 RIGHT 基准面,以平移方式,偏移"120",建立一基准面 DTM2,如图 5-73 所示。

(2)以 DTM2 为镜像平面复制步骤 13 建立的孔特征,结果如图 5-74 所示。

图 5 - 73　建立基准面 DTM1

图 5 - 74　镜像复制孔特征

STEP15. 建立倒角

(1)单击 ✎ 按钮,打开倒角特征操控板。

(2)选择倒角类型为【45×D】,输入 D 的尺寸值为"3"。

(3)选择模型中的两个轴孔的内、外边线。

(4)单击 ✔ 按钮,完成倒角特征的建立,结果如图 5 - 75 所示。

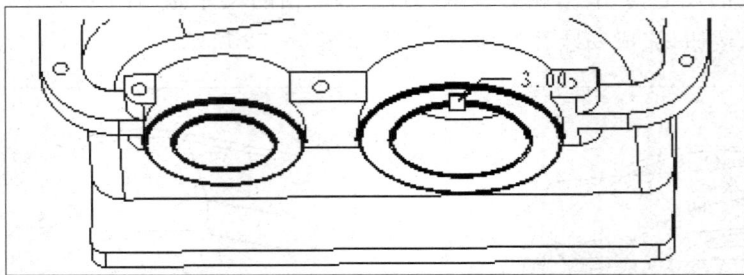

图 5 - 75　建立倒角

STEP16. 建立轴端密封安装孔

(1)单击 ⊺ 按钮,打开孔特征操控板。

(2)选择轴孔圆柱的端面为孔放置平面,选择【径向】定位类型,选择基准轴线 A－7 作为定位参照,输入半径值"120",选择 DTM1 基准面作为角度参照,输入角度值"45",设定孔的直径为"18",孔深为"50",模型中各尺寸如图 5 - 76 所示。

(3)单击 ✔ 按钮,完成孔特征的建立,结果如图 5 - 77 所示。

STEP17. 阵列孔特征

(1)选择步骤 16 建立的孔特征,然后单击 ⠿ 按钮,打开阵列特征操控板。

(2)选择角度尺寸"45"作为用尺寸阵列的驱动尺寸参照,输入尺寸增量"90",输入阵列个数"4"。

(3)单击 ✔ 按钮,完成孔特征的阵列复制,结果如图 5 - 78 所示。

放置

曲面:F11(拉伸_4)　　　　　　　　反向

类型　径向

偏移参照

A_3(轴):F11(...　半径　　120.00
RIGHT:F1(基...　角度　　45.00

方向

尺寸方向参照

放置　形状　注释　属性

Ø 18.00　　　50.00

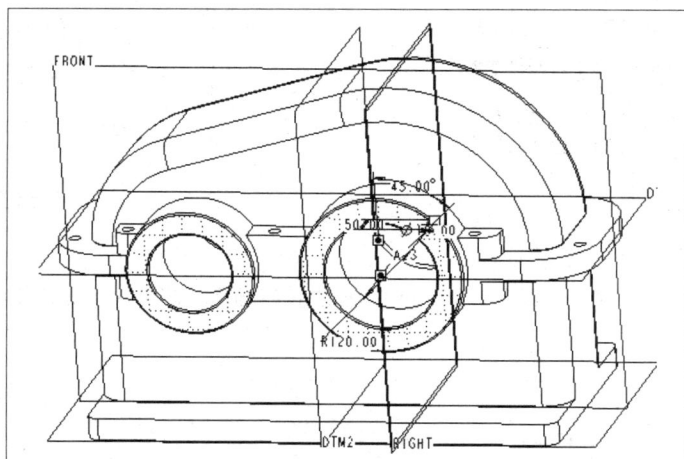

图 5-76　显示模型尺寸(修改 1)

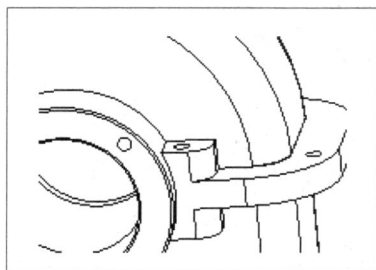

图 5-77　建立孔特征

图 5-78　阵列复制孔特征

STEP18.平移复制阵列特征

(1)单击主菜单【编辑/特征操作】命令,打开【特征】菜单。

(2)依次选择【复制/移动/选取/独立/完成】命令。

(3)选择步骤 17 建立的阵列特征,然后单击【完成】命令。

(4)在弹出菜单中选择【平移/平面】命令。

（5）选择 RIGHT 基准面为移动方向参照，单击【正向】命令，接受系统默认的方向（应为如图 5-79 中箭头指示的方向，否则单击【方向】菜单中的【反向/正向】命令）。

（6）在信息区显示的文本框中输入偏移尺寸"325"，按回车键确定。

（7）选择【完成移动】命令，在【组可变尺寸】菜单中选中"R120"的代号"Dimx"，即准备修改尺寸"R120"。

（8）单击【完成】命令，在信息区显示的文本框中输入新的的"Dimx"尺寸"90"，按回车确认。

（9）单击鼠标中键，完成阵列特征的平移复制。结果如图 5-80 所示。

图 5-79　接受方向

图 5-80　平移复制阵列特征

STEP19. 建立第一个筋特征

（1）首先建立一个平行于 DTM2，且过较小轴孔基准轴线的一基准面 DTM3，如图 5-81 所示。

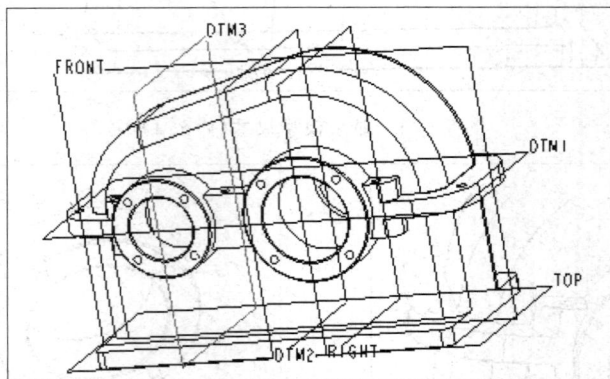

图 5-81　建立基准面 DTM3

（2）单击 ◣ 按钮，打开筋特征操控板。

（3）单击【参照/定义】按钮，打开草绘【对话框】。

（4）选择基准面 DTM3 为草绘平面，TOP 基准面为参照。

（5）单击【草绘】对话框中的【草绘】按钮，系统进入草绘工作环境。

（6）绘制如图 5-82 所示的一条直线段，注意线段两端点应与其接触的轮廓线重合。

（7）单击 ✔ 按钮，返回筋特征操控板。

（8）设定筋的厚度为"12"并调整特征生成方向，单击☑按钮完成筋特征的建立，结果如图5-83所示。

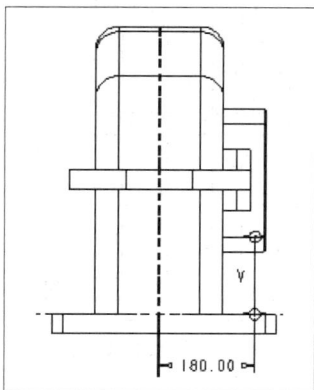

图5-82 绘制一直线段

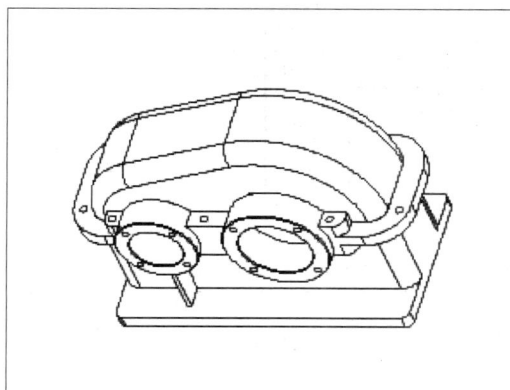

图5-83 建立第1个筋特征

STEP20. 建立第2个筋特征

（1）方法同上，只是选择RIGHT基准面为草绘平面，绘制如图5-84所示的一条线段，建立厚度为"12"的筋特征。

（2）集中那里的第二个筋特征如图5-85所示。

图5-84 绘制一线段

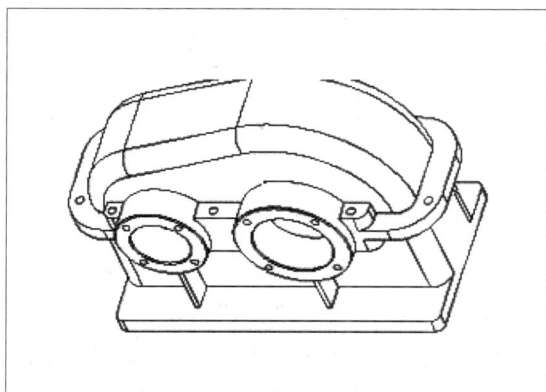

图5-85 建立第二个筋特征

STEP21. 建立第3、4个筋特征

（1）方法同STEP19，选择DTM3基准面为草绘平面，绘制如图5-86所示的线段，建立厚度为"12"的筋特征。

（2）方法同步STEP20，选择RIGHT基准面为草绘平面，绘制如图5-87所示的线段，建立厚度为"12"的筋特征。

（3）建立的筋特征如图5-88所示。

图 5 - 86   绘制线段 1

图 5 - 87   绘制线段 2

图 5 - 88   建立第 3、4 个筋特征

STEP22. 建立底座安装孔

（1）单击 按钮，打开拉伸特征操控板。

（2）选择实体、单向拉伸、切割，设置拉伸深度为"45"。

（3）单击【放置】面板中的【定义】按钮，系统显示【草绘】对话框。

（4）选择底座上表面为草绘平面，RIGHT 基准面为参照。

（5）单击【草绘】按钮，系统进入草绘工作环境

（6）绘制如图 5 - 89 所示的两个圆。

（7）单击 按钮，返回拉伸操控板。

（9）调整材料移除方向，单击 按钮，完成底座安装孔的建立，结果如图 5 - 90 所示。

STEP23. 镜像复制

（1）单击 Shift 键，在模型树中依次单击"拉伸 4"和"拉伸 8"，选中如图 5 - 91 所示的特征。

（2）单击 按钮，打开镜像特征操控板，选择 FRONT 基准面为镜像平面，单击 按钮，完成上述所选特征的镜像复制，结果如图 5 - 92 所示。

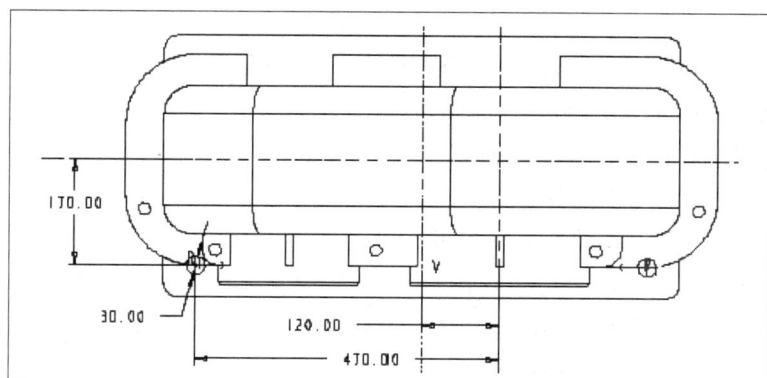

图 5 - 89 绘制两个圆

图 5 - 90 建立底座安装孔

图 5 - 91

图 5 - 92 镜像复制

STEP24. 建立圆角

(1)单击 ⬠ 按钮,打开圆角特征操控板,设定圆角半径为"3"。

(2)选择图 5-93 中箭头指示的边线。

(3)单击 ✔ 按钮,完成圆角特征的建立。

STEP25. 使用拉伸工具切割底座

(1)单击 ⬠ 按钮,打开拉伸特征操控板。

(2)选择拉伸方式为实体、穿透、切割。

(3)单击【放置/定义】按钮,系统弹出【草绘】对话框,选择如图 5-94 所示的面为草绘平面,选择 FRONT 基准面为参照面。

图 5-93 选择边线

图 5-94 选择草绘平面

(4)单击【草绘】按钮,系统进入草绘工作环境。

(5)绘制如图 5-95 所示的拉伸截面 9。

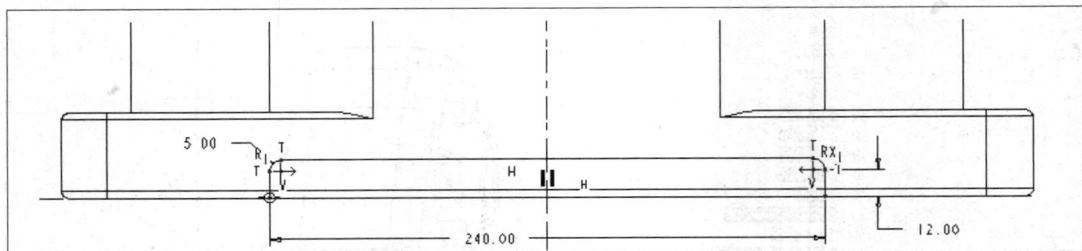

图 5-95 绘制拉伸截面 9

(6)单击 ✔ 按钮,返回拉伸操控板。

(7)调整材料移除方向,单击 ✔ 按钮,完成底座切割,结果如图 5-96 所示。

STEP26. 建立排油孔基体

(1)单击 ⬠ 按钮,打开拉伸特征操控板。

(2)选择拉伸方式为实体、单向拉伸,设置拉伸深度为"15"。

(3)单击【放置/定义】按钮,系统弹出【草绘】对话框,单击【使用先前的】按钮。

(4)单击【草绘】按钮,系统进入草绘工作环境。

(5)绘制如图 5-97 所示的拉伸截面 10。

图 5-96　完成切割底座

　　(6)单击 ✔ 按钮,返回拉伸操控板。调整拉伸方向,单击 ✔ 按钮,完成特征的建立,结果如图 5-98 所示。

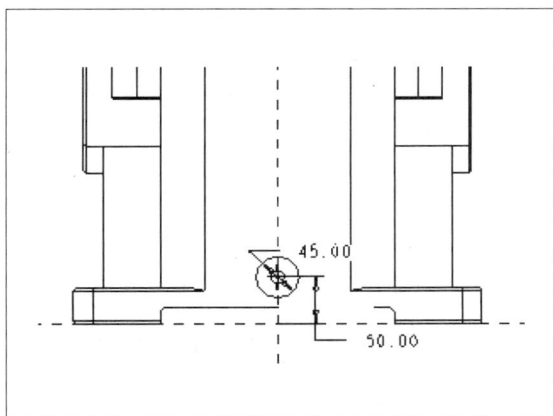

图 5-97　绘制拉伸截面 10

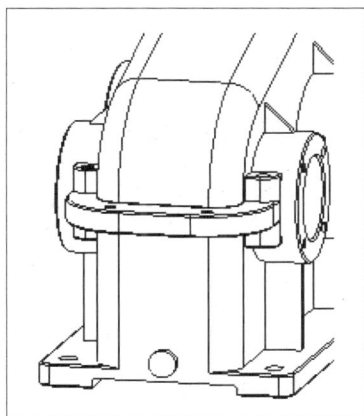

图 5-98　建立排油孔基体

　　STEP27. 建立排油孔

　　(1)单击 ⬜ 按钮,打开拉伸特征操控板。

　　(2)选择拉伸方式为实体、单向拉伸、切割,设置拉伸深度为“65”。

　　(3)单击【放置/定义】按钮,系统弹出【草绘】对话框,选择排油孔基体上表面作草绘平面。

　　(4)单击【草绘】按钮,系统进入草绘工作环境。

　　(5)绘制如图 5-99 所示的拉伸截面 11。

　　(6)单击 ✔ 按钮,返回拉伸操控板。调整材料去除方向,单击 ✔ 按钮,完成排油孔的建立,结果如图 5-90 所示。

　　STEP28. 建立注油孔基体

　　(1)建立一平行于基准平面 DTM1,且偏移距离为“310”的基准面 DTM6,如图 5-101 所示。

　　(2)单击 ⬜ 按钮,打开拉伸特征操控板。

　　(3)进行如图 5-102 所示的设置。

图 5-99　绘制拉伸截面 11

图 5-100　建立排油孔

图 5-101　建立基准面 DTM4

图 5-102　各项设置

（4）单击【放置/定义】按钮，系统弹出【草绘】对话框，选择基准平面 DTM6 为草绘平面，FRONT 基准面为参照。

（5）单击【草绘】按钮，系统进入草绘工作环境。

（6）绘制如图 5-103 所示的拉伸截面 12。

（7）单击 ✔ 按钮，返回拉伸操控板。选择如图 5-104 箭头所示的面为拉伸的终止面。

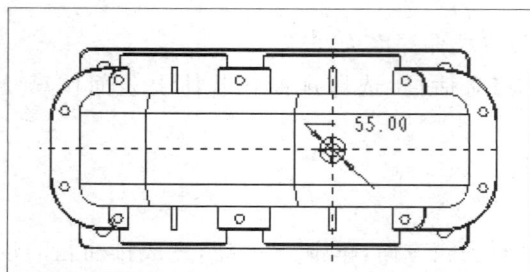

图 5-103　绘制拉伸截面 12

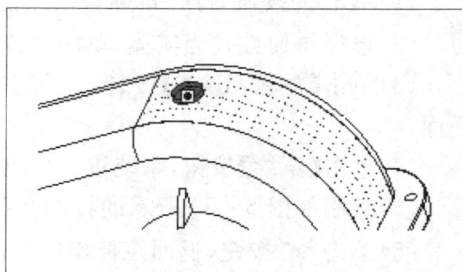

图 5-104　选择终止截面

（8）单击 ✔ 按钮，完成拉伸特征的建立，结果如图 5-105 所示。

STEP29. 建立注油孔

（1）单击 ⬚ 按钮，打开拉伸特征操控板。

（2）选择拉伸方式为实体、单向拉伸、切割，设置拉伸深度为"55"。

图 5－105 建立拉伸特征 12

（3）单击【放置/定义】按钮，系统弹出【草绘】对话框，单击【使用先前的】按钮。

（4）单击【草绘】按钮，系统进入草绘工作环境。

（5）绘制如图 5－106 所示的拉伸截面 13。

（6）单击 ✓ 按钮，返回拉伸操控板。调整材料去除方向，单击 ✓ 按钮，完成注油孔的建立，结果如图 5－107 所示。

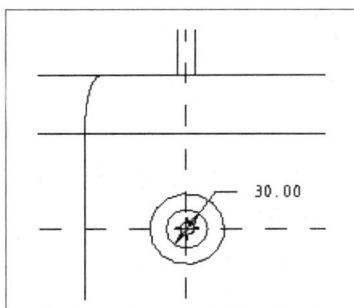

图 5－106 绘制拉伸截面 13

图 5－107 建立注油孔

STEP30. 为注油孔建立拔模斜度

（1）单击 按钮，打开拔模特征操控板。

（2）选择注油孔的上端面作为中性面，圆柱的侧面为拔模面，设定拔模角度和拔模方向，如图 5－108 所示。

（3）单击 ✓ 按钮，完成拔模特征的建立，结果如图 5－109 所示。

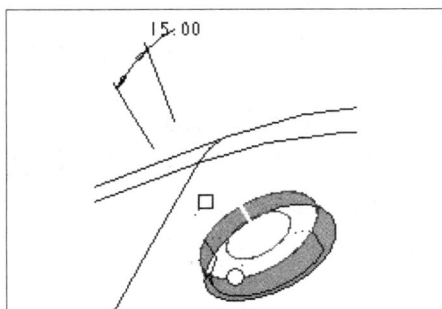

图 5－108 选定拔模角度、拔模方向

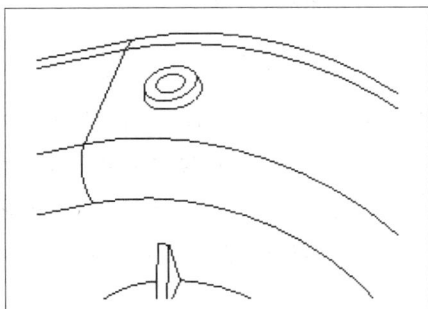

图 5－109 建立拔模特征

STEP31. 修饰排油孔与注油孔

（1）单击 ⟍ 按钮，打开圆角特征操控板。

（2）设定圆角半径为"8"，分别选择排油孔圆柱与箱体的相交线、注油孔圆台与箱体的相交线。

（3）单击 ✔ 按钮，完成圆角特征的建立。

（4）单击 ⟍ 按钮，打开倒角特征操控板。

（5）设定倒角方式为"$D \times D$"，D 值设定为"2"，然后选择注油孔上端面的外缘边线，单击 ✔ 按钮，完成倒角特征的建立。

（6）对排油孔、注油孔修饰的结果如图 5 - 110 所示。（左为注油孔，右为排油孔）。

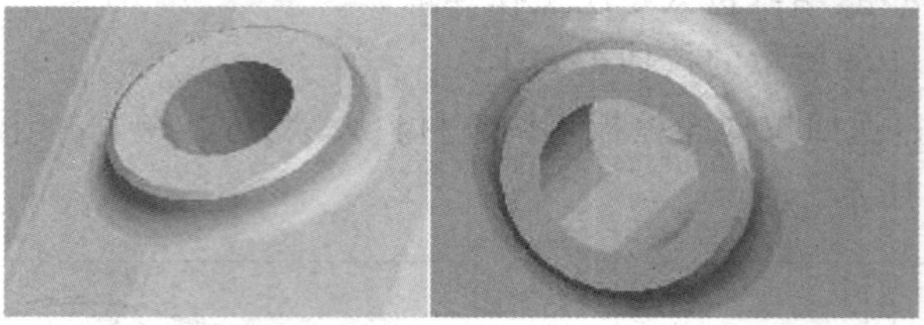

图 5 - 110　修饰注油孔和排油孔

STEP32. 使用基准面切割实体，完成最终模型的建立

（1）选择基准平面 DTM1，然后单击菜单【编辑/实体化】命令，打开实体化特征操控板。

（2）选择切割方式，调整材料移除方向为如图 5 - 111 所示。

（3）单击 ✔ 按钮，完成齿轮减速箱盖模型的建立，如图 5 - 112 所示。

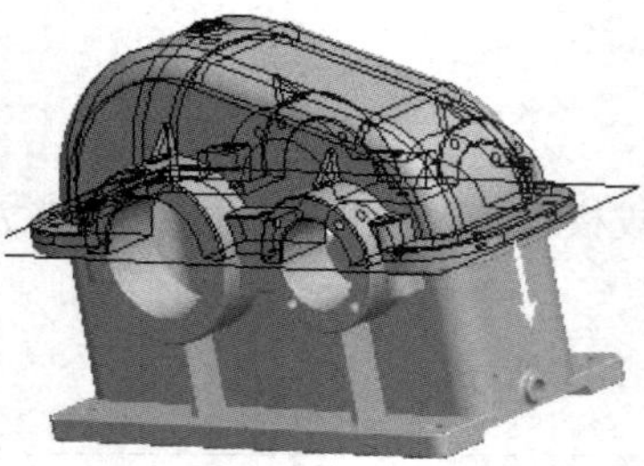

图 5 - 111　调整材料移除方向

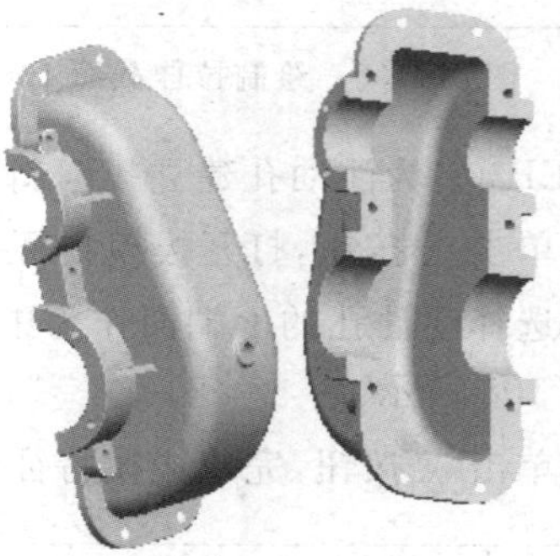

图 5 - 112　建立齿轮减速箱盖模型

（4）单击菜单【文件/保存副本】命令，将当前模型另存为名称【gbcap】。

（5）在模型树中右击刚刚建立的实体化特征 ⬚，选择快捷菜单中的【编辑定义】选项，重新打开实体化特征操控板，单击 ⟋ 按钮调整材料移除方向为图 5 - 113 所示。

（6）单击 ✔ 按钮，完成减速箱箱体模型的建立，结果如图 5 - 114 所示。

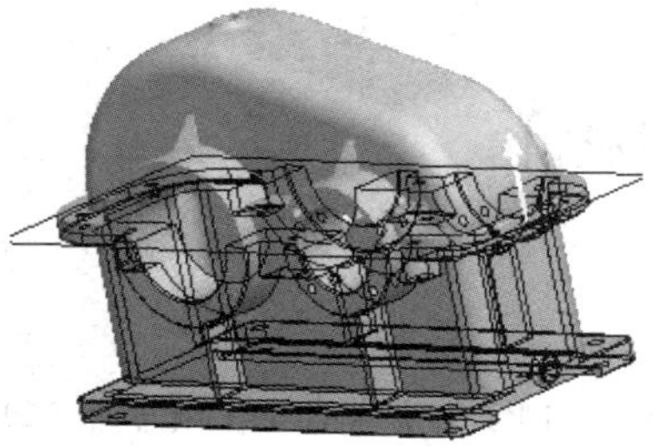

图 5 - 113 调整材料移除方向

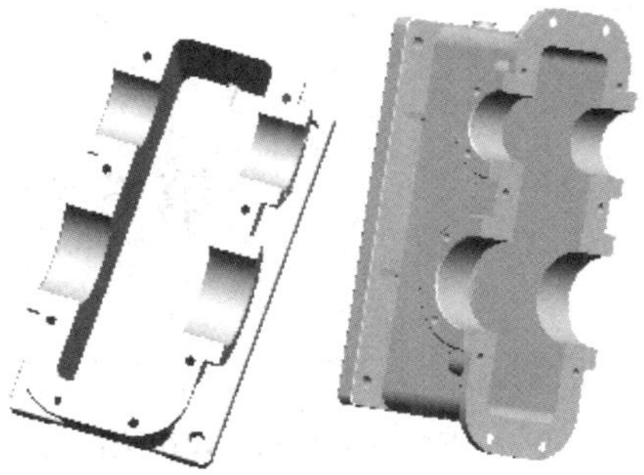

图 5 - 114 建立减速箱箱体模型

STEP33. 保存模型

单击菜单【文件/保存】命令,保存当前的零件模型。

第6章 特征的操作

由于 Pro/ENGINEER Wildfire 5.0 以特征建模作为设计的基本单位,在模型上选取特征后,使用复制、阵列等方法创建副本,还可对其进行修改、重定义等编辑操作。因此,很好地掌握特征的各项操作能够简化设计过程,能够轻松实现对设计意图的修改,使设计的产品更加完善。

6.1 特征的删除、隐含与恢复

在设计过程中,可根据设计需要从模型上删除一个或几个特征,删除的特征不能再被恢复还原。而隐含的特征,可随时将其恢复。

1. 特征删除的操作方法

(1)在模型树或零件模型上选择要删除的特征。

(2)单击鼠标右键,在快捷菜单中选择【删除】命令。

(3)在【删除】确认框中单击【确定】按钮,特征被删除。

注意:对具有父子关系的特征,删除父特征时,要给其子特征选取一种适当的处理方法,否则子特征一起被删除。

打开随书附增光盘中模块六实例文件夹内的 ch6—1. prt 文件,删除圆角特征的操作如图 6-1 所示。

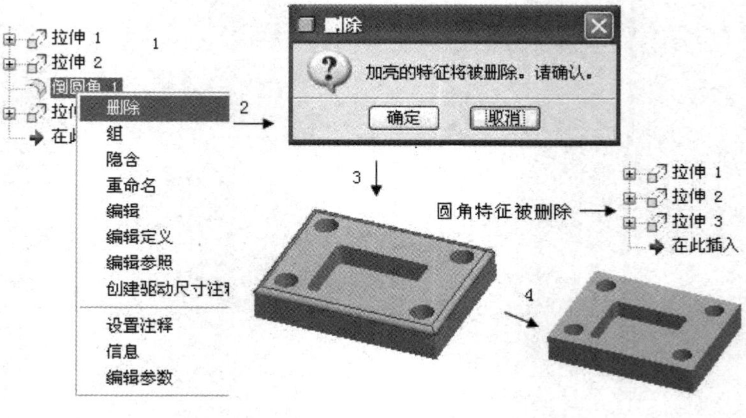

图 6-1 删除倒圆角特征(更改图片)

2. 特征的隐含操作方法

(1)在模型树或零件模型上选择要隐含的特征。

(2)单击鼠标右键,在快捷菜单中选择【隐含】命令。

(3)在【删除】确认框中单击【确定】按钮,特征被隐含。

打开随书附增光盘中第 6 章实例文件夹内的 ch6－2. prt 文件,隐含槽特征的操作如图 6－2 所示。

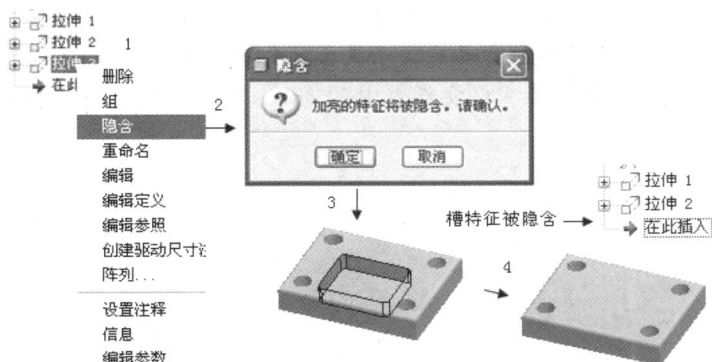

图 6－2　隐含槽特征(更改图片)

3. 特征的恢复操作方法

(1)选择主菜单【编辑/恢复】命令。

(2)弹出三种选项,选择【全部】命令。

打开图 6－2 所示的已隐含槽特征的零件,恢复槽特征的操作如图 6－3 所示。

图 6－3　恢复槽特征(更改图片)

6.2　特征的插入

Pro/ENGINEER Wildfire 5.0 建模时,系统根据特征的创建先后顺序创建模型。若要在已创建完成两特征间加入新特征,即插入特征。

1. 插入特征的操作方法

(1)选取模型树中最后一项 ➡在此插入 。

(2)按住鼠标左键拖动 ➡在此插入 项,到要插入特征的位置。

(3)创建要插入的特征。

(4)再按住鼠标左键把 ➡在此插入 项拖回到模型树最后位置。

注意:可用鼠标左键直接拖动某项特征在模型树的位置,来调整特征的相对位置,即特征的重新排序。当然,排序中要注意具有父子关系的特征不能进行重新排序。

打开随书附增光盘中第 6 章实例文件夹内的 ch6－3.prt 文件,插入倒圆角特征的操作如图 6－4 所示。

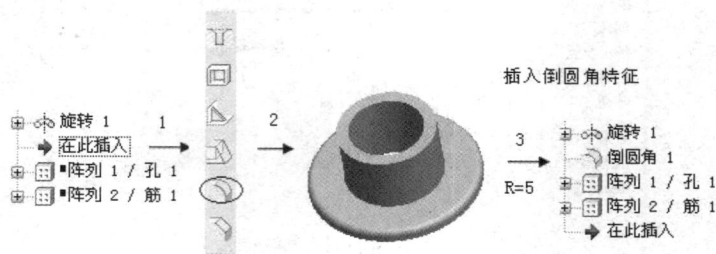

图 6－4　插入倒圆角特征

6.3　特征的修改与重定义

特征的修改操作主要用于修改特征的尺寸参数。若要修改特征的各种参数选项,就要使用特征重定义。

1. 特征的修改操作方法

(1)单击模型树或工作区中要修改的特征。

(2)单击鼠标右键,在快捷菜单中选择【编辑】命令。

(3)在模型上双击需修改的特征尺寸,单击标准工具栏上 按钮,即更新模型。

(4)完成特征的修改。

打开随书附增光盘中第 6 章实例文件夹内的 ch6－3.prt 文件,编辑法兰盘高度的操作如图 6－5 所示。

2. 特征的重定义操作方法

(1)单击模型树或工作区中要重定义的特征。

(2)单击鼠标右键,在快捷菜单中选择【编辑定义】命令。

(3)弹出特征操控板或特征对话框,重新设定特征参数(此处修改轨迹)。

(4)单击特征操控板中的【确定】按钮,完成特征的重定义。

打开随书附增光盘中第 6 章实例文件夹内的 ch6－4.prt 文件,重定义手柄形状的操作

图 6-5 修改法兰盘特征高度(更改图片)

如图 6-6 所示。

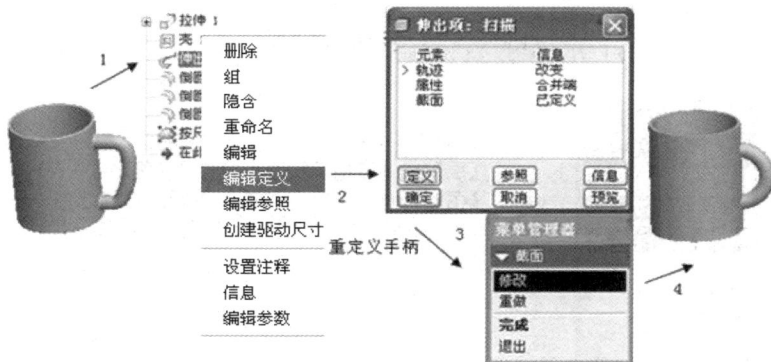

图 6-6 重定义手柄形状(更改图片)

6.4 特征的复制

复制是常用的操作,可避免重复设计,提高了设计效率。Pro/ENGINEER Wildfire 5.0 系统中的复制命令,可以复制相同或不同模型上的特征,还能在复制特征的同时修改特征参数选项,来得到相同、相似的复制特征。

1. 复制特征的操作方法

(1)选择主菜单【编辑/特征操作】命令。

(2)弹出特征菜单,选择【复制】命令,选取特征复制的方法有【新参考】、【相同参考】、【镜像】或【移动】,如图 6-7 所示。

(3)选取特征的方式有【选取】、【层】或【范围】,如图 6-8 所示。

(4)设置新特征的定位参数,若采用不同的特征复制,方法略有不同。

(5)根据设计需要修改复制特征的定形参数,在【组可变尺寸】菜单中更改定形参数。

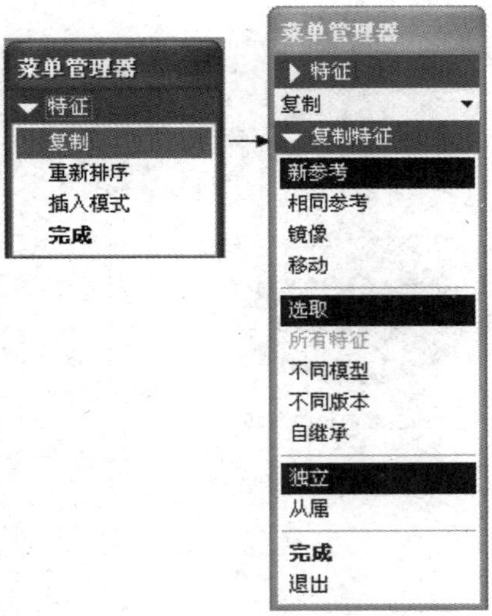

【新参考】—重新设定特征的所有参照复制特征。

【相同参考】—使用原特征的所有参照复制特征。

【镜像】—创建原特征关于选定参照完全对称的新特征。

【移动】—将原特征按指定方式进行平移和旋转创建新特征。

图 6-7 【特征】复制菜单

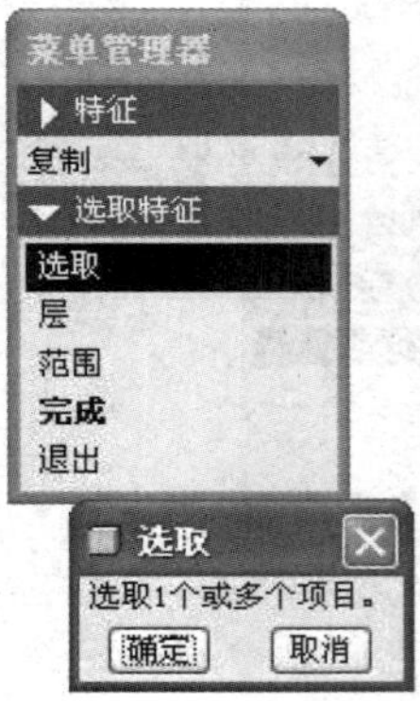

【选取】—直接在模型上选取特征。

【层】—选取指定图层上放置的特征。

【范围】—由特征创建的先后顺序连续选中一组特征，通过输入特征的再生序号范围来选取这一组特征。

图 6-8 特征选取菜单

菜单中各选项的含义：

【选取】—从活动模型中选取要复制的特征。

【不同模型】—从不同模型中选取要复制的特征。只有使用【新参考】时,该选项才有效。

【所有特征】—所有的特征将被复制。

【不同版本】—从当前模型的不同版本中选取要复制的特征。该选项对【新参考】或【相同参考】有效。

【独立】—复制后的新特征与原特征之间不关联,凡是对原特征的操作不会影响到新特征。

【从属】—复制后的新特征与原特征之间有关联,对原特征的修改等操作都会引起在复制特征上同样的操作。

2. 实例演练

(1)新参考方式复制孔,打开随书附增光盘中模块六实例文件夹内的 ch6-5. prt 文件,操作如图 6 - 9 所示。

　　Step1. 选择主菜单【编辑/特征操作】命令,在弹出的特征菜单中,选择【复制】命令。

　　Step2. 选择【新参考/选取/独立/完成】命令,选取要复制的孔特征,选择【确定/完成】命令。

　　Step3. 在弹出的【组可变尺寸】菜单中修改复制孔的定位尺寸,选择【完成】命令;指定新参考面和定位边,选择【确定/完成】命令。

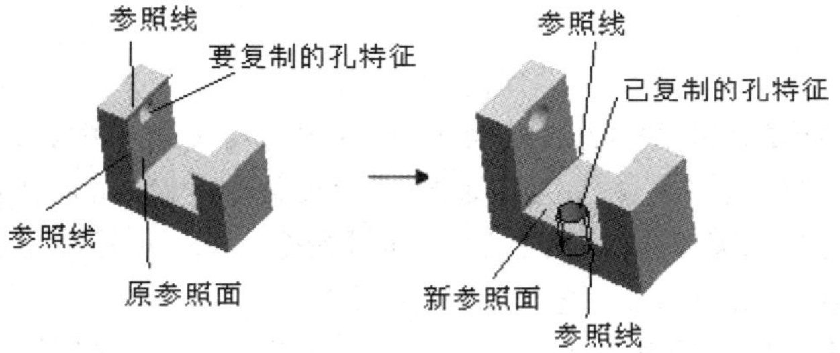

图 6 - 9　新参考方式复制孔

　　(2)相同参考方式复制孔,打开随书附增光盘中实例文件夹内的 ch6 - 5. prt 文件,操作如图 6 - 10 所示。

　　Step1. 选择主菜单【编辑/特征操作】命令,在弹出的特征菜单中,【复制】命令。

　　Step2. 选择【相同参考/选取/独立/完成】命令,选取要复制的孔特征,选择【确定/完成】命令。

　　Step3. 在弹出的【组元素】菜单中修改复制孔的定位尺寸分别为 70,110,选择【确定/完成】命令。

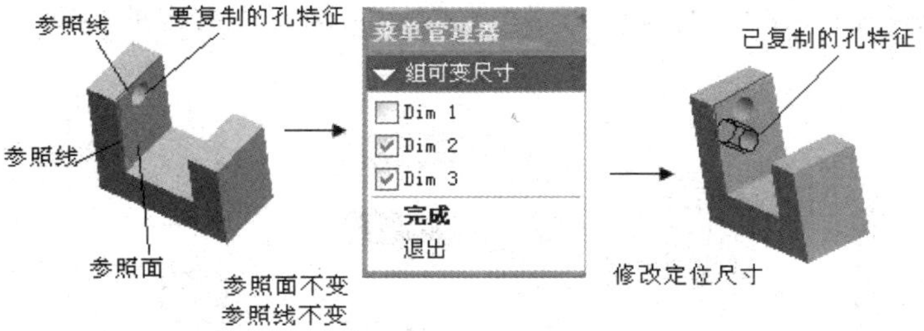

图 6 - 10　相同参考方式复制孔

　　(3)镜像复制耳板,打开随书附增光盘中实例文件夹内的 ch6 - 6. prt 文件,操作如图 6 - 11 所示。

　　Step1. 选择主菜单【编辑/特征操作】命令,在弹出的特征菜单中,选择【复制】命令。

　　Step2. 选择【镜像/选取/独立/完成】命令,选取要复制的耳板,选择【确定/完成】命令。

　　Step3. 选取镜像平面"Top",选择【完成】命令,完成耳板的复制。

　　(4)移动复制(平移)踏板,打开随书附增光盘中实例文件夹内的 ch6 - 7. prt 文件,操作如图 6 - 12 所示。

图 6-11 镜像复制耳板

Step1. 选择主菜单【编辑/特征操作】命令,在弹出的特征菜单中,选择【复制】命令。

Step2. 选择【移动/选取/独立/完成】命令,选取要复制的踏板,选择【确定/完成】命令。

Step3. 在【移动特征】菜单中选择【平移/平面】命令,选取平面作为移动方向,选取该方向为【正或反向】,输入移动距离 20,选择【完成移动】命令。

Step4. 在弹出的【组元素】菜单中修改复制踏板的定型尺寸,选择【完成/确定】命令。

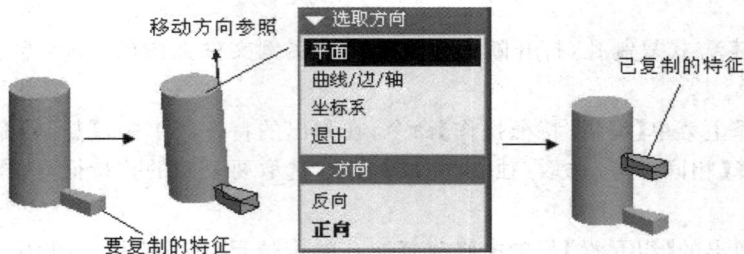

图 6-12 平移复制踏板

(5)移动复制(旋转)踏板,打开随书附增光盘中实例文件夹内的 ch6-7. prt 文件,操作如图 6-13 所示。

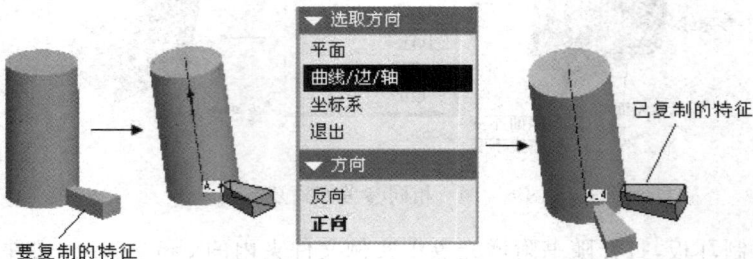

图 6-13 旋转复制踏板

Step1. 选择主菜单【编辑/特征操作】命令,在弹出的特征菜单中,选择【复制】命令。

Step2. 选择【移动/选取/独立/完成】命令,选取要复制的踏板,选择【确定/完成】命令。

Step3. 在【移动特征】菜单中选择【旋转/曲线/边/轴】命令,选取圆柱轴作为旋转轴,选方向为【正或反向】,输入旋转角度"50",选择【完成移动】命令。

Step4. 在弹出的【组元素】菜单中修改复制踏板的定型尺寸,选择【完成/确定】命令。

6.5　特征的阵列

阵列是指将一定数量的特征或特征组按照规则有序的格式进行排列。Pro/E Wildfire 5.0 系统将阵列分为尺寸阵列、方向阵列、轴阵列、填充阵列、表阵列、参照和曲线阵列 7 种类型。

1．创建尺寸阵列

尺寸阵列方式主要选取特征上的尺寸作为阵列的驱动尺寸。按阵列时使用驱动尺寸类型不同,可作:线性阵列、旋转阵列。

(1)创建线性阵列的操作方法

① 选取需阵列的特征,选择主菜单【编辑/阵列】命令或单击 按钮。

② 弹出阵列操控板,选取阵列类型为【尺寸】。

③ 单击【尺寸】按钮,选择驱动尺寸,设置尺寸增量,仅指定【方向 1】驱动尺寸可创建单向尺寸阵列;同时指定【方向 1】和【方向 2】尺寸可创建双向尺寸阵列。

④ 确定阵列特征总数。

⑤ 单击 按钮,完成特征的阵列。

打开随书附增光盘中实例文件夹内的 ch6—8.prt 文件,线性阵列的操作如图 6－14、6－15 所示。

单向线性阵列:

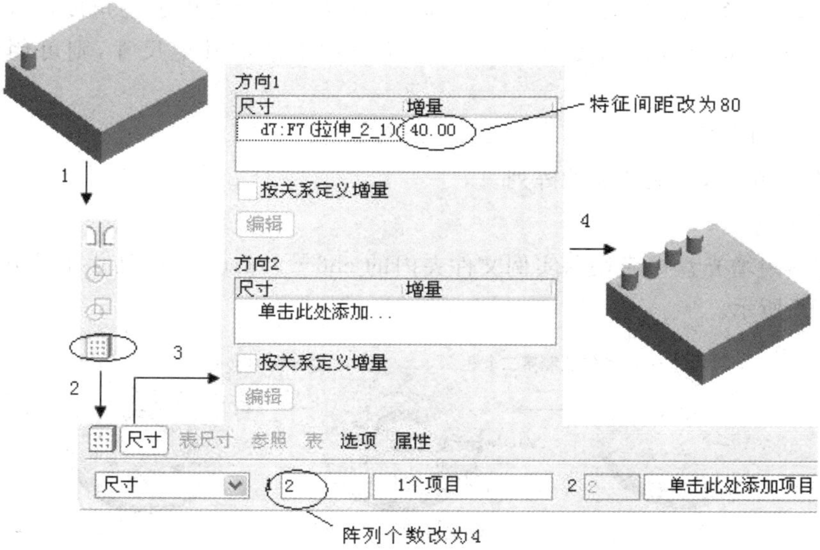

图 6－14　单向尺寸阵列

双向线性阵列：

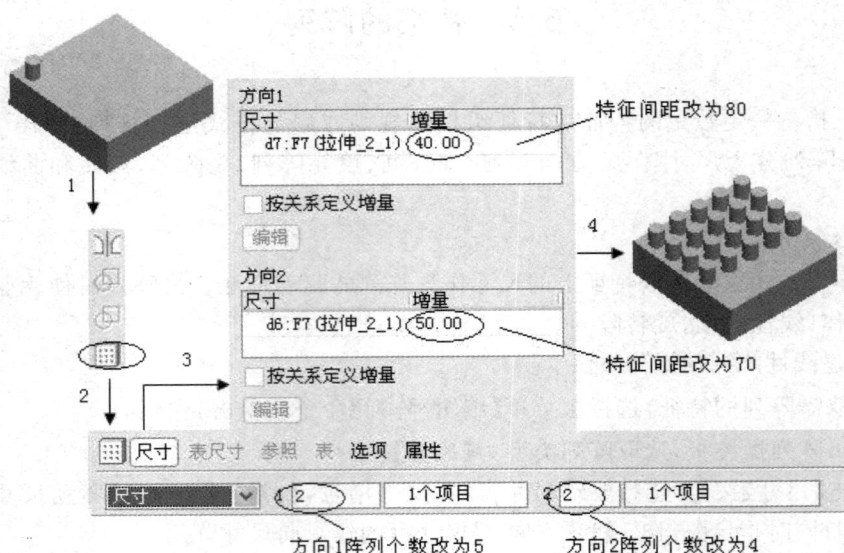

图 6-15 双向尺寸阵列

（2）创建尺寸驱动旋转阵列的操作方法

① 选取需阵列的特征，选择主菜单【编辑/阵列】命令或单击⊞按钮。

② 弹出阵列操控板，选取阵列类型【尺寸】。

③ 单击【尺寸】按钮，选择驱动尺寸（需阵列的特征必标注出定位角度尺寸），设置尺寸增量，在第一个方向上选取角度尺寸，在第二个方向上选取其他尺寸，则可创建二维旋转阵列。

④ 确定阵列特征总数。

⑤ 单击☑按钮，完成特征的阵列。

⑥ 实例演练

打开随书附增光盘中模块六实例文件夹内的 ch6-9.prt 文件，尺寸驱动旋转阵列的操作如图 6-16 所示。

图 6-16 尺寸驱动旋转阵列

　　Step1. 选取需阵列的孔,选择主菜单【编辑/特征操作】命令,旋转复制一个 30°的孔特征。

　　Step2. 选取复制 30°的孔特征,单击▦按钮。

　　Step3. 弹出阵列操控板,选取阵列类型【尺寸】。

　　Step4. 单击【尺寸】按钮,选择 30°为驱动尺寸,设置尺寸增量 30。

　　Step5. 确定阵列孔总数 12。

　　Step6. 单击✔按钮,完成特征的阵列。

　2. 创建轴阵列

通过绕一选定轴线的旋转来创建阵列。

(1)创建轴阵列的操作方法:

① 选取需阵列的特征,选择主菜单【编辑/阵列】命令或单击▦按钮。

② 弹出阵列操控板,选取阵列类型【轴】,再选一条中心轴线作为旋转轴。

③ 在阵列操控板中输入阵列个数、输入角度增量、微调阵型参数。

④ 单击✔按钮,完成特征的阵列。

打开随书附增光盘中实例文件夹内的 ch6－9. prt 文件,轴阵列的操作如图 6－17 所示。

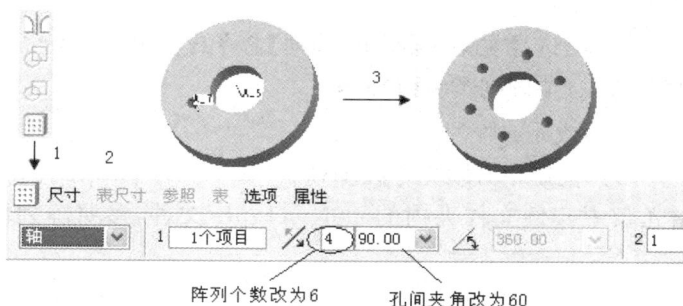

图 6－17　轴阵列

　3. 创建填充阵列

通过根据选定栅格用特征填充指定区域来创建阵列。

(1)创建填充阵列的操作方法:

① 选取需阵列的特征,选择主菜单【编辑/阵列】命令或单击▦按钮。

② 弹出阵列操控板,选取阵列类型【填充】。

③ 单击【参照】按钮,草绘填充区域。

④ 选择填充格式(正方形、菱形、三角形、圆),设置阵列子特征中心之间的距离,设置阵列子特征中心与草绘边界间的最小距离,设置栅格绕原点的旋转角度,设置圆形和螺旋形栅格的径向间隔大小。

⑤ 单击✔按钮,完成特征的阵列。

打开随书附增光盘中实例文件夹内的 ch6－10. prt 文件,填充阵列的操作如图 6－18 所示。

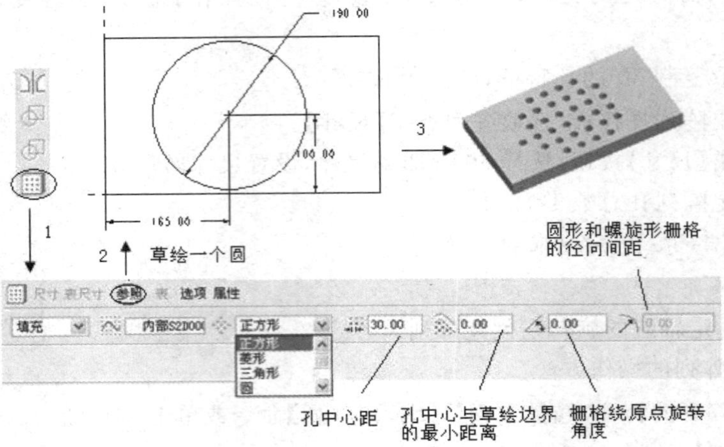

图 6-18 正方形填充阵列

4. 创建参照阵列

通过参照另一阵列来创建阵列。

(1)创建参照阵列的操作方法：

① 选取需阵列的特征,选择主菜单【编辑/阵列】命令或单击 ▦ 按钮。

② 弹出阵列操控板,选取阵列类型【参照】。

③ 单击 ✓ 按钮,完成特征的阵列。

注意:创建参考阵列,模型中必须先存在阵列。

打开随书附增光盘中实例文件夹内的 ch6-11.prt 文件,参照阵列的操作如图6-19所示。

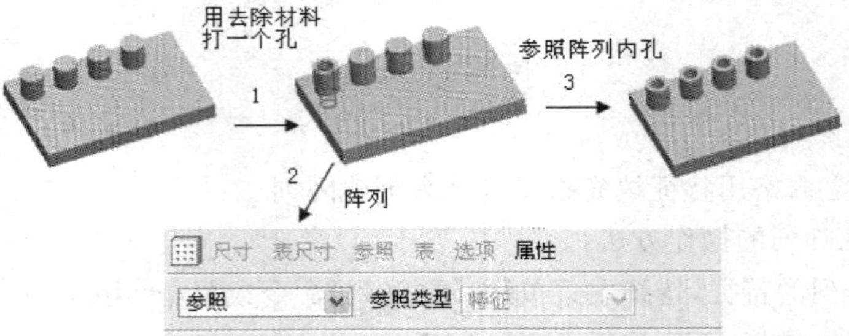

图 6-19 参照阵列

5. 方向阵列

通过在一个或两个选定方向上增加阵列特征来创建阵列。

(1)创建方向阵列的操作方法：

① 选取需阵列的特征,选择主菜单【编辑/阵列】命令或单击 ▦ 按钮。

② 弹出阵列操控板,选取阵列类型【方向】。

③ 仅单击【方向1】,设置尺寸增量,驱动尺寸可创建一维方向阵列;同时指定【方向1】和

【方向 2】尺寸,可创建二维方向阵列。

④ 确定阵列特征总数。

⑤ 单击☑按钮,完成特征的阵列。

6. 表阵列

通过使用阵列表,并为每个阵列特征指定尺寸值来创建阵列,常用于创建不规则分布的特征阵列。

(1)创建表阵列的操作方法:

① 选取需阵列的特征,选择主菜单【编辑/阵列】命令或单击▦按钮。

② 弹出阵列操控板,选取阵列类型【表】。

③ 单击【表尺寸】按钮,选取要阵列特征的尺寸参数。

④ 单击【编辑】按钮,编辑阵列表,【文件/退出】。

⑤ 单击☑按钮,完成特征的阵列。

7. 曲线阵列

通过绘制曲线,使特征按照指定的间距沿曲线创建阵列。

(1)创建曲线阵列的操作方法:

① 选取需阵列的特征,选择主菜单【编辑/阵列】命令或单击▦按钮。

② 弹出阵列操控板,选取阵列类型【曲线】。

③ 单击【参照】按钮,在定义里绘制草绘曲线。

④ 设置阵列特征的间距,调整曲线的点数。

⑤ 单击☑按钮,完成特征的阵列。

6.6　特征组

特征组是将若干相邻的特征合成一个组,用户可对特征组进行阵列等操作。

1. 特征组的创建

(1)选择主菜单【编辑/特征操作】命令,在弹出的特征菜单中,选择【组】命令。

(2)在【组】菜单中选择【创建/局部组】命令,输入组名,单击【确定】按钮。

(3)选取若干个相邻的特征,选择【确定/完成】命令,选择【完成/返回】命令。

2. 特征组的取消

选择组,单击鼠标右键,在快捷菜单中选择【分解组】命令,则可取消成组。

6.7　图层的操作

图层是 CAD 设计中必不可少的工具。在设计中使用图层,可对不同类型特征分层管理,从而控制图层上特征的隐藏或显示。

1. 图层的创建步骤

(1)在模型树窗口中单击【显示】按钮,打开图层树。

(2)在右键快捷菜单中选择【新建层】命令或选择【层/新建层】命令,打开【层属性】对话框。

(3)输入新图层名,【层 ID】中可不添加内容。

(4)利用图形窗口、搜索工具、图层树或规则表,选择图层中要包括或不包括的内容。

(5)单击【确定】按钮,图层创建完成。

2. 图层的删除

在图层树中选中要删除的图层,单击鼠标右键快捷菜单中选【删除层】。

6.8 实例练习——带轮造型设计

带轮造型设计,产品零件图及三维效果图如图 6-20 所示。

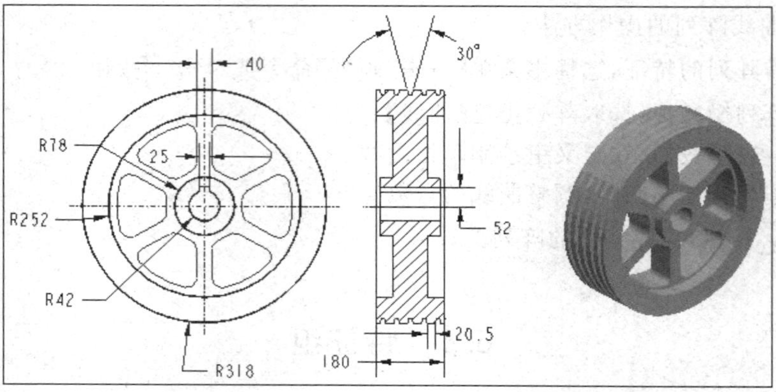

图 6-20 带轮产品图

操作步骤提示:

Step1. 新建一个零件设计环境,命名为"dailun. prt"。

Step2. 使用【旋转】工具建立带轮毛坯。在草绘环境中绘制的旋转剖面如图 6-21 所示,旋转生成的带轮毛坯模型如图 6-22 所示。

Step3. 使用【拉伸】工具切割出第一个轮辐孔。在草绘环境中绘制的拉伸剖面如图 6-23 所示。

Step4. 复制轮辐孔,阵列轮辐孔,结果如图 6-24 所示。

Step5. 使用【拉伸】工具切割键槽。在草绘环境绘制的拉伸剖面如图 6-25 所示。

Step6. 使用【旋转】工具切割 V 形带槽。在草绘环境绘制的剖面如图 6-26 所示。

Step7. 阵列复制 V 形带槽,对模型的相应边线建立倒角特征,完成模型的建立,结果如图 6-27 所示。

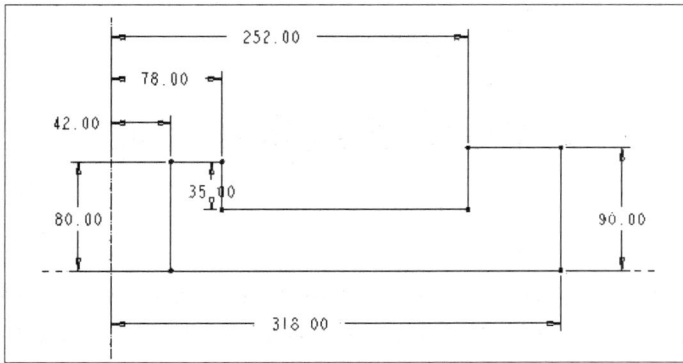

图 6-21 旋转剖面

图 6-22 带轮毛坯

图 6-23 拉伸剖面

图 6-24 阵列的轮辐孔

图 6-25 键槽的拉伸剖面

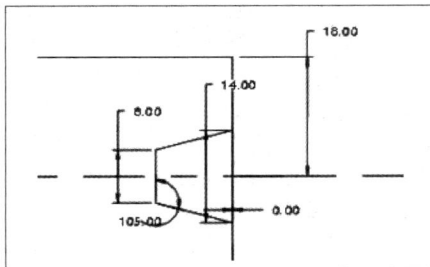

图 6-26 带槽的旋转剖面

图 6-27 完成的模型

第 7 章　高级实体特征

可变截面扫描特征、扫描混合特征和螺旋扫描特征是 Pro/ENGINEER Wildfire 5.0 提供的高级建模特征。与扫描、混合特征相比,可变截面扫描与扫描混合特征允许在扫描过程中改变截面。

7.1　可变截面扫描特征

可变截面扫描特征可以通过控制截面的方向和形状,使截面沿一条或多条选定轨迹线扫描来创建实体或曲面。如图 7-1 所示。

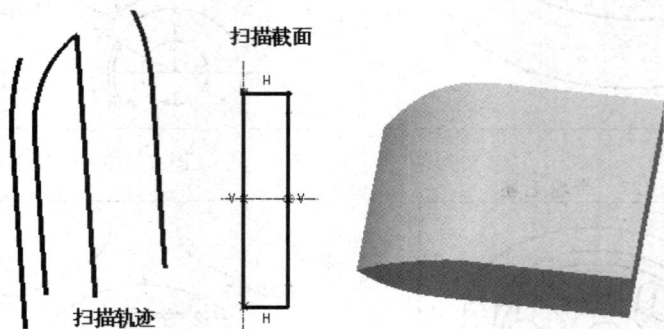

图 7-1　可变截面扫描特征创建实体

1. 可变截面扫描特征操控板

选择主菜单【插入/可变剖面扫描】命令或单击 按钮,在主视区下方弹出如图 7-2 所示的可变截面扫描特征操控板,其各项功能按钮的含义如下:

图 7-2　可变截面扫描特征操控板

（1）【参照】单击该按钮，打开如图 7-3(a)所示的对话框，其中各选项的含义如下：

【轨迹】显示选取的轨迹，并允许用户指定轨迹类型。

【细节】打开【链】对话框以修改链属性。

【剖面控制】有三种可变截面的控制形式供用户选择：

垂直于轨迹——截面总是垂直于选定的轨迹；

垂直于投影——截面的 Y 轴平行于指定方向，且 Z 轴沿指定方向与原始轨迹的投影相切。可利用方向参照收集器添加或删除参照；

恒定的法向——截面的 Z 轴平行于指定方向。可利用方向参照采集器添加或删除。

【水平/垂直控制】确定截面绕草绘平面法向的旋转是如何沿可变截面扫描进行控制的。

自动——截面由 XY 向自动定向；

垂直于曲面——截面的 Y 轴垂直于"原始轨迹"所在的曲面；

X 轨迹——截面的 X 轴过指定的 X 轨迹和扫描截面的交点。

（2）【选项】单击该按钮，打开如图 7-3(b)所示的对话框。在对话框中可选择扫描形式为"可变剖面"扫描或"恒定剖面"扫描；若扫描为曲面，在该面板设置扫描曲面的端面为开口或封闭，以及设定草绘面在原始轨迹线上的位置。

（3）【相切】单击该按钮，打开如图 7-3(c)所示的对话框。在对话框中用相切轨迹选取和控制曲面。

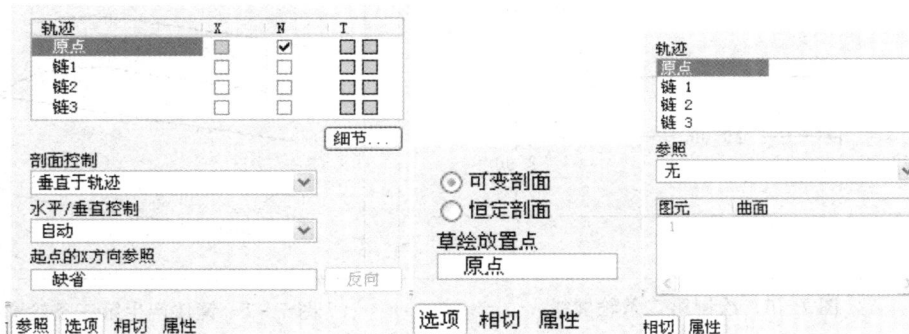

图 7-3　功能选项对话框

2. 实例演练

设计如图 7-4 所示的可变剖面模型。

STEP1. 新建零件文件

单击标准工具栏【创建新对象】按钮，选择类型【零件】，子类型【实体】，取消【使用缺省模板】前复选标记，输入名称"EX07-1"，单击【确定】按钮，选择【mmns_part_solid】模板，单击【确定】按钮。

STEP2. 绘制原始轨迹线

单击【草绘工具】按钮，以"FRONT"基准面为草绘平面，绘制如图 7-4 所示曲线。

STEP3. 绘制第一条轮廓线

单击【草绘工具】按钮，选择【使用先前的】选项，单击草绘进入草绘模式，绘制如图 7-

5 所示曲线。

图 7-4 绘制原始轨迹线

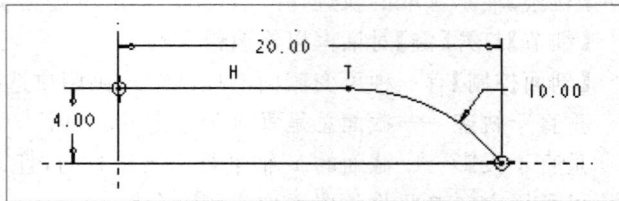

图 7-5 绘制第一条轮廓线

STEP4. 绘制第二条轮廓线

单击【草绘工具】按钮，选择"TOP"基准面为草绘平面，接受系统默认的设置，进入草绘模式，绘制如图 7-6 所示曲线。

STEP5. 镜像产生第三条轮廓线

选中新建立的曲线，选择【镜像工具】按钮，选择"FRONT"基准面为镜像平面，完成第三条轮廓线的建立，图 7-7 所示。

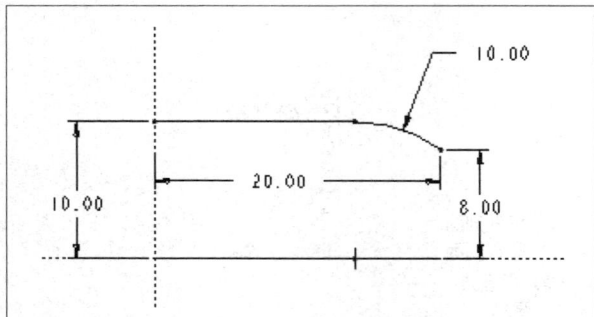

图 7-6 绘制第二条轮廓线

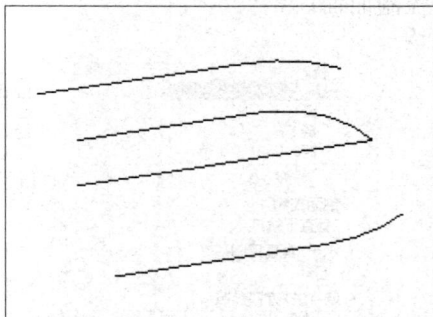

图 7-7 镜像产生第三条轮廓线

STEP6. 建立可变剖面扫描特征

① 单击【可变剖面扫描工具】按钮，打开可变剖面扫描操控板，选择按钮，以生成实体特征。

② 如图 7-8 所示，选择原始轨迹线，并确定起始位置。

③ 按住"Ctrl"键，选择建立的三条轮廓线，在【参照】按钮的上滑面板中，选择各项如图 7-9 所示。

④ 单击【选项】按钮，在打开的面板中选择【可变剖面】单选按钮。

⑤ 单击按钮，进入草绘状态，绘制如图 7-10 所示截面。

⑥ 单击按钮，完成可变剖面特征的建立，如图 7-11 所示。

STEP7. 保存文件

单击主菜单【文件/保存】命令，保存当前建立的零件模型。

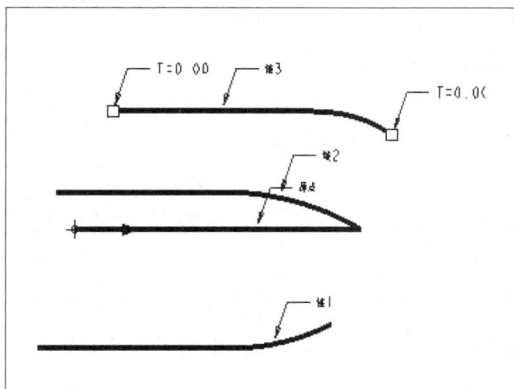

图 7 - 8　选择原始轨迹线

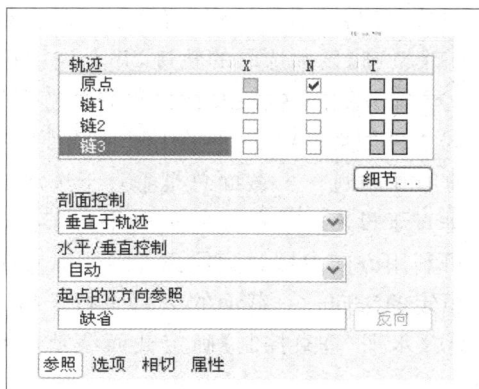

图 7 - 9　设置参照选项

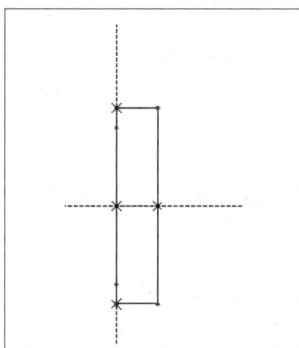

图 7 - 10　绘制截面

图 7 - 11　可变剖面造型

7.2　扫描混合特征

扫描混合特征是使用轨迹线与多个截面图形来创建一个实体或曲面特征。这种特征同时具有扫描和混合特征的特性。

选择主菜单【插入/扫描混合】命令,在主视区下方弹出如图 7 - 12 所示的扫描混合特征操控板,其各项功能按钮的含义如下:

图 7 - 12　扫描混合特征操控板(修改)

(1)【参照】单击该按钮,打开上滑面板如图7-13(a)所示的对话框。

①【轨迹】显示选取的轨迹,并允许用户指定轨迹类型。

②【细节】打开【链】对话框以修改链属性。

③【剖面控制】有三种如下可变截面的控制形式供用户选择,

垂直于轨迹——截面总是垂直于选定的轨迹;

垂直于投影——截面的 Y 轴平行于指定方向,且 Z 轴沿指定方向与原始轨迹的投影相切。可利用方向参照收集器添加或删除参照;

恒定的法向——截面的 Z 轴平行于指定方向。可利用方向参照采集器添加或删除。

④【水平/垂直控制】确定截面绕草绘平面法向的旋转是如何沿可变截面扫描进行控制的。

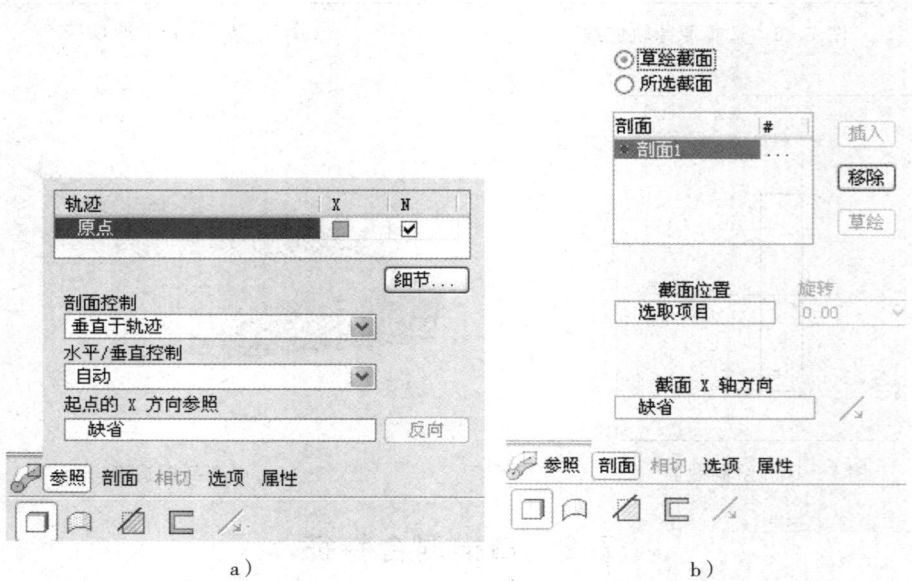

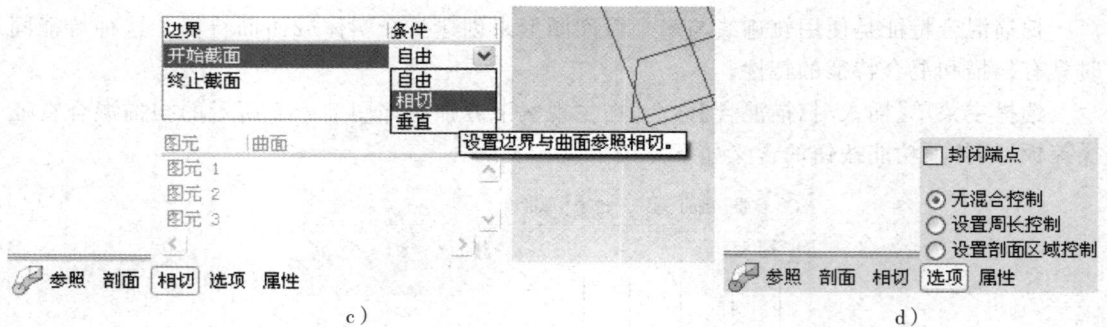

a)

b)

c)

d)

图7-13 功能选项对话框

自动——截面由 XY 向自动定向;

垂直于曲面——截面的 Y 轴垂直于"原始轨迹"所在的曲面;

X 轨迹——截面的 X 轴过指定的 X 轨迹和扫描截面的交点。

（2）【剖面】单击该按钮，打开上滑面板如图 7 – 13（b）所示的对话框。在对话框中可选择草绘截面或选择截面，设置截面位置和旋转角度，确定截面 X 轴方向。

（3）【相切】单击该按钮，打开上滑面板如图 7 – 13（c）所示的对话框。在对话框中用相切曲面参照的选取控制曲面方向。

（4）【选项】单击该按钮，打开上滑面板如图 7 – 13（d）所示的对话框。

在对话框中可选择曲面端面是否封闭，确定剖面的控制形式。

7.3　实例练习——方向盘模型

在该实例中主要使用旋转特征、扫描混合特征、拉伸减料特征、特征复制等工具来完成方向盘的构建。该方向盘的基本制作过程如图 7 – 15 所示。

图 7 – 14　方向盘零件模型　　　　　　　图 7 – 15　模型的构建过程

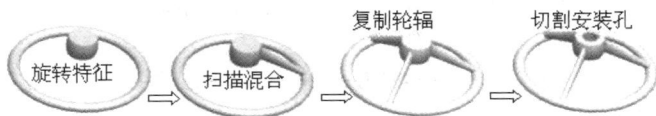

操作步骤：

STEP1. 建立新文件

（1）选择主菜单【文件/新建】命令，打开【新建】对话框。

（2）选择【零件】类型，在【名称】栏中输入新建文件名称"fxp"。

（3）单击【确定】按钮，进入零件设计工作环境。

STEP2. 使用旋转工具初步建立模型框架

（1）单击 按钮，打开旋转特征操作板。

（2）单击【位置】面板中的【定义】按钮，系统显示【草绘】对话框。

（3）选择"FRONT"基准面为草绘平面、"RIGHT"基准面为参照。

（4）单击【草绘】对话框中的【草绘】按钮，系统进入草绘工作环境。

（5）绘制如图 7 – 16 所示的一条竖直中心线和旋转截面。

（6）单击 按钮，返回旋转特征操作板。

（7）单击 按钮，完成旋转特征的建立，结果如图 7 – 17 所示。

STEP3. 使用扫描混合工具建立轮辐

（1）单击 按钮，选择 FRONT 基准面为草绘平面，接受系统默认的视图方向，单击【缺省】命令，进入草绘工作环境，绘制如图 7 – 18 所示的一条线段作为扫描轨迹，单击 按钮完成扫描轨迹的绘制。

（2）选择主菜单【插入/扫描混合】命令，打开扫描混合特征操控板

（3）选择 按钮，单击【参照】打开参照上滑板，如图 7 – 19 所示。

选择刚才新建的扫描轨迹,剖面控制为"恒定法向",方向参照为"RIGHT"基准面。

(4)单击【剖面】打开剖面上滑面板,单击"插入"按钮,打开如图7-20所示剖面设置上滑板,选择扫描轨迹起点为剖面1截面位置,单击草绘按钮,绘制如图7-21所示截面,单击 ✔ 按钮完成起始截面的绘制,结果如图7-17所示。

图7-16 绘制旋转特征草绘截面

图7-17 建立旋转特征

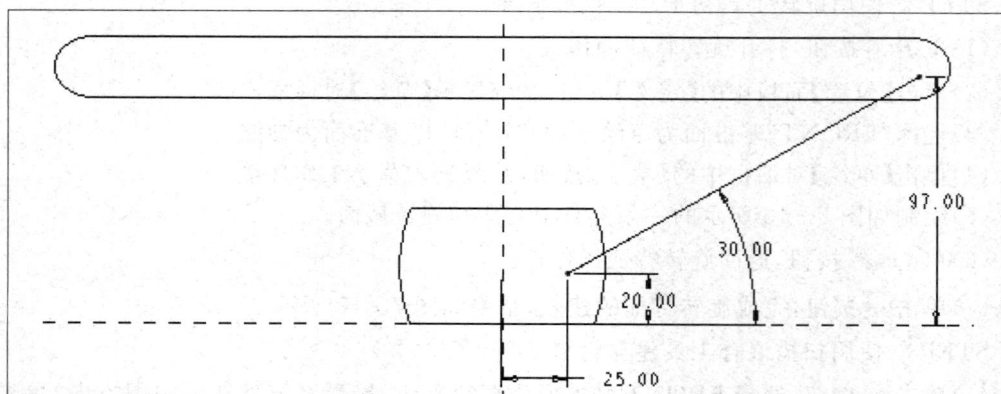

图7-18 绘制扫描轨迹

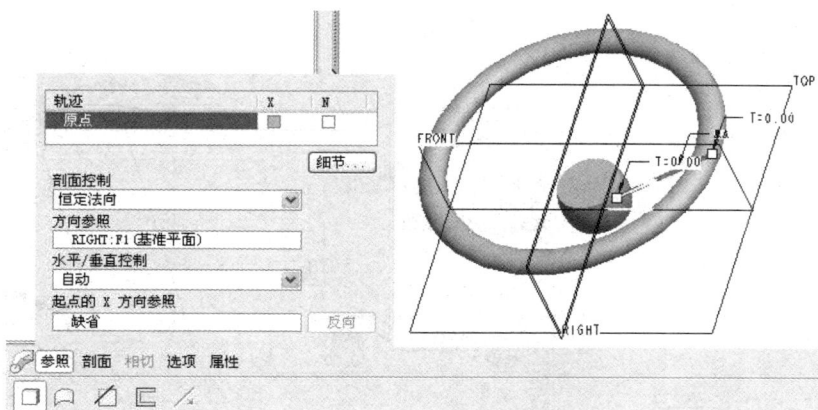

图 7-19　参照选取

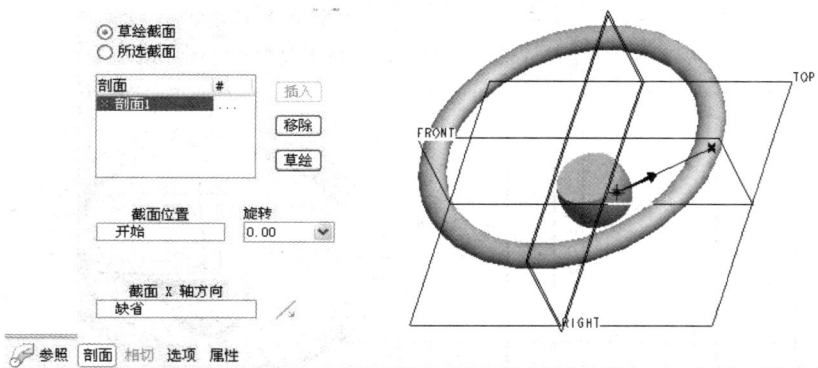

图 7-20　剖面 1 截面位置设置

图 7-21　剖面 1 截面及完成结果

(5)在"剖面"处单击右键,选择【添加】截面,选择如图 7-22 所示轨迹终点为剖面 2 位置,单击"草绘"按钮,绘制如图 7-23 所示截面,单击 ✔ 按钮完成起始截面的绘制,扫描混合结果如图 7 - 24 所示。

图 7 - 22 剖面 2 截面位置设置

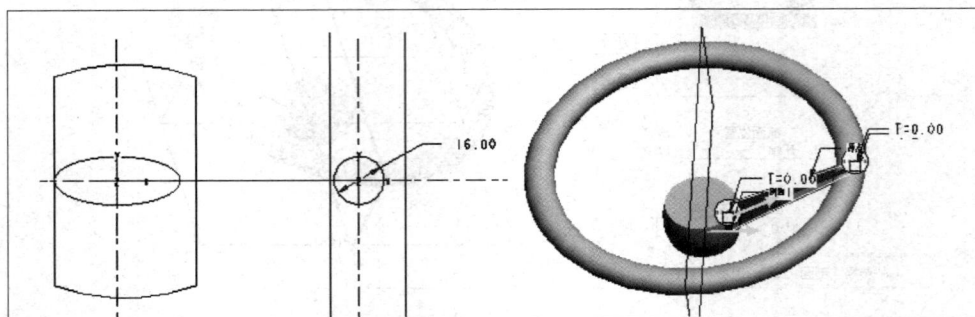

图 7 - 23 剖面 2 截面及结果显示

STEP4. 阵列复制轮辐

(1)在模型树中选择建立的轮辐特征,单击 ⊞ 按钮,打开阵列特征操作板。

(2)选择阵列类型为"轴",选择基准轴线 A－2 为旋转阵列轴线。

(3)设定阵列个数为"3",阵列角度"120",如图 7 - 26 所示。

(4)单击 ✔ 按钮,完成阵列特征,如图 7 - 25 所示。

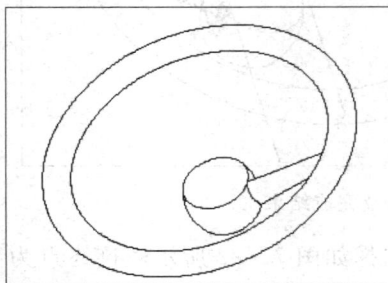

图 7 - 24 完成第一个轮辐

图 7 - 25 阵列复制轮辐

图 7-26　阵列的各项设置

STEP5. 切割安装孔

（1）单击 按钮，打开拉伸特征操控板。

（2）选择实体、切割方式，设定拉伸深度为"60"。

（3）单击【放置】面板中的【定义】按钮，系统显示【草绘】对话框。

（4）选择图 7-27 所示表面为草绘平面，其他接受系统默认设置。

（5）单击【草绘】按钮，系统进入草绘工作环境。

（6）绘制如图 7-28 所示的拉伸截面。

图 7-27　选取草绘平面

图 7-28　绘制拉伸截面

（7）单击 按钮，返回拉伸特征操控板，材料移除方向调整为向内

（8）单击 按钮，完成方向盘安装孔的切割，如图 7-29 所示。

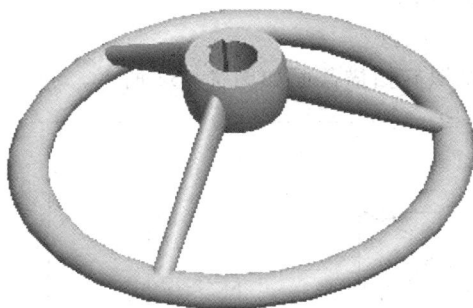

图 7-29　切割方向盘安装孔

7.4 螺旋扫描特征

螺旋扫描特征是指将一个截面沿着一条螺旋轨迹线扫描,从而生成螺旋特征。特征的建立需要有中心轴线、轮廓线、螺距和剖面四个要素。

单击主菜单【插入/螺旋扫描/伸出项】命令,打开如图 7-30 所示的螺旋扫描特征【属性】菜单,该菜单各选项功能含义如下:

【常数】螺距数值为常数。

【可变的】螺距数值为变量,在同一个轮廓线上,不同区段可设置不同的螺距值。

【穿过轴】剖面在通过旋转轴的平面上。

【轨迹法向】剖面垂直于轨迹。

【右手定则】建立右螺旋。

【左手定则】建立左螺旋。

图 7-30 【属性】菜单

7.5 实例练习——弹簧模型

STEP1. 新建零件文件

单击【创建新对象】按钮,选择类型【零件】,子类型【实体】,取消【使用缺省模板】复选标记,输入名称"EX07-3",单击【确定】按钮,选择【mmns_part_solid】模板,单击【确定】按钮。

STEP2. 绘制轨迹线

选择主菜单【插入/螺旋扫描/伸出项】命令,打开【属性】菜单,选择【常数/穿过轴/右手定则/完成】命令,选择"FRONT"基准面作为草绘平面,进入草绘模式。绘制如图 7-31 所示旋转轴和轨迹线,单击 ✔ 按钮。

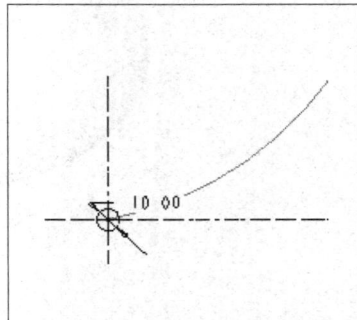

STEP3. 绘制截面

再次进入草绘界面绘制螺旋扫描截面如图 7-32 所示。

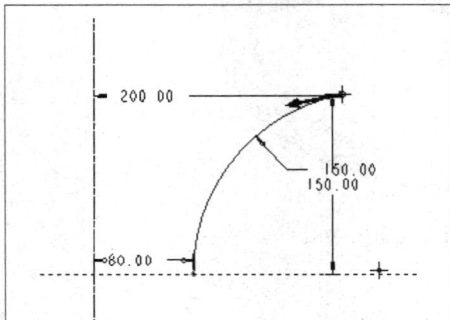

图 7-31 绘制旋转轴和轨迹线   图 7-32 绘制螺旋扫描截面

STEP4. 生成模型特征

在信息区的文本框中输入螺距值"6",在起始中心绘制一直径为"10"的圆,单击【确定】按钮,最终完成模型如图7-33所示。

STEP5. 保存文件

单击菜单【文件/保存】命令,保存当前建立的弹簧模型。

图 7-33　弹簧模型

7.6　实例练习——六角头螺栓

STEP1. 建立六角头

选择主菜单【插入/拉伸】命令,单击【放置/草绘】按钮,选择"RIGHT"基准面作为草绘基准面,绘制如图7-34所示的正六边形截面,输入拉伸深度"6.4"。

STEP2. 创建圆柱体

选择主菜单【插入/拉伸】命令,单击【放置/草绘】按钮,选择六角头一端面作草绘平面,绘制如图7-35所示截面,输入拉伸深度"45"。

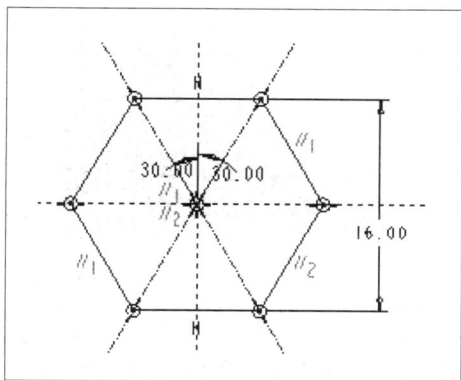

图 7-34　正六边形截面

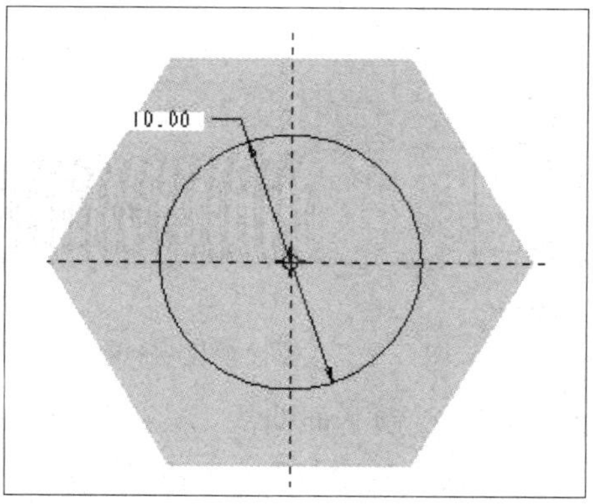

图 7-35　圆截面

STEP3. 创建倒角特征。

将圆柱顶端倒直角"45°×1",如图7-36所示。

图 7-36　设置倒角

STEP4. 创建螺纹特征

(1)选择主菜单【插入/螺旋扫描/切口】命令,弹出【螺旋扫描】菜单,选择【常数/穿过轴/右手定则/完成】命令。选择"TOP"基准面作为草绘平面,绘制如图7-37所示的一条中心线,一条轮廓线,注意起始点位置。

注意:先设置圆柱最外轮廓线为参照,中心线与圆柱回转中心重合,轮廓线与圆柱最外轮廓重合。

(2)在提示区输入螺距值为"1.5",按回车键。

(3)绘制如图 7-38 所示等边三角形,单击 ✔ 命令,完成截面图形的绘制。

图 7-37　绘制中心线和轮廓线

图 7-38　绘制等边三角形

(4)在【螺旋扫描】对话框中,单击【确定】按钮,完成螺旋扫描特征。此时螺栓模型如图 7-39所示,在螺纹收尾处非常的不光滑,如图 7-40 所示,可以使用扫描混合对螺尾进行处理使其光滑过渡。

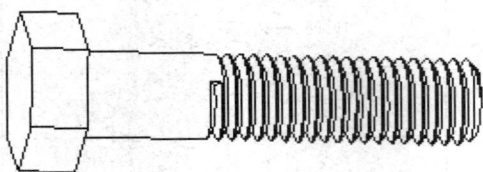

图 7-39　螺栓模型(修改)

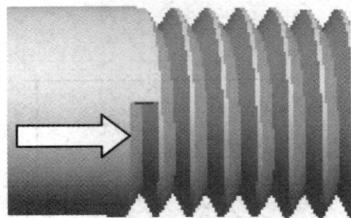

图 7-40　螺纹收尾处不光滑(修改)

STEP5.绘制平面曲线

(1)单击【草绘工具】　按钮,选择"TOP"基准面为草绘平面,选择"RIGHT"基准面为参照平面,进入草绘工作界面,注意选择视图方向,使螺纹不光滑的尾部放在正面。

(2)在草绘工具栏中单击 □ 按钮,选择如图 7-41 所示的螺纹中心线。

(3)单击草绘工具栏中的 ﹨ 按钮,在草绘平面中绘制如图 7-42 所示的曲线,选择 按钮中的 ⟨ 约束,使曲线的一个端点与螺纹中心线端点相切。

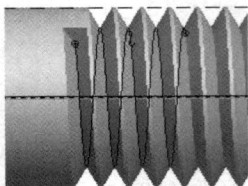

图 7-41　使用边命令绘制螺纹中心线

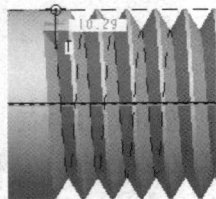

图 7-42　绘制曲线

（4）删除刚绘制的螺纹中心线，尺寸自动生成。

（5）单击 ✔ 按钮，完成曲线的绘制。

STEP6. 创建扫描混合的轨迹线

使用投影命令把创建的曲线投影到曲面上。

（1）选择刚创建的曲线，单击主菜单【编辑/投影】命令，选择圆柱曲面为投影面，并选择"TOP"基准面作为投影的方向参照。

注意："TOP"面的投影方向如图 7-43 所示。否则曲线投影在后半个平面上可以使用 ✕ 改变投影方向。

（2）选择主菜单【插入/扫描混合/切口】命令，单击【参照】在弹出的上滑面板中选择刚刚生成的投影曲线为扫描轨迹，在"剖面控制"栏中选择"垂直于投影"，在"方向参照"栏中选择基准轴 $A-2$。保证箭头所指方向六角头螺帽。使用【反向】命令可改变方向，最后选择【正向】确定方向。

（3）单击【剖面】上滑面板中插入截面。设置剖面位置如图 7-44 所示。

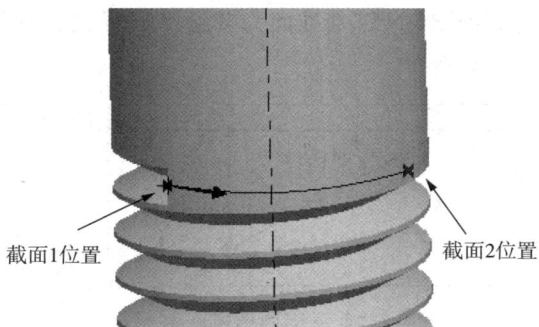

图 7-43　TOP 面的投影方向　　　　图 7-44　设置剖面位置（修改）

（4）创建第一个截面，接受系统默认旋转角度"0"，绘制如图 7-45 所示的三角形截面。选择 ☐ 按钮，并选择已有螺纹的最后端面三角形的投影作为该截面图形。这个图形的准确程度也将影响最后的效果。

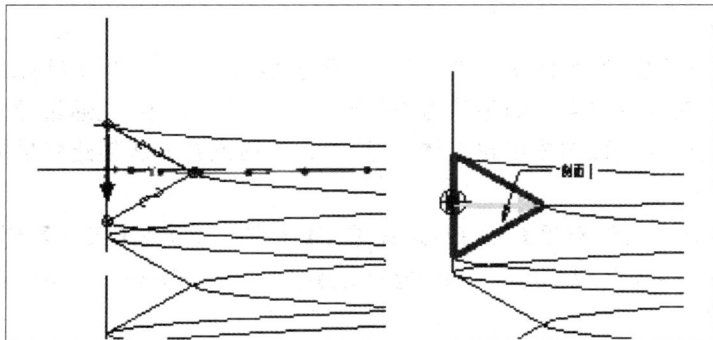

图 7-45　绘制第一个截面（修改）

（5）创建第二个截面。接受系统默认旋转角度"0"，这个截面图形是一个点。选择 ✕ 按钮,绘制如图 7-46 所示截面图形。

单击✔按钮,完成第二个截面。看到螺尾光滑过渡,如图 7-46 所示。

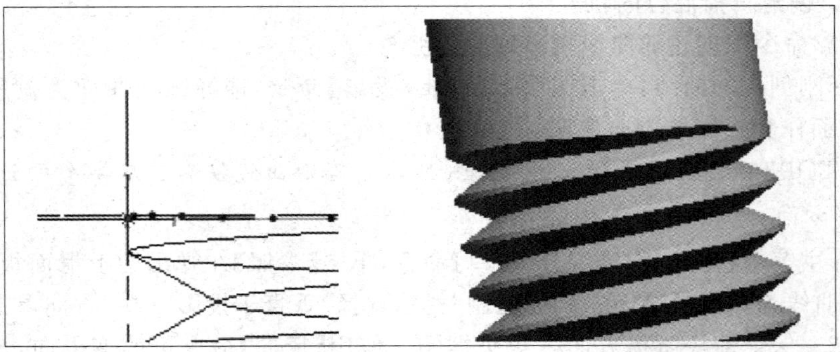

图 7-46 绘制第二个截面(修改)

STEP7. 使用旋转命令去除六角头顶部多余材料。

选择"FRONT"基准面为草绘平面,绘制如图 7-47 所示截面,旋转去除材料。得到如图 7-48 的模型。

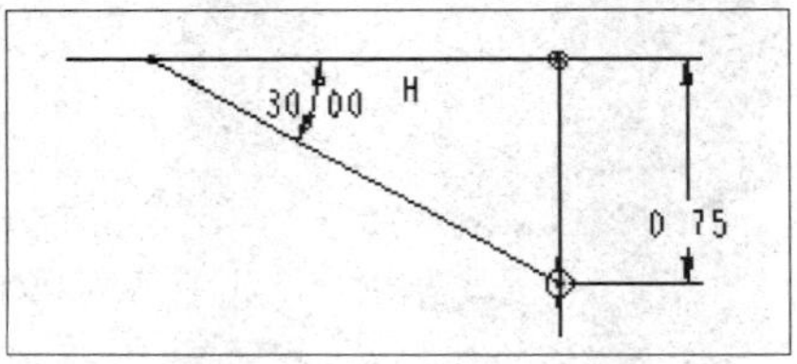

图 7-47 绘制截面

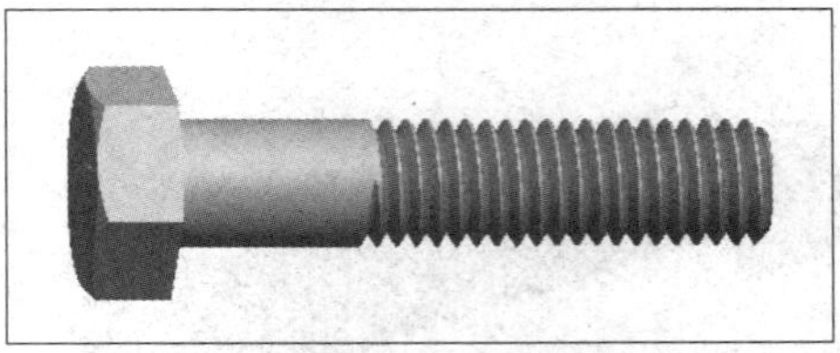

图 7-48 六角头螺栓造型

7.7 实例练习——苹果模型设计

通过苹果的建模过程帮助读者理解骨架折弯、可变截面扫描等高级建模方法在设计中的应用。

1. 实例分析

本例创建的苹果模型(如图 7-63 所示)不属于精确建模,读者在设计过程中不必拘泥于所给尺寸,可以充分发挥自己的想象力进行设计。设计过程中,先通过拉伸和骨架折弯创建果叶,然后通过可变截面扫描创建果体,最后通过扫描混合方法创建苹果把。

2. 操作步骤:

STEP1. 单击【创建新对象】□按钮,选择类型【零件】,子类型【实体】,取消掉【使用缺省模板】前复选标记,输入名称"apple",单击【确定】按钮,选择【mmns_part_solid】模板,单击【确定】按钮。

STEP2. 创建叶子模型

(1)创建基准面

以"TOP"基准面为参照向上偏移"30",生成"DTM1"如图 7-49 所示。

图 7-49　创建"DTM1"基准面

（2）单击【拉伸】按钮，定义"DTM1"为草绘基准面，绘制如图 7-50 所示截面，退出草绘，设置拉伸深度为"0.2"，创建如图 7-51 所示的叶子模型。

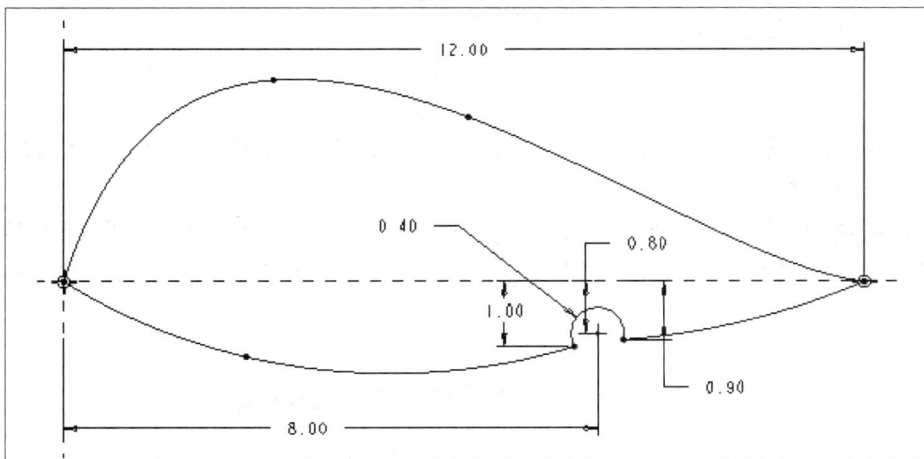

图 7-50　绘制截面

图 7-51　叶子模型

STEP3. 创建骨架折弯特征

(1)单击【草绘工具】██按钮,打开【草绘】对话框,选择"RIGHT"基准面作为草绘平面,使用系统缺省参照平面,绘制如图 7-52 所示曲线,创建的基准曲线如图 7-53 所示。

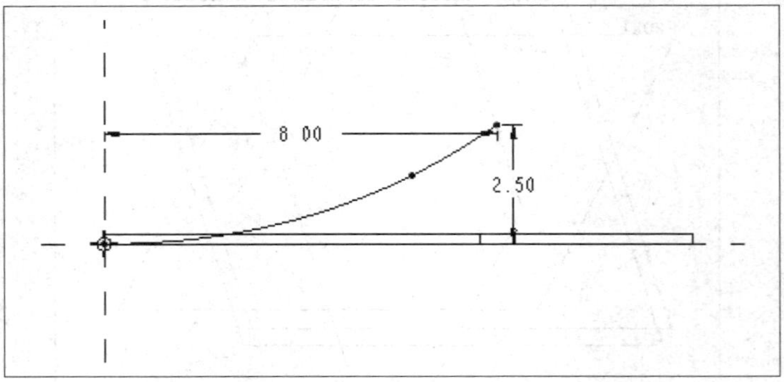

图 7-52 绘制曲线

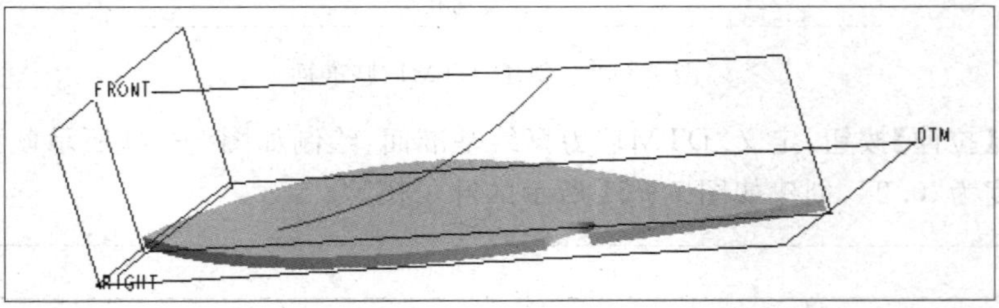

图 7-53 创建的基准曲线

(2)选择主菜单【插入/高级/骨架折弯】命令,在弹出来的【选项】菜单中,选择【骨架线/无属性控制/完成】命令。

(3)根据提示选取折弯对象,选取前面生成的叶子模型,在随后弹出的【链】菜单中接受缺省的【依次/选取】选项,选择前面创建的基准曲线,作为折弯骨架线,单击【完成】命令,如图 7-54 所示。

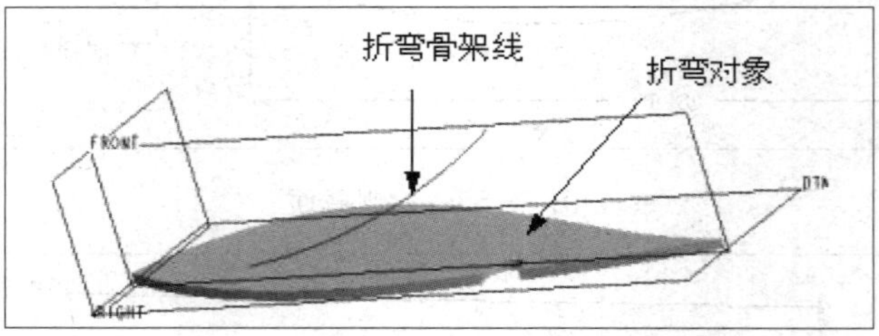

图 7-54 选取折弯对象和折弯骨架线

(4)在【设置平面】菜单中,依次选取【产生基准】选项,打开【基准平面】菜单,选取【偏距】选项,选取如图 7-55 所示"DTM2"为参照,然后在【偏距】菜单中选取【输入值】命令,输入偏距值"13"。单击【完成】命令。创建的折弯特征如图 7-56 所示。

图 7-55　选取 DTM2 为参照

图 7-56　折弯后的叶子模型

注意:输入的平面偏距用来确定对象的折弯长度,基准平面"DTM2"是由系统生成的临时基准面,无须设计者创建,当骨架折弯后,该平面自动隐藏。

STEP4. 创建基准曲线

单击【草绘工具】 按钮,打开【草绘】对话框,选择"TOP"基准面作为草绘平面,使用系统缺省参照平面,绘制如图 7-57 所示圆。

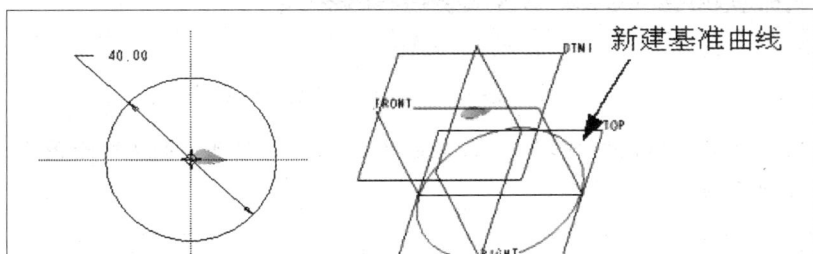

图 7-57　创建基准曲线

STEP5. 创建可变剖面特征——苹果主体

(1)选择主菜单【插入/可变截面扫描】命令,弹出【可变剖面扫描】特征操控板。单击【参照】按钮,打开【参照】上滑面板,选择刚建立的圆形基准曲线为原始轨迹线。

(2)单击 按钮,进入草绘截面,绘制如图 7-58 所示扫描剖面。该截面必须封闭。

(3)选择主菜单【工具/关系】命令,打开【关系】对话框,此时剖面图上的尺寸将以符号形式显示,如图 7-59 所示。

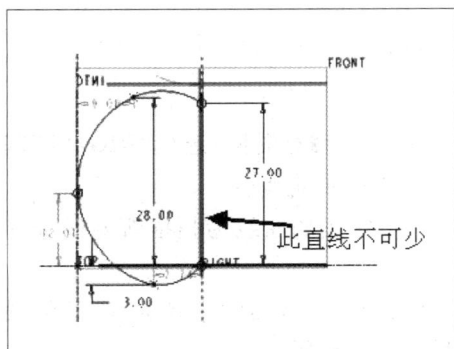

图 7-58　绘制扫描剖面

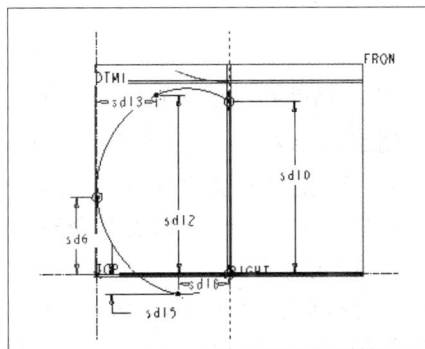

图 7-59　剖面图上的尺寸显示

(4)在【关系】对话框中,为尺寸"sd15"添加如图7-60所示的关系式,单击【确定】按钮,关闭对话框。

(5)选择□按钮来创建实体特征,单击☑完成苹果主体创建。

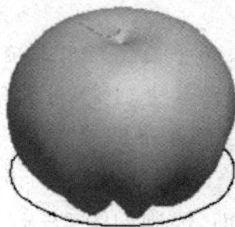

图7-60　添加关系式与苹果主体模型

注意:如果在生成实体的时候有困难,不能生成最后的结果,可以删除图7-61所示的虚线,就可以得到正确的结果了。

图7-61　删除虚线

STEP6. 创建扫描混合特征——苹果把

(1)创建基准曲线。单击【草绘工具】按钮,打开【草绘】对话框,选择"RIGHT"基准面作为草绘平面,使用系统缺省参照平面,绘制如图7-62所示曲线。

(2)选择主菜单【插入/扫描混合】命令,选取上一步完成的曲线为扫描轨迹线选择剖面"垂直于轨迹"定义方向。

(3)选择【剖面】上滑面板,插入草绘,分别设置起点、终点截面为半径为"0.5"的圆和半径为"1"的圆。完成后退出草绘模式,设计结果如图7-63所示。

(4)隐藏图形上的基准曲线,适当渲染模型,最后保存。

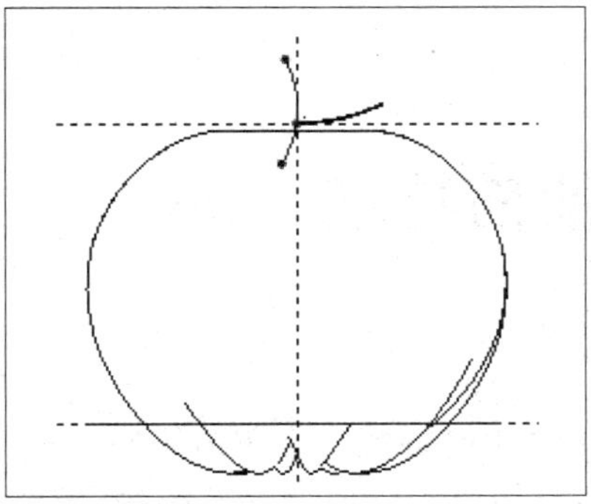

图 7 - 62　绘制曲线

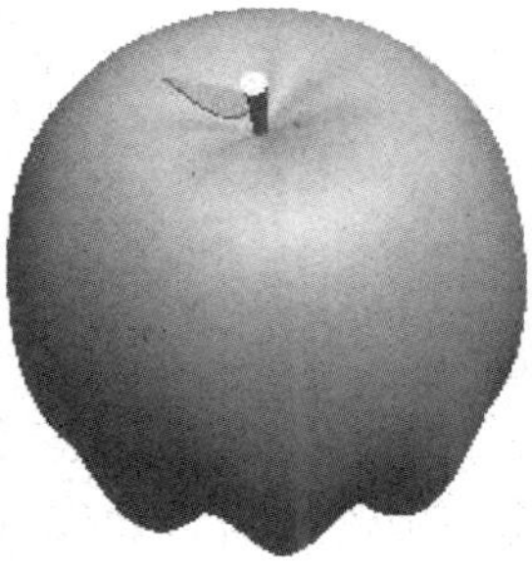

图 7 - 63　苹果模型

第8章 曲面特征

曲面特征是一种没有质量和厚度物理属性的几何特征。在 Pro/ENGINEER Wildfire 5.0 系统中基本曲面的创建方法和实体特征相同,一般有拉伸、旋转、扫描、混合等。除了基本造型方法外,对复杂的流线型曲面,要通过建立基准点、创建轮廓曲线、再用边界混合的方式及曲面编辑等功能,形成产品的流线型曲面外观。

8.1 基本曲面特征

基本曲面特征是指使用拉伸、旋转、扫描、混合等常用三维建模方法创建的曲面特征。

1. 创建平曲面的操作方法

(1)选择主菜单【编辑/填充】命令。

(2)在主视区下方的填充操控板上,单击【参照】按钮,进入草绘模式,绘制填充区域的截面线。

(3)单击☑按钮,完成平曲面特征。

平曲面特征创建如图 8-1 所示。

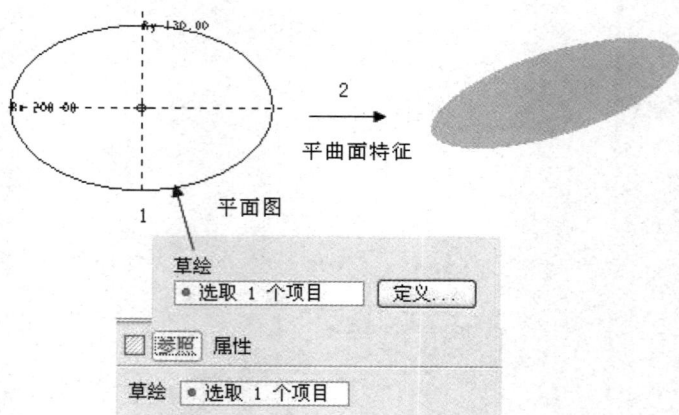

图 8-1　平曲面

2. 创建拉伸曲面的操作方法

(1)选择主菜单【插入/拉伸】命令或单击☐按钮。

(2)在主视区下方的拉伸操控板上,单击曲面类型☐按钮,以生成曲面。

(3)单击【放置/定义…】按钮,进入草绘模式,绘制截面图。

(4)输入拉伸深度,单击☑按钮,完成拉伸曲面特征。

注意:曲面特征的截面图可用开放截面、闭合截面,如图 8-2、8-3 所示。

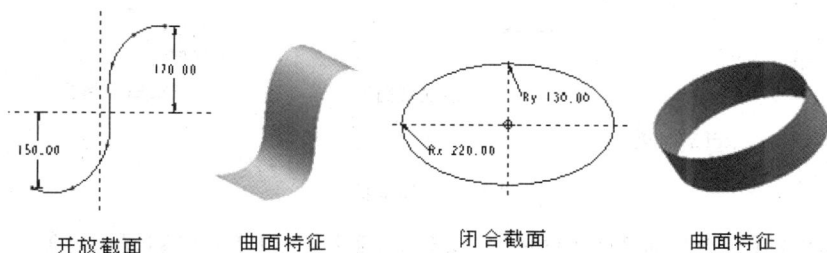

图 8-2　拉伸曲面(开放截面)　图 8-3 拉伸曲面(闭合截面)

3. 创建旋转曲面的操作方法

(1)选择主菜单【插入/旋转】命令或单击 ⊕ 按钮。

(2)在主视区下方的旋转操控板上,单击曲面类型◻按钮,以生成曲面。

(3)单击【位置/定义…】按钮,进入草绘模式,绘制截面图。

(4)输入旋转角度,单击☑按钮,完成旋转曲面特征。

注意:要绘制中心线作为旋转轴,旋转曲面特征如图 8-4 所示。

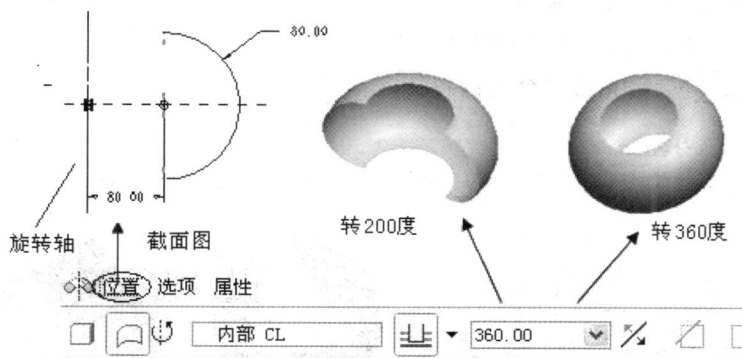

图 8-4　旋转曲面

4. 创建扫描曲面的操作方法

(1)选择主菜单【插入/扫描/曲面】命令或单击 ◻ 按钮。

(2)在弹出的【曲面:扫描】对话框中,定义【扫描轨迹】、【属性】和【截面】。

(3)单击【确定】按钮,完成扫描曲面特征。

注意:轨迹也可在扫描曲面特征之前建立,如图 8-5 所示。

5. 创建混合曲面的操作方法

(1)选择主菜单【插入/混合/曲面】命令。

(2)在弹出的【混合选项】菜单中,选择相应的选项,选择【完成】命令。

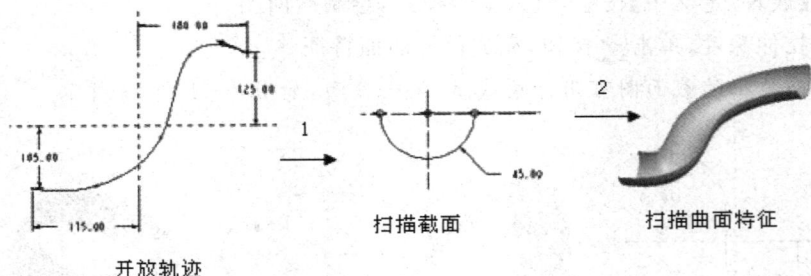

图 8-5　扫描曲面

（3）在弹出的【混合曲面】对话框中，定义【属性】、【截面】、【方向】和【深度】。

（4）单击【确定】按钮，完成混合曲面特征。

实例演练：混合曲面特征创建如图 8-6 所示。

Step1. 选择主菜单【插入/混合/曲面】命令。

Step2. 在弹出的【混合选项】菜单中，选择【平行/规则截面/草绘截面/完成】命令。

Step3. 在弹出的【属性】菜单中，选择【直的/开放终点/完成】命令。

Step4. 选择草绘平面，草绘第一个截面圆形直径"350"；绘制两条参照线，将圆截面按图 8-6 分割为三段。

Step5. 单击鼠标右键，在快捷菜单中选【切换剖面】；绘制第二个截面三角形，如图 8-6 所示。单击 ✔ 按钮，退出草绘模式。

Step6. 选择正方向，输入盲孔深度"150"。

Step7. 单击 ✔ 按钮，完成混合曲面特征。

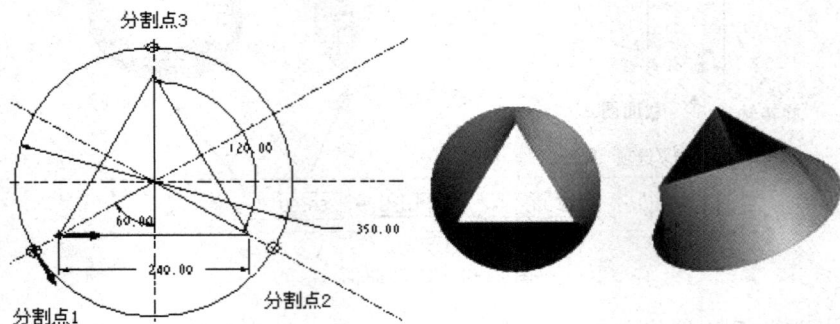

图 8-6　混合曲面特征

6. 曲面面组的复制

曲面面组的复制是指复制出与原曲面形状大小相同的曲面或曲线。操作方法如下：

（1）选择需复制的曲面面组，选择主菜单【编辑/复制】命令或单击 按钮。

（2）选择主菜单【编辑/粘贴】命令或单击 按钮。

（3）在主视区下方弹出复制曲面面组的操控板，单击【参照】按钮，选取需复制的曲面面组。

（4）单击【选项】按钮，选择复制的类型。

（5）单击✅按钮，完成曲面的复制，如图 8 - 7 所示。

操控板【选项】按钮的具体含义：

【按原样复制所有曲面】复制曲面与原有曲面完全相同。

【排除曲面并填充孔】根据需要排除不需要复制的曲面以及在选定曲面上选取要填充的孔。

【复制内部边界】复制定义的边界内部的表面为曲面。

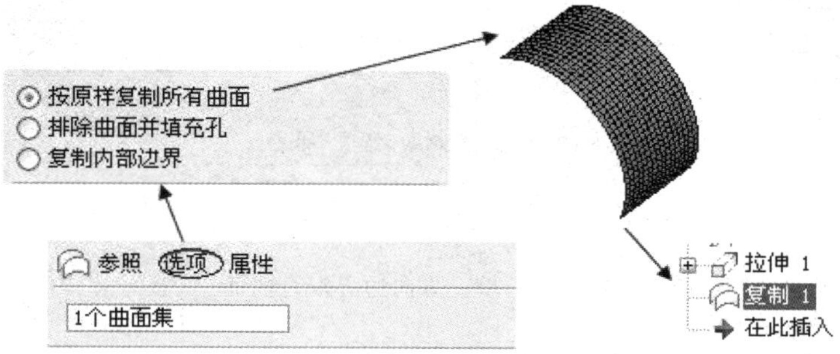

图 8 - 7　曲面面组复制

8.2　边界混合曲面特征

边界混合曲面是由边界曲线混合的曲面特征。可在一个方向或两个方向上指定边界曲线，还可指定控制曲线来调节曲面的形状。

8.2.1　创建边界混合曲面的操作方法

（1）单击 按钮，绘制边界曲线，单击 ✔ 按钮，按要求绘制其余边界曲线。

（2）选择主菜单【插入/边界混合】命令或单击 按钮。

（3）在主视区下方弹出的边界混合曲面操控板上，选择相应的选项，完成边界混合曲面。

8.2.2　边界混合的方式

1. 创建单一方向的边界混合曲面，是指只有一个方向曲线的混合

操作方法如下：

（1）单击边界混合曲面操控板【曲线】按钮。

（2）在【第一方向】区域中依次指定曲面经过的曲线链。

（3）单击✅按钮，完成边界混合曲面特征。

注意：①所谓【第一方向】是指方向一致且互不相交的曲线链。

②轨迹若选中【闭合混合】，曲线混合生成闭合曲面。

单一方向的边界混合曲面特征,如图 8-8 所示。

图 8-8　单一方向边界混合曲面

2. 创建双方向的边界混合曲面,是指两个方向曲线的混合

操作方法如下:

(1)单击边界混合曲面操控板【曲线】按钮。

(2)选取【第一方向】区域中第一方向曲线链,选取【第二方向】区域中第二方向曲线链。

(3)单击☑按钮,完成边界混合曲面特征。

注意:对于在两个方向上定义的混合曲面,其外部边界必须形成一个封闭的环,且第一方向和第二方向的线要相交,相邻两个截面曲线不能相切。

双方向的边界混合曲面特征,如图 8-9 所示。

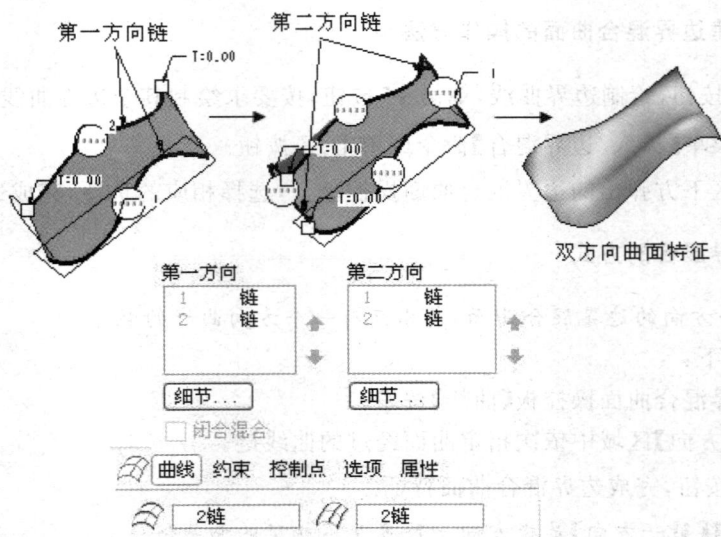

图 8-9　双方向边界混合曲面

3. 创建拟合的边界混合曲面,指一个方向曲线按一条拟合曲线的趋势进行混合

操作方法如下:

(1)单击边界混合曲面操控板【曲线】按钮,选取第一方向曲线链。

(2)单击边界混合曲面操控板【选项】按钮,点击【影响曲线】收集器,选取拟合曲线。

(3)调整平滑度范围,调整曲面片范围。

(4)单击☑按钮,完成边界混合曲面特征。

注意:①平滑度范围 0—1,数字越小,混合曲面愈逼近选定的拟合曲线。

②曲面片范围 1—29,数字越大,曲面愈逼近选定的拟合曲线。

拟合边界混合曲面特征,如图 8-10 所示。

图 8-10　拟合边界混合曲面

4. 创建混合控制边界曲面,指可通过设置控制点来控制截面混合的效果和形式

操作方法如下:

(1)单击边界混合曲面操控板【曲线】按钮,选取第一方向曲线链。

(2)单击边界混合曲面操控板【控制点】按钮,点击【控制点】收集器,选取控制点 1、2、3。

(3)单击☑按钮,完成边界混合曲面特征。

注意:控制点的控制类型有 4 种,自然、弧长、点到点、段至段。

混合控制边界曲面特征,如图 8-11、8-12 所示。

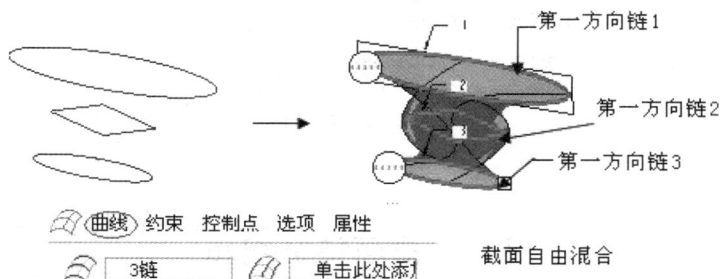

图 8-11　截面自由混合曲面

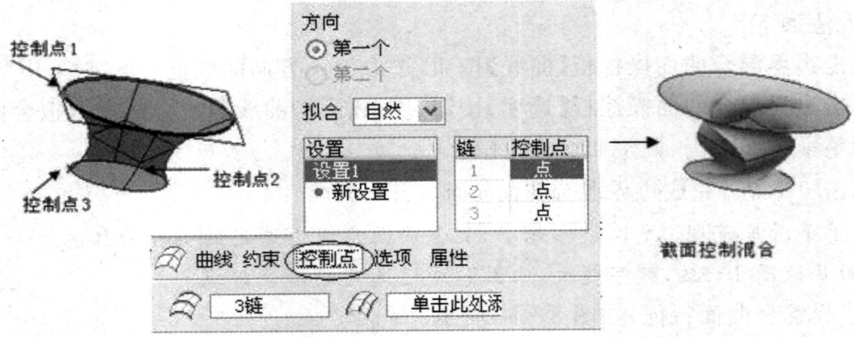

图 8-12　截面特殊点的对应混合曲面

5. 创建边界条件曲面，指可通过设置边界条件，来控制轮廓边界与相邻面组等的几何关系

操作方法如下：

(1)单击边界混合曲面操控板【曲线】按钮，选取【第一方向曲线链】。

(2)单击边界混合曲面操控板【约束】按钮，选择【自由】类型，选择边界条件参照面。

(3)单击☑按钮，完成边界混合曲面特征，如图 8-13 所示。

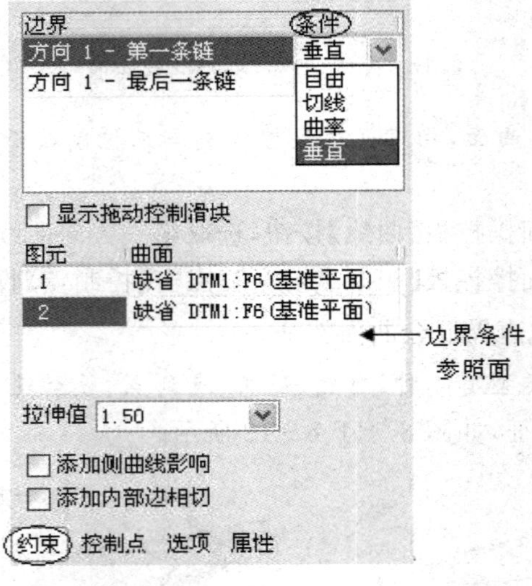

图 8-13

8.3　曲面特征编辑

在完成了基本曲面的创建后，可通过合并、裁剪、延拓等方法对曲面进行编辑。

1. 曲面的镜像

曲面的镜像是指相对镜像平面对称复制选定的曲面或曲线。操作方法如下：

(1)选择需镜像的曲面或曲线,选择主菜单【编辑/镜像】命令或单击)|(按钮。

(2)在主视区下方弹出镜像曲面操控板。

(3)单击【参照】按钮,指定"镜像平面"。

(4)单击 ✔ 按钮,完成镜像曲面,如图 8－14 所示。

2. 曲面的偏移

曲面的偏移是指对原曲面或曲线的法线方向偏置。操作方法如下：

(1)选择需偏移的曲面或曲线,选择主菜单【编辑/偏移】命令或单击 🛠 按钮。

(2)在主视区下方弹出偏移曲面操控板。

(3)选择偏移的类型,输入偏移值并确定方向。

(4)单击 ✔ 按钮,完成曲面的偏移,如图 8－15 所示。

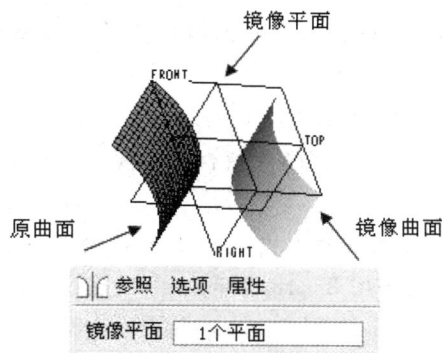

图 8－14　曲面镜像

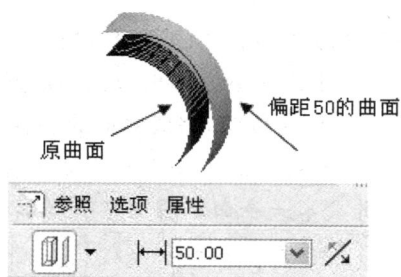

图 8－15　曲面偏移

3. 曲面的平移和旋转

曲面的平移和旋转是指曲面或曲线沿着定义的方向进行平移或绕定义的轴线旋转。操作方法如下：

(1)选择需平移或旋转的曲面、曲线,选择主菜单【编辑/复制】命令或单击 📋 按钮。

(2)选择主菜单【编辑/选择性粘贴】命令或单击 📋 按钮。

(3)在主视区下方弹出平移或旋转曲面操控板,单击【变换】按钮,选择【平移】或【旋转】命令,输入平移值或旋转角度,选取平移方向或旋转轴参照。

(4)单击 ✔ 按钮,完成曲面的平移或旋转。

注意:若选基准平面为方向参照,则平移方向与该平面垂直。若选实体边线、基准轴线或坐标轴为参照,则平移方向与之平行,如图 8－16、图 8－17 所示。

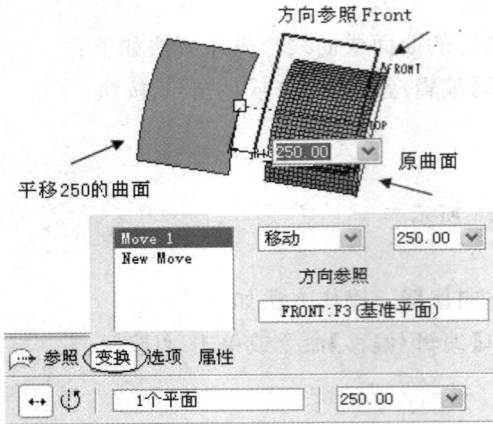

图 8-16 曲面平移(保留原件)   图 8-17 曲面旋转(保留原件)

4. 曲面的合并

使用曲面合并的方法可把多个曲面合并生成单一曲面,这是曲面设计中的一个重要操作。操作方法如下:

(1)选取参与合并的曲面,选择主菜单【编辑/合并】命令或单击 按钮。

(2)在主视区下方弹出合并曲面操控板,选择合并方式,调整保留合并方向。

(3)单击 按钮,完成曲面的合并。

注意:合并方式有相交和连接两种方式,相交合并两面组自动从相交位置相互修剪,而连接合并要求一个面组的边界刚好落在另一个面上。如图 8-18 所示。

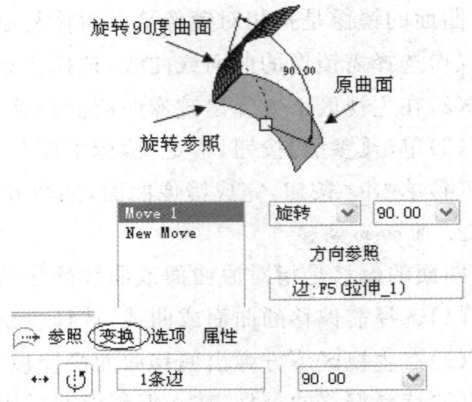

图 8-18 曲面合并

5. 曲面的修剪

曲面的修剪是指除去指定曲面上多余的部分以获得理想大小和形状的曲面。操作方法如下:

(1)选取需进行修剪的曲面,选择主菜单【编辑/修剪】命令或单击 按钮。

(2)在主视区下方弹出修剪曲面操控板,选择作为修剪工具的对象,调整保留曲面方向。

(3)单击 按钮,完成曲面的修剪。

注意:修剪工具的对象,可以是基准平面、基准曲线及曲面特征等。此外,若用曲面修剪,则该曲面必须能够将被修剪曲面分处区域。如图 8－19、图 8－20 所示。

图 8－19 曲面修剪(不保留修剪对象)

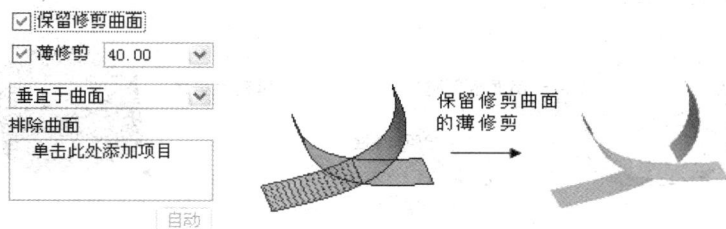

图 8－20 曲面薄修剪(保留修剪对象)

6. 曲面的加厚

曲面的加厚是指将定义的曲面特征按照给定的方向进行加厚成薄壁体。操作方法如下:

(1)选取需进行加厚的曲面,选择主菜单【编辑/加厚】命令或单击 ▢ 按钮。

(2)在主视区下方弹出曲面加厚操控板。

(3)选择曲面加厚的方式,修改加厚的厚度,调整加厚的方向。

(4)单击 ✓ 按钮,完成曲面的加厚。

注意:曲面特征的加厚方式有三种,可通过 ╱ 来设定的,如图 8－21 所示。

图 8－21 曲面加厚

8.4 曲面的实体化

曲面的实体化是指曲面特征转化为实体特征的一种方式。操作方法如下：

(1)选取需进行实体化的曲面,选择主菜单【编辑/实体化】命令或单击☑按钮。

(2)在主视区下方弹出曲面实体化操控板。

(3)选择实体化方式,调整保留曲面方向。

(4)单击☑按钮,完成曲面的实体化。

注意：曲面特征的实体化有3种方式,创建实体体积,曲面面组必须封闭。用曲面对实体裁剪,曲面面组必须与实体相交且把实体分成两个部分。而用曲面替代实体表面时,曲面边界要落在实体表面上。

图 8 - 22 曲面实体化(创建体积块)

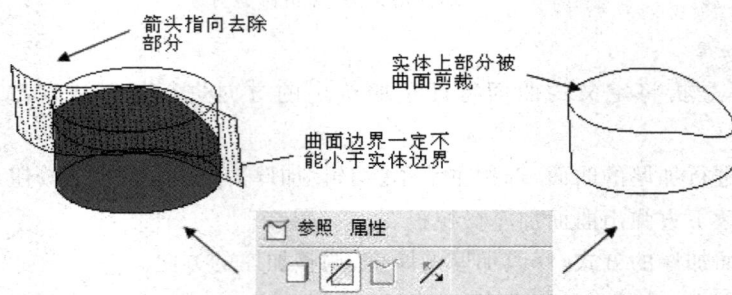

图 8 - 23 曲面实体化(用曲面对实体切剪)

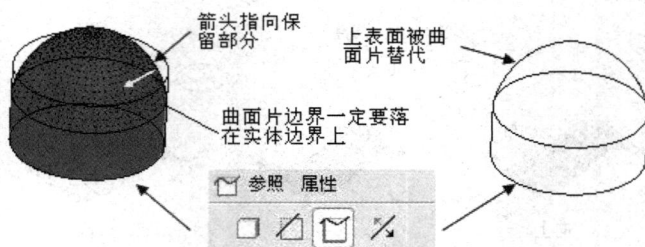

图 8 - 24 曲面实体化(曲面片替代实体表面)

8.5 实习练习——药瓶造型设计

Step1. 选择主菜单【文件/新建】命令,在打开的【新建】对话框中,选择零件公制模板,并命名零件的模型为"yaoping. prt"。

Step2. 创建药瓶体曲面。

(1)选择主菜单【插入/混合/曲面】命令,弹出【混合选项】菜单。

(2)选择【平行/规则截面/草绘截面/完成】命令,弹出曲面【属性】菜单。

(3)选择【光滑/封闭端/完成】命令。

(4)选择"Front"为草绘平面,指定【正向】,选择【缺省】命令,接受默认的标注参照并关闭。

(5)绘制第一个截面圆形,如图 8-25 所示。

(6)在右键快捷菜单中选择【切换剖面】命令,绘制第二个截面椭圆,如图 8-26 所示。

(7)同理,绘制第三、第四个截面分别为椭圆,如图 8-27 所示。

图 8-25 草绘截面 1

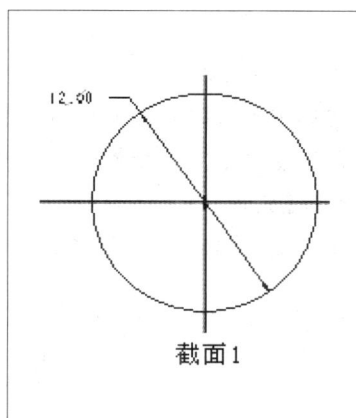

图 8-26 草绘截面 2

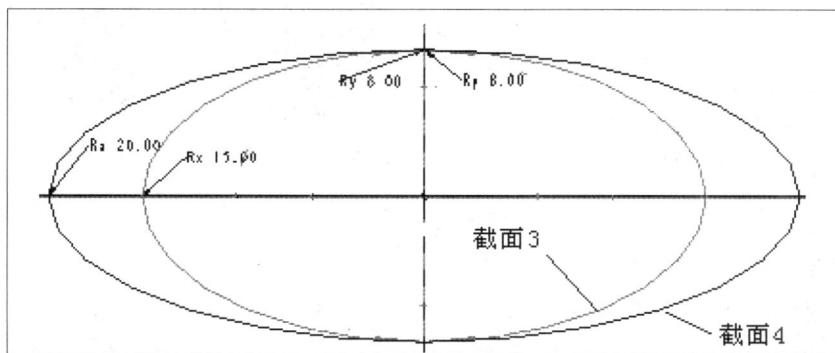

图 8-27 草绘截面 3 和 4

(8)单击 ✔ 按钮,退出草绘。

(9)弹出曲面深度菜单,选择【盲孔/完成】命令。

(10)输入第一个与第二个截面距离"3"。

(11)输入第二个与第三个截面距离"18"。

(12)输入第三个与第四个截面距离"20"。

(13)单击 预览 按钮,预览所创建的药瓶体,然后单击 确定 按钮,完成药瓶体曲面造型,如图 8-28 所示。

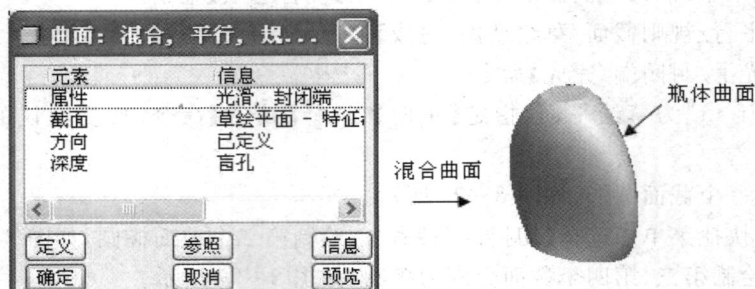

图 8-28　瓶体曲面

Step3.　创建药瓶口曲面

(1)选择主菜单【插入/旋转/曲面】命令。

(2)在主视区下方弹出旋转操控板,单击 按钮。

(3)选择【放置/定义…】按钮,进入草绘模式;绘制瓶口截面图,退出草绘。

(4)输入旋转角度"360°",单击 ✔ 按钮,完成药瓶口曲面造型,如图 8-29 所示。

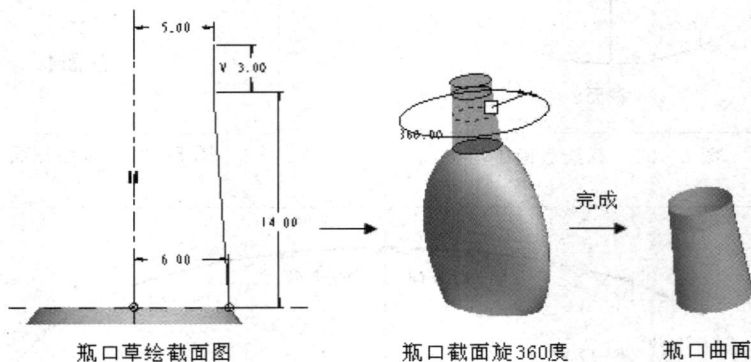

瓶口草绘截面图　　　瓶口截面旋360度　　　瓶口曲面

图 8-29　药瓶口曲面

Step4.　创建药瓶曲面

(1)选取瓶口和瓶体曲面,选择主菜单【编辑/合并】命令或单击 按钮。

(2)在主视区下方弹出的合并曲面操控板上,单击【选项】按钮,选择【求交】合并,调整保留曲面方向。

（3）单击✅按钮，完成药瓶曲面的造型，如图 8 - 30 所示。

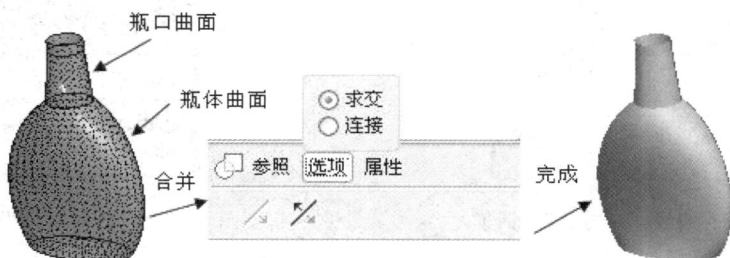

图 8 - 30　药瓶曲面合并

Step5. 创建药瓶实体

（1）选取药瓶曲面，选择主菜单【编辑/加厚】命令或单击▢按钮。

（2）在主视区下方弹出曲面加厚操控板。

（3）单击【选项】按钮，选择【垂直于曲面】加厚，输入厚度 2，默认加厚方向。

（4）单击✅按钮，完成药瓶的造型，如图 8 - 31 所示。

图 8 - 31　药瓶曲面转化为实体

8.6　实习练习——"灯罩"造型设计

Step1. 选择主菜单【文件/新建】命令，在打开的【新建】对话框中，选择零件公制模板，并命名零件的模型为"dengzhao"。

Step2. 通过曲线方程创建基准曲线 1。

（1）选择主菜单【插入/模型基准/曲线】命令或单击～按钮。

（2）※ PRT_CSYS_DEF 弹出【曲线选项】菜单，如图 8 - 32 所示。

（3）选择【从方程/完成】命令，选取默认坐标系。

（4）在【设置坐标类型】菜单中选择【柱坐标】命令，如图 8 - 33 所示。

图 8-32 曲线:"从方程"对话框

图 8-33 "设置坐标类型'菜单

(5)在弹出如图 8-34 所示记事本的窗口中输入螺旋曲线方程。

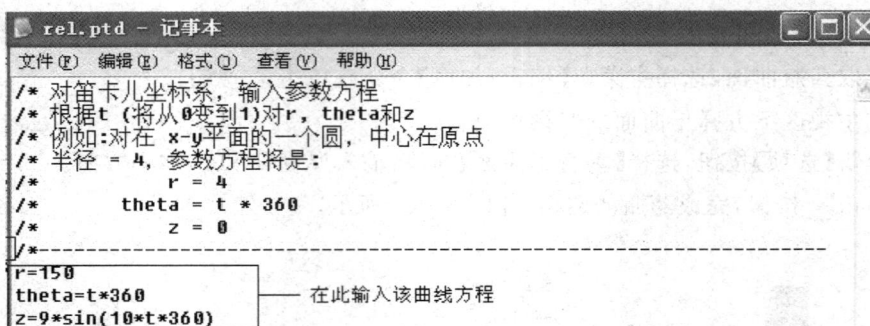

图 8-34 输入曲线方程

(6)选择记事本中【文件/保存】命令,将曲线保存起来。

(7)选择记事本中【文件/退出】命令,退出记事本。

(8)单击 预览 按钮,预览所创建的基准曲线,然后单击 确定 按钮,完成基准曲线 1,如图 8-35 所示。

图 8-35 创建基准曲线 1

Step3. 创建基准平面 DTM1

(1)选择主菜单【插入/模型基准/平面】命令或单击 按钮。

(2)弹出如图 8-36 所示的【基准平面】对话框,选取"FRONT"基准平面为参照面,偏移 "150",创建如图 8-37 所示的基准平面"DTM1"。

图 8 - 36 【基准平面】对话框

图 8 - 37 创建基准平面 DTM1

Step4. 创建基准曲线 2

(1)选择主菜单【插入/模型基准/草绘】命令或单击 ▨ 按钮。

(2)选择"DTM1"为草绘平面,进入草绘模式,绘制截面图 8 - 38,退出草绘。

(3)完成基准曲线 2,如图 8 - 39 所示。

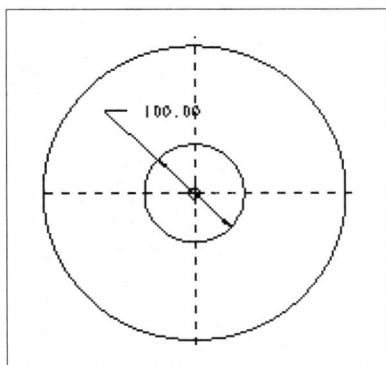

图 8 - 38 截面图

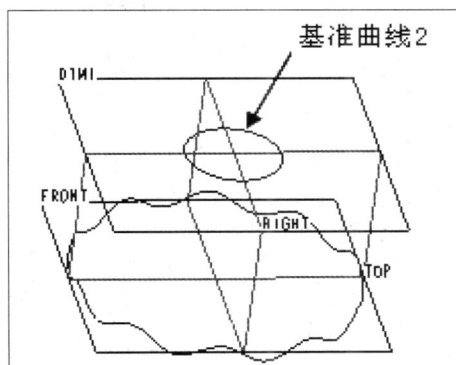

图 8 - 39 创建基准曲线 2

Step5. 创建边界混合曲面

(1)选择主菜单【插入/边界混合】命令或单击 ▨ 按钮。

(2)按"Ctrl"键依次选择基准曲线 1、2,单击 ☑ 按钮,完成灯罩曲面造型,如图 8 - 41 所示。

Step6. 创建灯罩实体

(1)选取灯罩曲面,选择主菜单【编辑/加厚】命令或单击 ▨ 按钮。

(2)弹出曲面加厚操控板。

(3)单击【选项】按钮,选择【垂直于曲面】加厚,输入厚度 3,调整加厚方向。

(4)单击 ☑ 按钮,完成灯罩的造型,如图 8 - 42 所示。

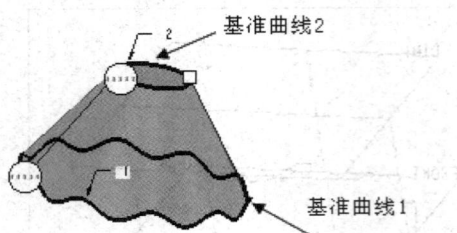

图 8-40　选择基准曲线

图 8-41　创建边界混合曲面

图 8-42　灯罩曲面转化为实体

第 9 章　模型装配设计

完成零件设计后，利用 Pro/ENGINEER 5.0 的装配模块，依照零件的配合关系将零件模型组装在一起。要求就是各零件模型之间必须满足特定的位置关系。

9.1　装配约束类型

约束就是使零件之间满足配合关系，即确定零件的相对位置。Pro/ENGINEER Wildfire 5.0 提供了 9 种约束方式，介绍如下：

1. 匹配

可使两个平面将面对面贴合在同一个平面上，如图 9-1 所示。

两平面面对面，并可使二者之间存在一个用户指定的偏移距离，叫匹配偏移，如图 9-2 所示。

图 9-1　【匹配】

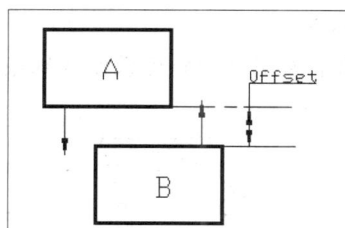

图 9-2　匹配偏移

2. 对齐

两个平面并非面对面贴合，而是朝向同一方向对齐，如图 9-3 所示。

两平面朝向相同但偏移一定距离，叫对齐偏移，如图 9-4 所示。

图 9-3　【对齐】

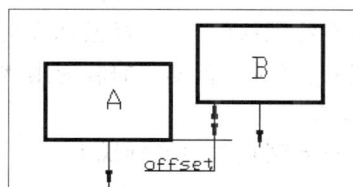

图 9-4　对齐偏移

3. 插入

一个回转面插入到另一个回转面中，而且它们同轴，如图 9-5 所示。

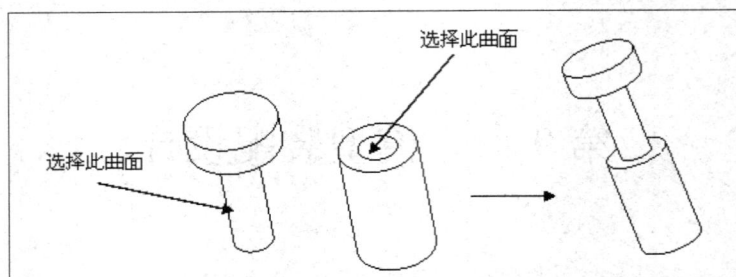

图 9-5 【插入】约束

4. 相切

选取两个实体表面作为约束参照,两表面将自动调整到相切状态,如图 9-6 所示。

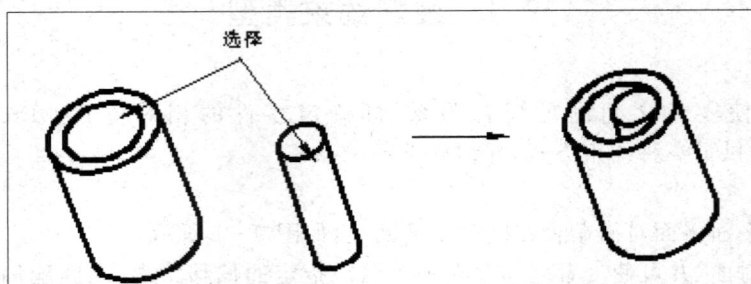

图 9-6 【相切】约束

5. 坐标系

选取两个模型上的坐标系作为约束参照,两坐标系将重合,如图 9-7 所示。

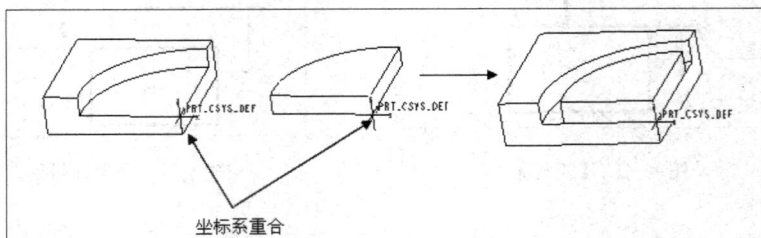

图 9-7 【坐标系】约束

6. 自动

自动是系统默认的方式,根据选择的约束来参照自动判断使用何种约束。对较简单的装配相当实用,但对于较复杂的装配则常常会判断不准。

7. 线上点

约束点对齐到直线边或轴线上。

8. 曲面上点

约束点对齐到曲面上。

9. 曲面上的边

约束边线对齐到曲面上。

9.2 零件装配基本操作

9.2.1 创建零件装配文件的操作方法：

选择主菜单【文件/新建】命令，弹出【新建】对话框，如图 9-8 所示。在【名称】文本框中输入文件名称，取消【使用缺省模板】的钩选，单击【确定】按钮。

在【新文件选项】对话框的模板列表中选择【mmns-asm-design】，如图 9-9 所示，单击【确定】按钮，进入公制模板装配模式。

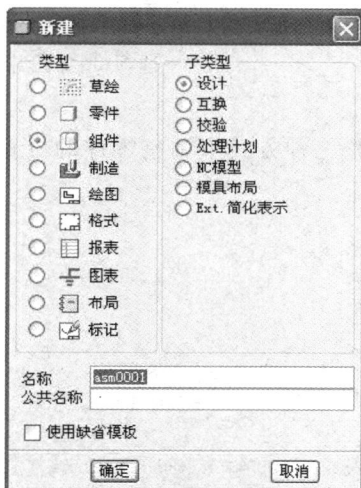

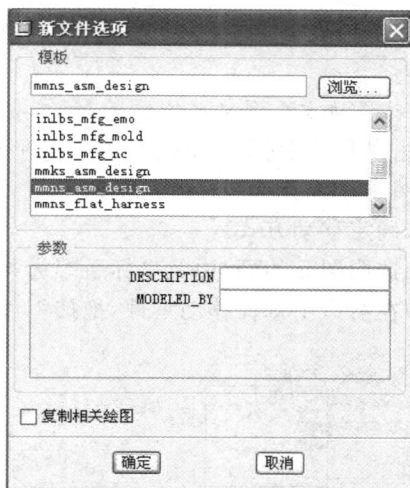

图 9-8 【新建】对话框 图 9-9 【新文件选项】对话框

9.2.2 零件装配设计的操作流程

(1)选择主菜单【插入/元件/装配】命令或单击 按钮，弹出【打开】对话框。

(2)打开需装配的零件文件，在图形界面显示该零件，同时弹出【装配设计】操控板，如图 9-10 所示。

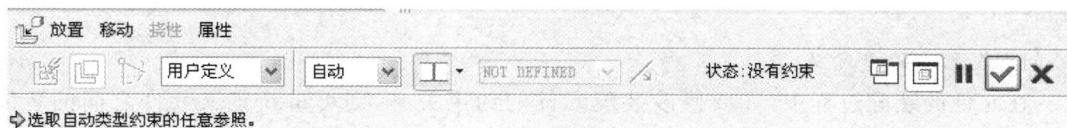

图 9-10 【装配设计】操控板(更改图片)

(3)单击操控板中【放置】按钮，弹出【装配放置】对话框，如图 9-11 所示。

(4)选取【约束类型】框中如图 9-11，分别点取元件和组件的坐标系、基准面、轴、实体平面、基准点及棱边等作为装配约束参照，单击 ☑ 按钮，完成零件的装配。

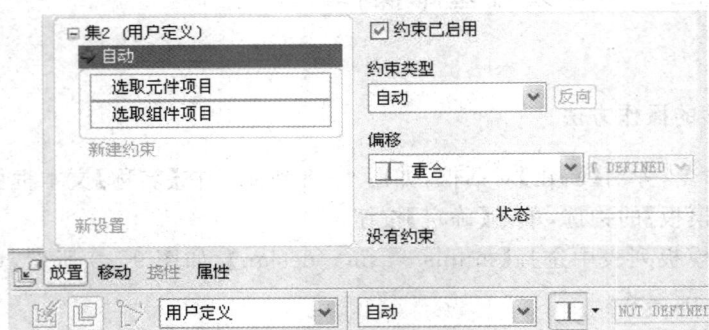

图 9-11 【装配放置】对话框(更改图片)

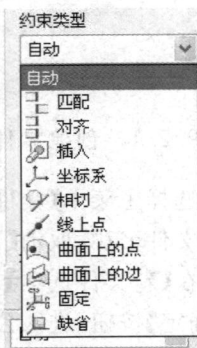

图 9-12 【约束类型】
选项(增加图片)

1. 以移动方式调整零件位置

单击操控板中【移动】按钮，可通过平移、旋转和调整三种方式来调整零件的位置，如图 9-13、图 9-14 所示。具体操作如下：

(1)确定移动方式。

(2)选取图元的面、边及坐标系等为移动参照。

(3)在窗口中选择移动零件，拖拽零件到另一个位置。

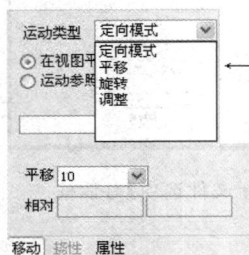

图 9-13 【装配移动】对话框(更改图片)

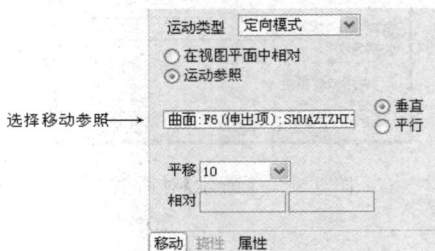

图 9-14 【装配移动】对话框(更改图片)

9.3 装配体的编辑操作

1. 装配体的重定义

在元件的装配过程中，如要修改装配元件的约束关系，则可重新定义元件之间的装配关系。

选择需修改的元件，单击鼠标右键，在快捷菜单中选择【编辑定义】命令，可重新定义装配约束。

2. 装配体中改动零件

在 Pro/ENGINEER Wildfire 5.0 系统中，可以直接在装配体中修改元件的尺寸。

（1）修改尺寸：单击鼠标右键，在快捷菜单中选择【激活】命令，双击需修改的特征，修改完尺寸后，单击【再生模型】按钮。

（2）建立新特征：单击鼠标右键，在快捷菜单中选择【激活】命令，创建特征。

9.4 实例练习——刷子装配设计

Step1. 选择主菜单【文件/新建】命令，在打开的【新建】对话框中，取消【使用缺省模板】前的钩选，并命名组件的名称为"shuazi.asm"，单击【确定】。在【新文件选项】对话框中，选择类型为【空】，单击【确定】按钮。

Step2. 引入第一个零件——刷子支架

（1）选择主菜单【插入/元件/装配】命令或单击 按钮，打开刷子支架零件模型文件"shuazizhijia.prt"。

（2）单击【放置】按纽，在约束类型框中选【缺省】，单击 按钮，如图 9－15 所示。

Step3. 引入第二个零件——刷子插销

■ 选择主菜单【插入/元件/装配】命令或单击 按钮，打开刷子插销零件模型文件"shuazichaxiao.prt"，弹出【装配设计】操控板。

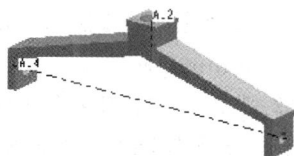

图 9－15　将零件装到【空】装配模式中

■ 单击操控板中【放置】按钮，弹出【装配放置】对话框。在约束类型中，选择【对齐】约束，用鼠标分别选取刷子插销和刷子支架的中心轴作为约束参照，如图 9－16 所示。

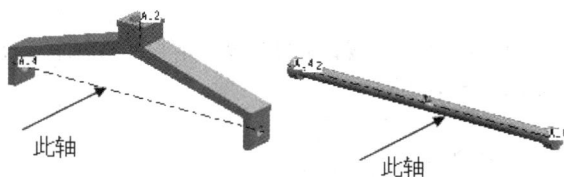

图 9－16　选取【对齐】约束类型

■ 在【装配放置】对话框中，单击新建约束，约束类型栏选【对齐】，使用鼠标分别选取刷子插销和刷子支架如图 9－17 所示的面作为约束参照。

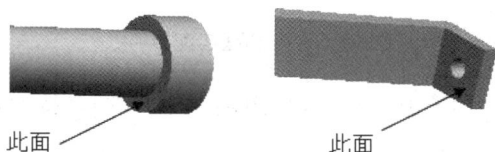

图 9－17　再次选取【对齐】约束

■ 单击【装配放置】对话框中偏移栏中的【偏距】子项,在此项中输入偏移距离"—4",单击☑按钮,完成刷子插销和刷子支架的装配。如图 9—18、图 9—19 所示。

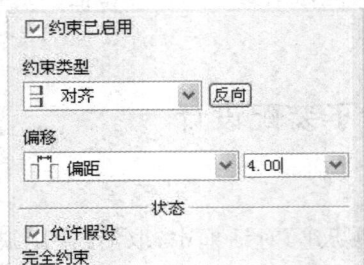

☑ 约束已启用

约束类型
比 对齐 ▼ [反向]

偏移
↑↑ 偏距 ▼ 4.00 ▼

_____状态_____
☑ 允许假设
完全约束

图 9—18 设置对齐偏移距离(更改图片)

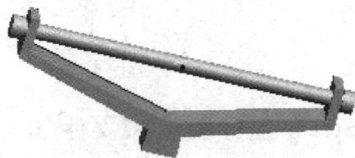

图 9—19 装入刷子插销

Step4. 引入第三个零件——刷子滚轮

(1)选择主菜单【插入/元件/装配】命令或单击 ⬚ 按钮,打开刷子滚轮零件模型文件"shuazigunlun. prt"。

(2)单击操控板中【放置】按钮,在约束类型中,选择【对齐】约束,用鼠标分别选取刷子插销和刷子滚轮如图 9—20 所示的中心轴作为约束参照。

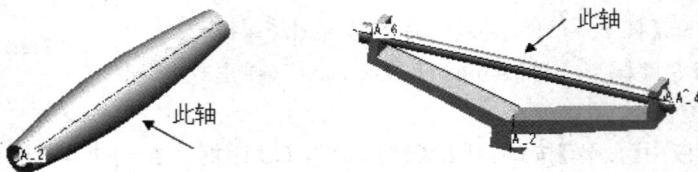

图 9—20 选取【对齐】约束类型

(3)在【装配放置】对话框中,新添加【匹配】约束,用鼠标分别选取刷子滚轮和刷子支架如图 9—21 所示的面作为约束参照。

图 9—21 选取【匹配】约束

(4)在偏移栏中选【偏距】子项,输入偏移距离"1",单击☑按钮,完成刷子滚轮和刷子插销的装配,如图 9—22,9—23 所示。

图 9-22　设置匹配偏移距离(更改图片)

图 9-23　装入刷子滚轮

Step5. 引入第四个零件——刷子把手

(1)选择主菜单【插入/元件/装配】命令或单击 ![按钮] 按钮,打开刷子把手零件模型文件"shuazibashou. prt"。

(2)单击操控板中【放置】按钮,在约束类型中,选择【对齐】约束,用鼠标分别选取刷子把手和刷子支架如图 9-24 所示的中心轴作为约束参照。

图 9-24　选取【对齐】约束

(3)在【装配放置】对话框中,新添加【匹配】约束,用鼠标分别选取刷子把手和刷子支架如图 9-25 所示的面作为约束参照。

(4)单击 ![按钮] 按钮,完成刷子装配体,如图 9-26 所示。

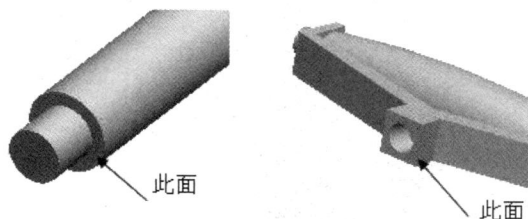

图 9-25　选取【匹配】约束

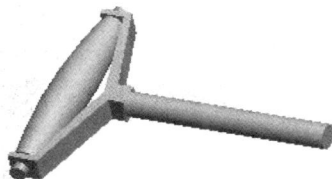

图 9-26　刷子装配体

9.5 实例练习——千斤顶装配设计

Step1. 选择主菜单【文件/新建】命令,在打开的【新建】对话框中,取消【使用缺省模板】前的勾选,并命名组件的名称为"qianjinding. asm",单击【确定】。在【新文件选项】对话框中,选择类型为【空】,单击【确定】按钮。

Step2. 引入第一个零件——底座

(1)选择主菜单【插入/元件/装配】命令或单击 按钮,打开底座零件模型文件"dizuo. prt"。

(2)单击【放置】按纽,在约束类型框中选【缺省】,单击 按钮,如图9-27所示。

Step3. 引入第二个零件——螺套

(1)选择主菜单【插入/元件/装配】命令或单击 按钮,打开螺套零件模型文件"luotao. prt"。

(2)单击操控板中【放置】按纽,在约束类型中,选择【匹配】约束,用鼠标分别选取螺套和底座如图9-28所示的面作为约束参照。

图9-27 将零件装到【空】装配模式中

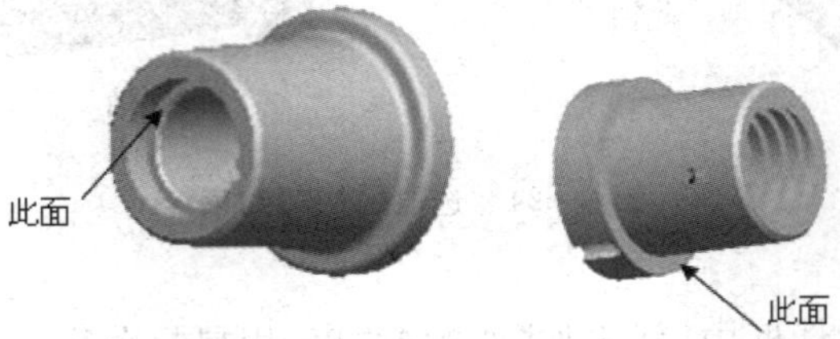

图9-28 选取【匹配】约束

(3)在【装配放置】对话框中,单击新建约束,约束类型栏选【匹配】约束,用鼠标分别选取螺套和底座如图9-29所示的面作为约束参照。

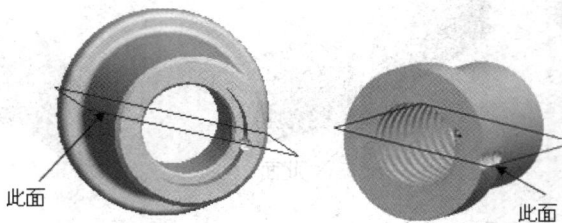

图9-29 选取【匹配】约束

(4)在【装配放置】对话框中,再次新添加【对齐】约束,使用鼠标分别选取螺套和底座如图9-30所示的中心轴作为约束参照。

图 9 - 30　选取【对齐】约束

（5）单击☑按钮，完成螺套和底座的装配，如图 9 - 31，图 9 - 32 所示。

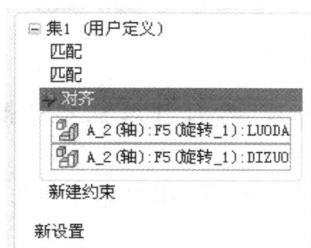

图 9 - 31　设置约束类型（更改图片）

图 9 - 32　装入螺套

Step4. 引入第三个零件——螺杆

（1）选择主菜单【插入/元件/装配】命令或单击按钮，打开螺杆零件模型文件"luogan. prt"。

（2）单击操控板中【放置】按钮，在约束类型中，选择【匹配】约束，鼠标分别选取螺套和螺杆如图 9 - 33 所示的面作为约束参照。

图 9 - 33　选取【匹配】约束

（3）在【装配放置】对话框中，单击新建约束，添加【对齐】约束，使用鼠标分别选取螺套和螺杆如图 9 - 34 所示的中心轴作为约束参照。

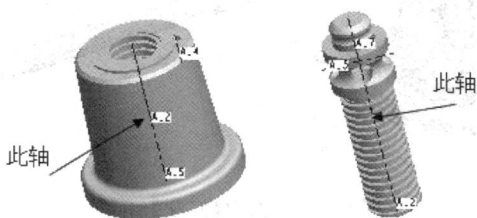

图 9 - 34　选取【对齐】约束

(4)单击☑按钮,完成螺套和螺杆的装配,如图9-35、图9-36所示。

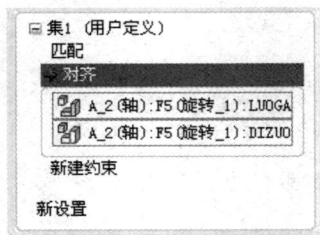

图9-35 设置约束类型(更改图片)

图9-36 装入螺杆

Step5. 引入第四个零件——绞杠

(1)选择主菜单【插入/元件/装配】命令或单击 按钮,打开绞杠零件模型文件"jiaogang.prt"。

(2)单击操控板中【放置】按钮,在约束类型中,选择【对齐】约束,用鼠标分别选取绞杠和螺杆如图9-37所示的中心轴作为约束参照。

图9-37 选取【对齐】约束

(3)在【装配放置】对话框中,单击新建约束,添加【匹配】约束,用鼠标分别选取螺套和绞杠如图9-38所示的中心面作为约束参照。

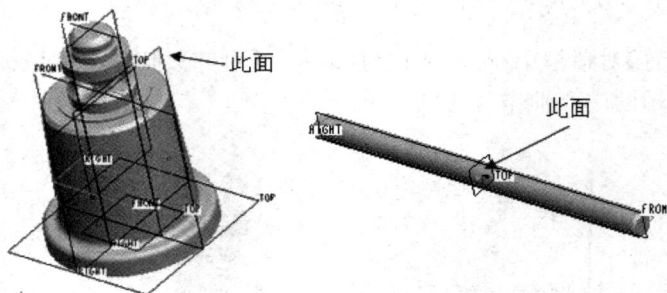

图9-38 选取【匹配】约束

（4）单击☑按钮，完成螺套和绞杠的装配，如图 9-39、图 9-40 所示。

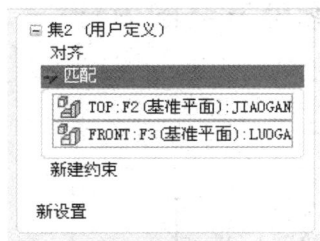

图 9-39 设置约束类型（更改图片）

图 9-40 装入绞杠

Step6. 引入第五个零件——顶垫

（1）选择主菜单【插入/元件/装配】命令或单击📷按钮，打开顶垫零件模型文件"dingdian. prt"。

（2）单击操控板中【放置】按钮，在约束类型中，选择【匹配】约束，用鼠标分别选取顶垫和螺杆如图 9-41 所示的面作为约束参照。

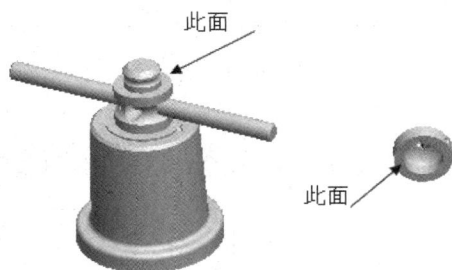

图 9-41 选取【匹配】约束

（3）在【元件放置】对话框中，新添加【对齐】约束，用鼠标分别选取螺杆和顶垫如图 9-42 所示的中心轴作为约束参照。

（4）单击☑按钮，完成千斤顶装配体设计，如图 9-43 所示。

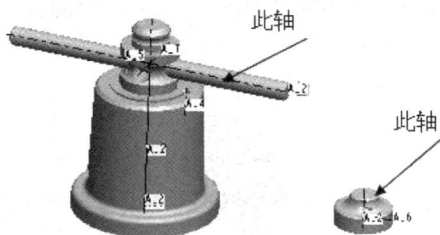

图 9-42 选取【对齐】约束

图 9-43 千斤顶装配体

9.6   实例练习——轴承座零件及装配设计

轴承座的参考尺寸如图 9-44 所示。

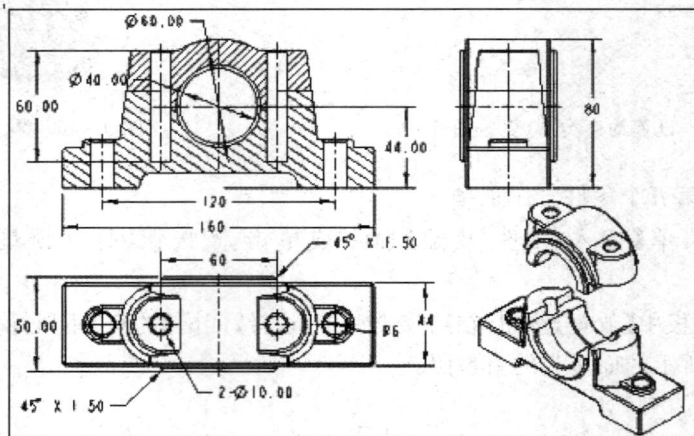

图 9-44   轴承座的参考尺寸

操作步骤提示：

Step1. 使用"拉伸"工具建立模型的基体。在草绘模式中绘制如图 9-45 所示的拉伸截面。

图 9-45   第 1 个特征的拉伸截面

Step2. 使用"拉伸"工具建立轴孔基体，在草绘模式中绘制如图 9-46 所示的拉伸截面，拉伸宽度为"50"，完成的结果如图 9-47 所示。

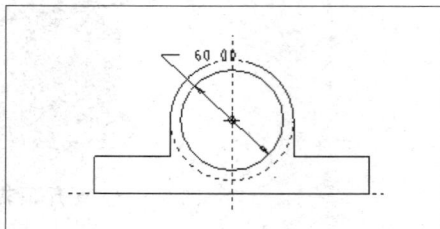

图 9-46   建立轴孔基体的拉伸截面

图 9-47   建立的轴孔基体

Step3. 使用"拉伸"工具建立凸台。在草绘模式中绘制如图 9-48 所示的拉伸截面,凸台高度为"27",从底部向上拉伸,完成的结果如图 9-49 所示。

图 9-48 建立凸台的拉伸截面

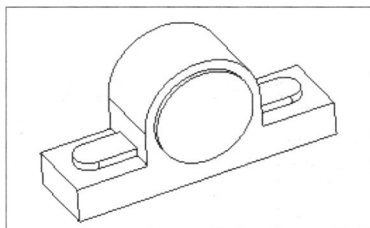

图 9-49 建立的凸台

Step4. 使用"拉伸"工具建立固定连接的基体。在草绘模式中绘制如图 9-50 所示的拉伸截面,拉伸深度为"72",从底部向上拉伸,完成的结果如图 9-51 所示。

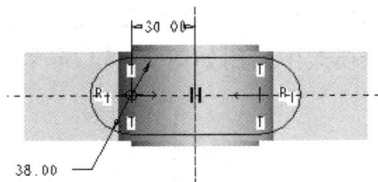

图 9-50 固定连接的拉伸截面

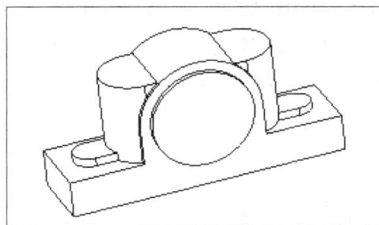

图 9-51 建立的固定连接

Step5. 使用"拔模"工具建立拔模特征。选择图 9-52 中箭头 1 指示平面作为中性面和拔模方向参考,箭头 2、箭头 3 指示的面为拔模面,拔模角度为"8°",完成的拔模特征如图 9-53 所示。

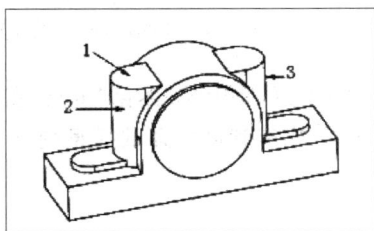

图 9-52 拔模参照选择

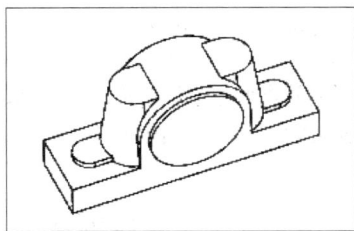

图 9-53 完成的拔模特征

Step6. 使用"孔"工具在底座上建立安装孔,如图 9-54 所示。

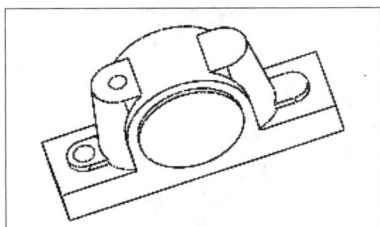

图 9-54 建立的安装孔

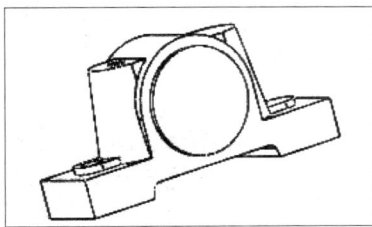

图 9-55 切割底座

Step7. 使用"拉伸"工具切割底座,如图9-55所示。

Step8. 镜像复制安装孔,如图9-56所示。

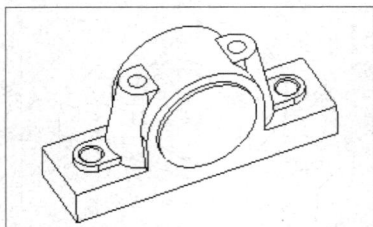

图9-56 镜像复制安装孔

图9-57 建立轴承装配孔的草图

Step9. 使用"旋转"工具切割轴承装配孔,在草绘模式中绘制如图9-57所示的旋转截面和旋转中心线,旋转"360°",调整材料移除方向,完成的结果如图9-58所示。

Step10. 使用"倒角"、"倒圆角"工具,对模型相应边线修饰。

Step11. 使用"拉伸"工具建立切割曲面。在拉伸特征操控板选择曲面方式、选择关于草绘平面双向对称拉伸,设置拉伸深度为"60",在草绘模式中绘制如图9-59所示的折线。

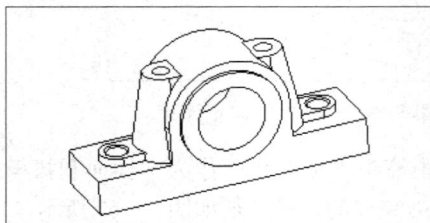

图9-58 切割轴承装配孔后的模型

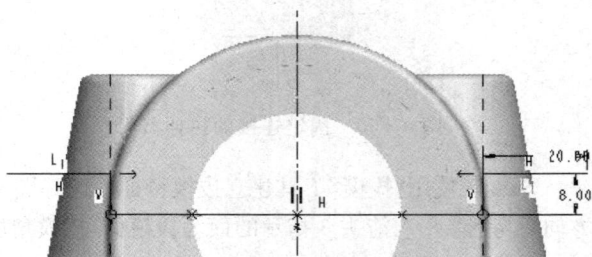

图9-59 建立切割曲面用的草图

Step12. 使用曲面切割实体。选择Step11建立的曲面,使用"实体化"工具,在实体化特征操控板选择切割方式,分别调整材料移除方向,完成轴承底座和轴承盖的模型建立,如图9-60所示。

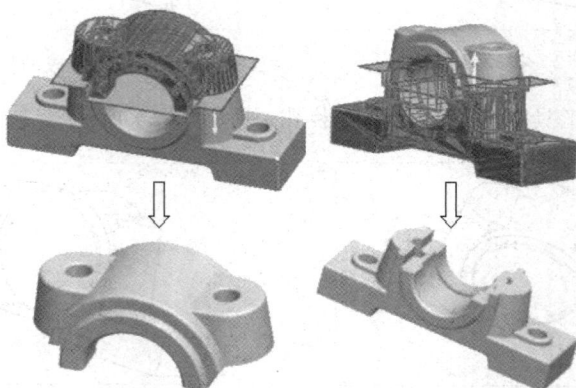

图9-60 完成轴承底座和轴承盖模型

Step13. 建立如图 9 - 60 所示的轴承座装配图。

图 9 - 61 轴承座完成的模型

(1)选择主菜单【文件/新建】命令,在打开的【新建】对话框中,取消【使用缺省模板】前的勾选,并命名组件的名称为"zhouchengzuo",单击【确定】按钮,在弹出的【新文件选项】对话框的【模板】下拉列表中,选择【design—asm—mmns】,单击【确定】按钮,进入公制装配模板。

(2)装配第一个零件——滑动轴承座,采用【默认的方式】装配。

(3)装配第二个零件——滑动轴承盖,采用轴【对齐】约束和【匹配】约束进行装配,如图 9 - 61所示。

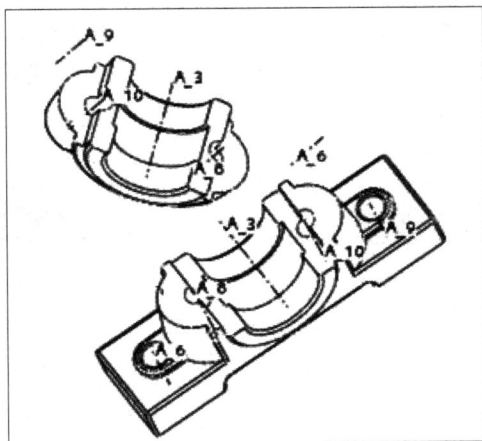

图 9 - 62 装配滑动轴承盖

第 10 章　工程图

Pro/ENGINEER Wildfire 5.0 提供了强大的工程图功能,可以将三维模型自动生成所需的二维视图。而且工程图与模型之间是全相关的,若修改了模型,其工程图将自动更新,反之亦然。

10.1　工程图的基本操作

10.1.1　使用缺省模板自动生成工程图

选择主菜单【文件/新建】命令,弹出图 10-1 所示【新建】对话框。在【类型】区域中单击【绘图】单选按钮,在【名称】文本框中输入文件名称,保留【使用缺省模板】复选框前复选标记,单击【确定】按钮,打开图 10-2 所示的【新制图】对话框。在【缺省模型】区域中选择欲生成工程图的模型文件,在【模板】下拉列表中选择图纸大小,单击【确定】按钮,进入工程图模式,且自动生成模型的 3 个视图。

图 10-1　【新建】对话框

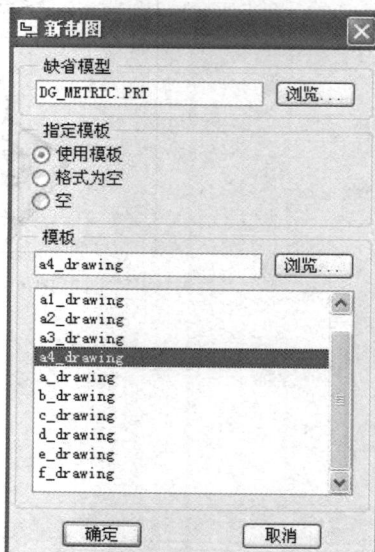

图 10-2　【新制图】对话框

注意:使用缺省模板自动生成的工程图往往不符合我国制图标准,一般不宜采用。

10.1.2　无模板方式生成工程图

在实际工作中经常采用无模板方式建立工程图,其操作方法如下:

(1)选择主菜单【文件/新建】命令,弹出图 10-1 所示【新建】对话框,在【类型】区域中单击【绘图】单选按钮,在【名称】文本框中输入文件名称,最后单击【使用缺省模板】复选框去掉复选标记,单击【确定】按钮,打开图 10-3 所示的【新制图】对话框,选择欲生成工程图的模型文件,在【指定模板】区域中选择【格式为空】或【空】单选按钮,在【方向】和【标准大小】区域中选择图纸方向和大小,单击【确定】按钮,进入工程图环境,显示一张带边界的空图纸。

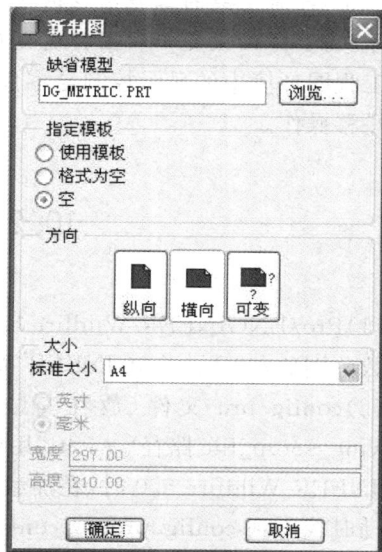

(2)在主视区上方的绘图工具栏中,单击创建一般视图 按钮,或选择主菜单【插入/绘图视图/一般】命令,在图形窗口给定视图位置,打开图 10-4 所示的【绘图视图】对话框,在此给定视图名称、视图方向,单击【确定】按钮。

图 10-3　使用空模板

图 10-4　【绘图视图】对话框

(3)创建投影视图:选择主菜单【插入/绘图视图/投影】命令,选择父视图,然后在图形窗口给定视图位置,则自动在该处生成相应的投影视图。

(4)修改视图:选择视图,单击鼠标右键,在快捷菜单中选择【属性】命令,打开图 10-4 所示的【绘图视图】对话框,在此可重新定义视图名称、视图类型、可见区域、比例、剖视图等。

(5)删除视图:选择视图,按"Delete"键。

注意：此时生成的工程图在很多方面都不符合我国的制图标准，如投影分角、文字标注样式等，需要详细设定工程图环境变量。

工程图环境中的显示控制与零件、装配等环境的不同，不能进行旋转操作，只能进行缩放和平移操作。

10.2　工程图环境变量

（1）Pro/ENGINEER Wildfire 5.0 提供几种工程图标注选择，如 JIS、ISO、DIN 等，其相关参数分别放在"Pro/ENGINEER Wildfire 5.0 安装目录\text\ * .dtl"文件中。

（2）config.pro 文件（放在安装目录中的 text 目录下或起始工作目录）中的语句"drawing_setup_file 路径\ * .dtl"用以加载相应文件中设置的工程图环境变量。启动 Pro/ENGINEER Wildfire 5.0 时，在加载 config.pro 的同时，也加载了其中指定的 * .dtl 文件。当启动时找不到 config.pro；或 config.pro 中未指定 * .dtl 文件；或 config.pro 中指定的 * .dtl 不存在时，自动使用"Pro/ENGINEER Wildfire 5.0 安装目录\text\ prodetail.dtl"中的工程图环境变量的设置。

（3）工程图环境变量举例：见表 10-1。

表 10-1　工程图环境变量举例

环境变量	设置值	含义
drawing_text_height	3.500000	工程图中的文字字高
text_thickness	0.00	文字笔画宽度
text_width_factor	0.8	文字宽高比
projection_type	THIRD_ANGLE/ FIRST_ANGLE	投影分角为第三/第一角分角，我国采用第一分角 FIRST_ANGLE
tol_display	YES/NO	显示/不显示公差
Drawing_units	Inch/foot/mm/cm/m	设置所有绘图参数的单位

（4）修改工程图环境变量的方法

① 编辑修改某一 dtl 文件，并将其通过"drawing_setup_file 路径\ * .dtl"指定在 config.pro 中。

② 在不使用 config.pro 的情况下，将设置值设定在"Pro/ENGINEER Wildfire 5.0 安装目录\text\prodetail.dtl"中。可以直接修改 prodetail.dtl 文件，或将做好的 dtl 文件命名为 prodetail.dtl。

③ 在 Pro/ENGINEER Wildfire 5.0 工程图环境中，选择主菜单【文件/属性/绘图选项】命令，打开图 10-5 所示的【选项】对话框，用以查找或修改工程图环境变量。

（5）在创建工程图之前，应进行详细的工程图环境变量的设置，如在图 10-5 中设置工程图的单位。

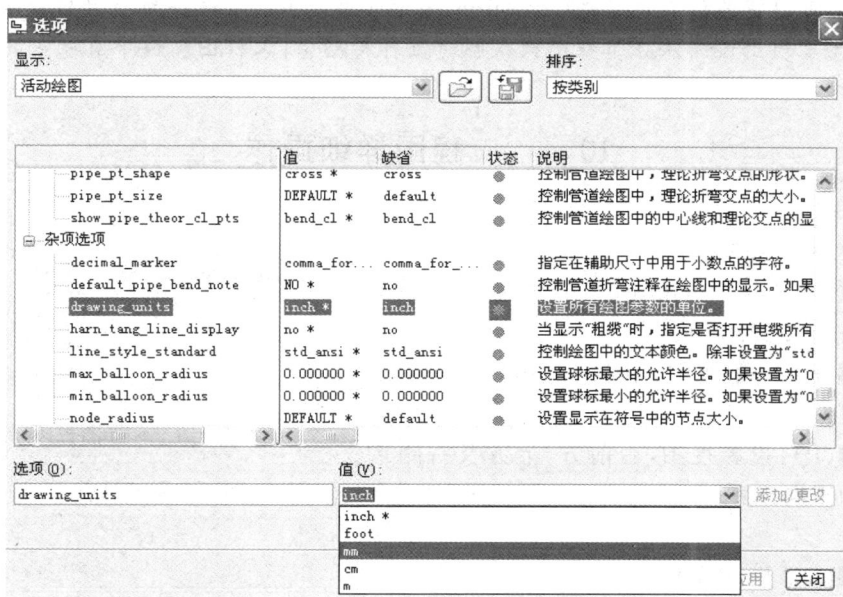

图 10 - 5　【选项】对话框

10.3　图框格式与标题栏

1. 使用系统定义的图框格式

Pro/ENGINEER Wildfire 5.0 系统自带若干个图框格式(放在"Pro/E 安装目录\
Formats\"下),选用这些图框格式,可以在新建工程图文档时,选择【文件/新建】命令,在【类型】区域中单击【绘图】单选按钮,在【名称】文本框中输入文件名称,单击【使用缺省模板】复选框去掉复选标记,单击【确定】按钮,打开图 10 - 3 所示的【新制图】对话框,在【指定模板】区域中选择【格式为空】单选按钮,最后在【格式】区域中选择一个系统给定的图框。

注意:Pro/ENGINEER Wildfire 5.0 自带的图框格式一般不满足我们的要求,需要自己定义图框格式。

2. 用户自定义图框格式与标题栏

(1)选择主菜单【文件/新建】命令,单击【绘图】单选按钮,输入文件名称,去掉【使用缺省模板】复选框复选标记,单击【确定】按钮,打开【新制图】对话框,在【指定模板】区域中选择【空】,然后选定图纸的方向及大小,单击【确定】按钮。

(2)进入工程图模式,定义一种图框格式。选择主菜单的【表/插入/表】命令或单击工具栏中的 按钮创建标题栏。也可以用右侧工具栏中的绘制工具绘制并编辑标题栏。

(3)将设计好的标准图框和标题栏保存(存为 frm 文件),以后在进行工程图绘制时,通过在新建工程图文档时的【新制图】对话框中的【指定模板】区域中选择【格式为空】,然后选定已保存的 frm 文件。

注意：①可以将其他二维软件(如 AutoCAD)中画好的图框保存为 frm 格式来使用。

②可用上述方法在工程图模式临时制作标题栏，工程图环境中有相应的工具。

10.4　工程图详细操作

1. 工程图视图类型

Pro/ENGINEER Wildfire 5.0 中视图类型主
要有图 10-6 所示的几种：

【一般】(E)：一般视图，用来创建第一个视图或
三维轴测视图。

图 10-6　工程图视图类型

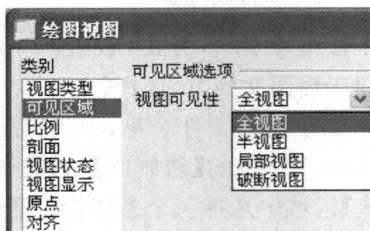

【投影】(P)：投影视图，由前方、上方及右侧来
观察物体的正向投影，必须先建立一般视图，才能创建投影视图，系统默认的投影方式为第 3
视角投影。

【详图】(D)：局部放大图。

【辅助】(A)：建立辅助视图。

【旋转】(R)：旋转视图。

一般视图、投影视图、辅助视图根据其可见区域不同，又分为四种形式，如图 10-7 所示：

全视图、半视图(只显示视图的一半)、破断视图(又称作断裂视图)、局部视图(只显示视
图的一部分，并不放大，与局部放大视图有区别)。

各类视图皆可制作为剖视图。对于剖视图，可分为以下几种类型，如图 10-8 所示。

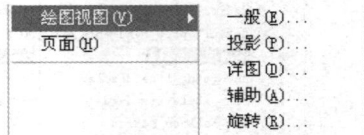

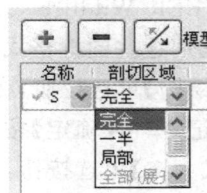

图 10-7　视图类型　　　　　图 10-8　剖视图类型

【完全】——建立全剖视图。

【一半】——建立半剖视图。

【局部】——建立局部剖视图。

【全部展开】——创建的视图显示一般视图全部展开的剖面。

【全部对齐】——创建的视图显示一般视图、投影视图、辅助视图或全视图的对齐剖面。

注意：

定义视图类型、可见区域、比例、剖面等都可以在【绘图视图】对话框中完成，这里也是工
程图操作的关键部分。

在图形窗口选择已创建的视图，单击鼠标右键，在快捷菜单中选择【属性】命令，便能打

开【绘图视图】对话框。

2. 剖视图的操作

在图形窗口选择已创建的视图,单击鼠标右键,在快捷菜单中选择【属性】命令,打开如图 10-9 所示的【绘图视图】对话框,选择【类别】区域中选择【剖面】命令,在【剖面选项】区域中选择【2D 截面】单选按钮,单击 ✚ 按钮,选取模型剖面或创建剖面,确定剖切区域、参照、边界、箭头显示等选项,单击【确定】按钮。

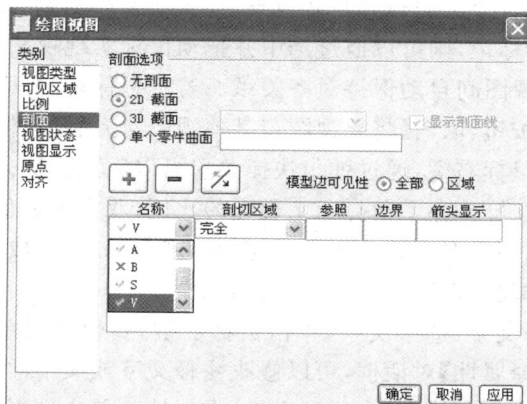

图 10-9　作剖视图

模型也可在零件或装配模式中选择主菜单【视图/视图管理器】命令,在弹出的【视图管理器】对话框的【X 截面】选项中创建剖面,在工程图中直接选择该剖面来生成剖视图。

3. 局部放大图的操作

选择主菜单【插入/绘图视图/详图】命令,在现有视图上选取要放大区域的中心点,绕放大中心点绘制一封闭曲线,以定义放大部分,给定局部放大视图放置的位置。

在刚生成的局部放大图上,单击鼠标右键,在快捷菜单中选择【属性】命令,打开【绘图视图】对话框,修改局部放大图的比例等细节。

在视图的注释文字处,单击鼠标右键,弹出图 10-10 所示的快捷菜单,选择【属性】命令,打开图 10-11 所示的【注释属性】对话框,可以修改注释文字或文字样式。

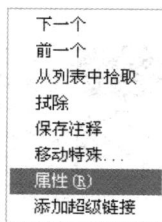

图 10-10　快捷菜单　　　　　　　　　　图 10-11　【注释属性】对话框

工程图中其他注释文字的编辑与上述方法类似。

图 10-10 菜单中的【拭除】命令用以将注释文字隐藏。

4. 向视图的操作

单击主菜单【插入/绘图视图/辅助】命令,指定向视图斜边,给定视图放置位置。

5. 编辑视图

(1)调整视图位置:为防止意外移动视图,缺省状态下视图被锁定在放置位置。要调整视图位置必须先解锁视图:单击 按钮或选取视图,单击鼠标右键,在快捷菜单中取消【锁定视图移动】命令前的选择标记,则可以通过选中并拖动鼠标实现视图的移动。

调整视图位置时各视图间自动保持对齐关系。若不想保持对其关系,可以打开【绘图视图】对话框,单击【对齐】按钮,取消【将此视图与其他视图对齐】复选框前复选标记。

(2)选择视图,单击鼠标右键,通过弹出快捷菜单可以完成大部分视图的编辑。

(3)修改视图比例:在屏幕左下角显示工程图的比例,双击该数值,在提示栏输入新的数值,可以改变工程图的比例。对于单独指定了比例的视图(如局部放大图),则在【绘图视图】对话框【类别】区域中选择【比例】命令来改变视图比例。

(4)修改视图的注释文字:选中文字,单击鼠标右键,在快捷菜单中选择【属性】命令,打开图 10-11 所示的【注释属性】对话框,可以修改注释文字或文字样式。

(5)修改剖面线:选中剖面线,单击鼠标右键,在快捷菜单中选择【属性】命令,打开【修改剖面线】菜单管理器,则可对剖面线进行相应的编辑,如图 10-12 所示。

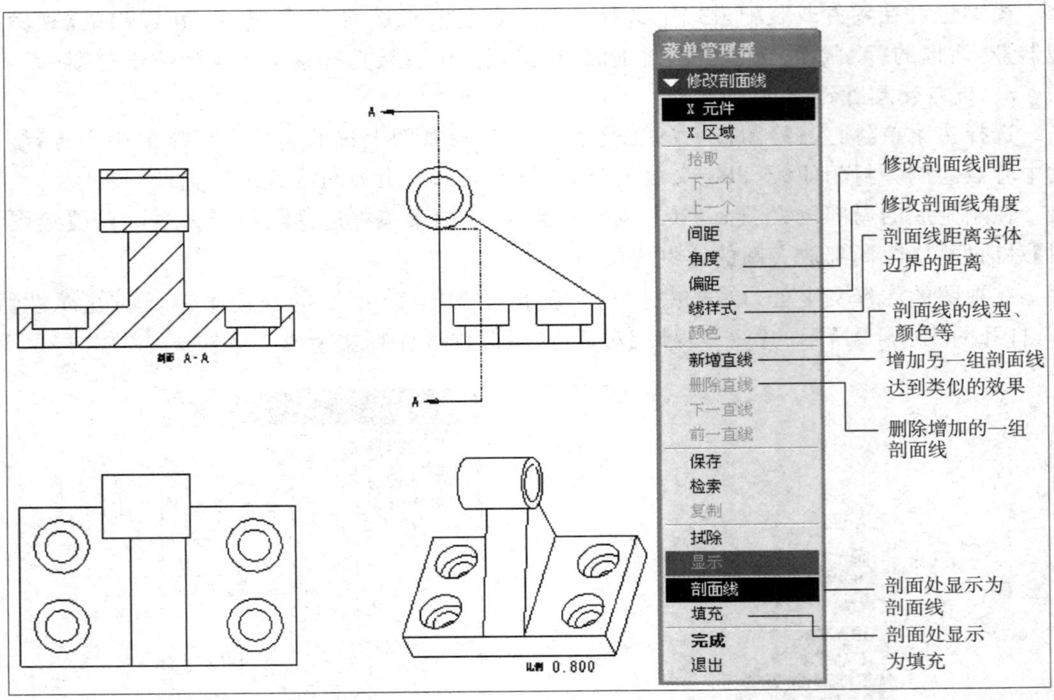

图 10-12   编辑剖面线(修改图片)

6. 尺寸标注

(1)标注尺寸

单击标准工具栏中按钮,或选择主菜单【视图/显示/拭除】命令,打开如图 10-13 所示的【显示/拭除】对话框,可以显示或拭除模型尺寸、形位公差、表面粗糙度等模型上已存在的项目。

图 10-13　【显示与拭除】对话框

(2)调整尺寸

选中尺寸,可以通过拖动调整尺寸及尺寸数字的位置。

选中尺寸,单击鼠标右键,弹出图 10-14 所示的快捷菜单。

图 10-14　编辑尺寸(修改图片)

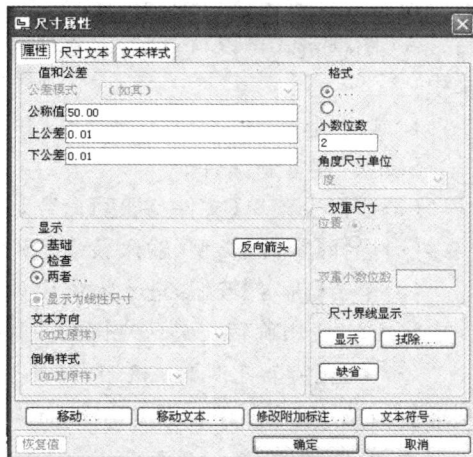

图 10-15　【尺寸属性】

【拭除】：隐藏尺寸。

【显示为线性】：对于直径尺寸，将其显示为长度尺寸形式。

【将项目移动到视图】：将某一尺寸切换到其他视图上。

【修改公称值】：改变尺寸值，更新视图后模型尺寸随之改变。

【反向箭头】：改变箭头方向。

【属性】：改变尺寸属性。选择【属性】命令，打开如图 10-15 所示的【尺寸属性】对话框，可以详细修改尺寸标注的格式。

（3）尺寸公差的设置

显示公差，应先设置工程图环境变量"Tol_display"="Yes"。

修改公差值：选中尺寸，单击鼠标右键，在快捷菜单中选择【属性】命令，在如图 10-15 所示的【尺寸属性】对话框中可以设置公差标注形式及公差值。

10.5　实例练习——围套零件的工程图

制作如图 10-16 所示围套零件的工程图。

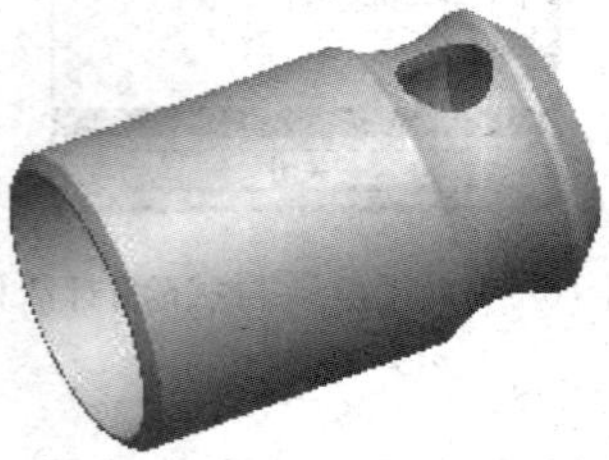

图 10-16　围套

该零件比较简单，只需要一个视图即可完全描述，可以采用 A4 图框格式来制作。

A4 图框格式可以自行定义，将已经定义好的 A4 图框保存在工作目录中或系统格式目录中。

1. 零件建模

Step1. 建立新文件

（1）选择主菜单【文件/新建】命令，打开【新建】对话框。

（2）选择【零件】类型，输入新建文件名称"weitao. prt"。

（3）单击【确定】按钮，进入零件设计工作模式。

Step2. 使用旋转工具建立围套主体

（1）单击【旋转工具】按钮，打开旋转特征操控板。单击【定义/草绘】，选择"FRONT"基准面为草绘平面，"RIGHT"基准面为参照，单击【草绘】按钮，进入草绘工作模式。

（2）绘制如图 10-17 所示的一条竖直中心线和旋转截面。单击✔按钮，完成旋转特征的建立，结果如图 10-18 所示。

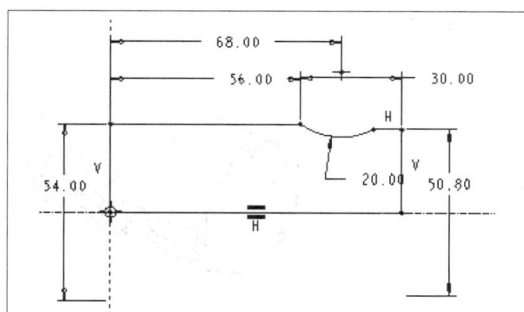

图 10-17 旋转截面

图 10-18 旋转效果图

Step3. 建立倒角特征

单击【倒角工具】✎ 按钮,打开倒角特征操控板。设置参数如图 10-19 所示,选择倒角对象为如图 10-20 所示的边,结果如图 10-21 所示。

图 10-19 设置参数

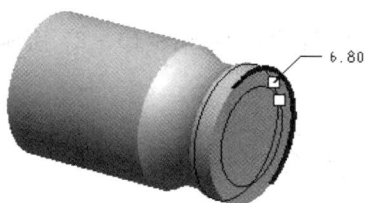

图 10-20 选择倒角边

图 10-21 创建的倒角

Step4. 建立抽壳特征

单击【壳工具】▣ 按钮,打开抽壳特征操控板。设置参数如图 10-22 所示,选择底面为材料去除表面,结果如图 10-23 所示。

图 10-22 设置参数(修改图片)

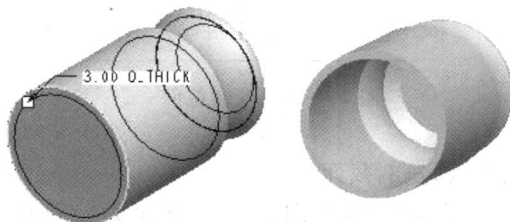

图 10-23 抽壳特征

Step5. 建立边倒角特征

单击【倒角工具】◢ 按钮,打开倒角特征操控板。设置参数如图 10-24 所示,选择倒角对象为如图 10 - 25 所示的边,结果如图 10 - 26 所示。

图 10 - 24　设置参数

图 10 - 25　选择倒角边

图 10 - 26　创建的倒角

Step6. 拉伸创建孔特征

单击【拉伸工具】按钮,打开拉伸特征操控板。设置参数如图 10 - 27 所示,绘制草绘截面如图 10 - 28 所示,完成结果如图 10 - 29 所示。

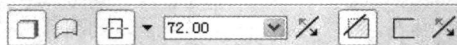

图 10 - 27　设置参数

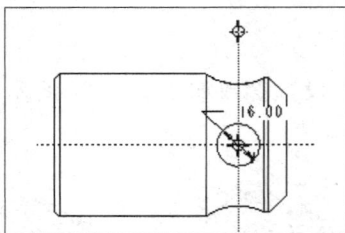

图 10 - 28　绘制截面

图 10 - 29　创建的孔

Step7. 创建剖截面

在主菜单中选择【视图/视图管理器】命令,在弹出的【视图管理器】对话框中选择【X 截面】选项,单击【新建】按钮,输入剖面名称"A",回车,在弹出的【剖截面创建】菜单中选择【平面/单一/完成】命令,然后选择"FRONT"基准面为剖截面,在【视图管理器】对话框中单击【关闭】按钮,完成剖截面 A 的创建,如图 10 - 30 所示。

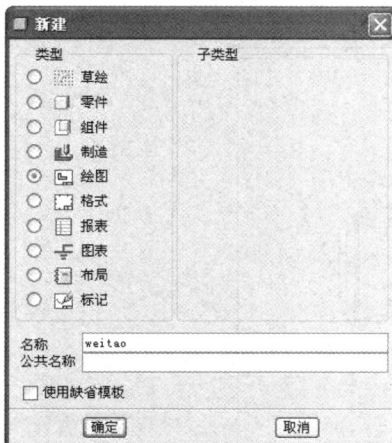

图 10 - 30　【视图管理器】对话框与【剖截面创建】菜单

2. 创建工程图

Step1. 视图制作

（1）单击【文件/新建】命令，弹出【新建】对话框，选择【绘图】类型，在【名称】文本框中输入"weitao"做为工程图名称，取消【使用缺省模板】复选框的复选标记，如图 10 - 31 所示。

（2）单击【确定】按钮，打开【新制图】对话框，选择【weitao】，将格式设置为已经保存 A4 图框，如图 10 - 32 所示。

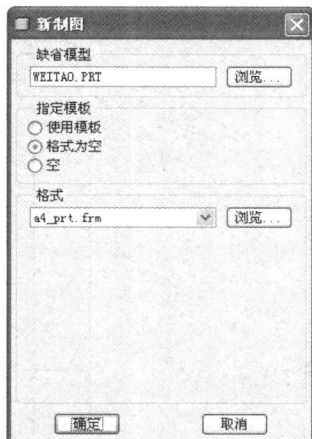

图 10 - 31　【新建】对话框

图 10 - 32　【新制图】对话框

（3）单击【确定】按钮，进入到围套的工程图制作环境中，选择【插入/绘图视图/一般】命令添加视图，如图 10 - 33 所示。

（4）在绘图区单击一点为视图的放置位置，弹出图 10 - 34 所示的【绘图视图】对话框，在类别区域中选择【剖面】命令，在【剖面选项】区域中选择【2D 截面】单选按钮，单击 ➕ 按钮，在【名称】下拉列表中选择剖截面 A，单击对话框中的【确定】按钮，创建的视图如图 10 - 35 所示。

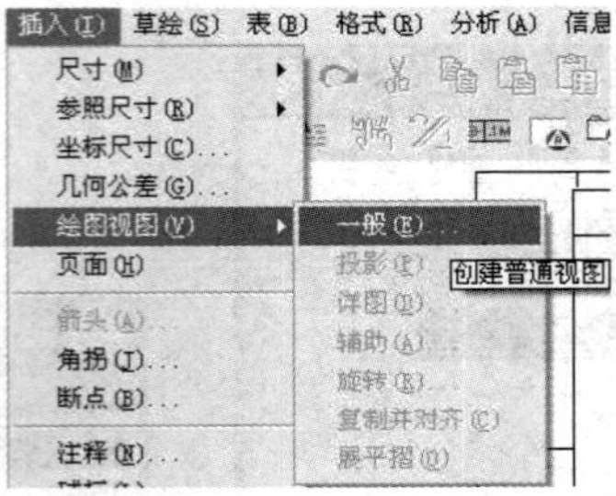

图 10-33　创建一般视图

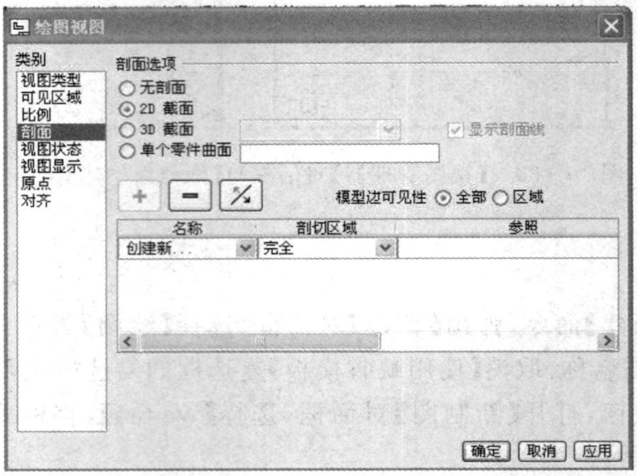

图 10-34　【绘图视图】对话框

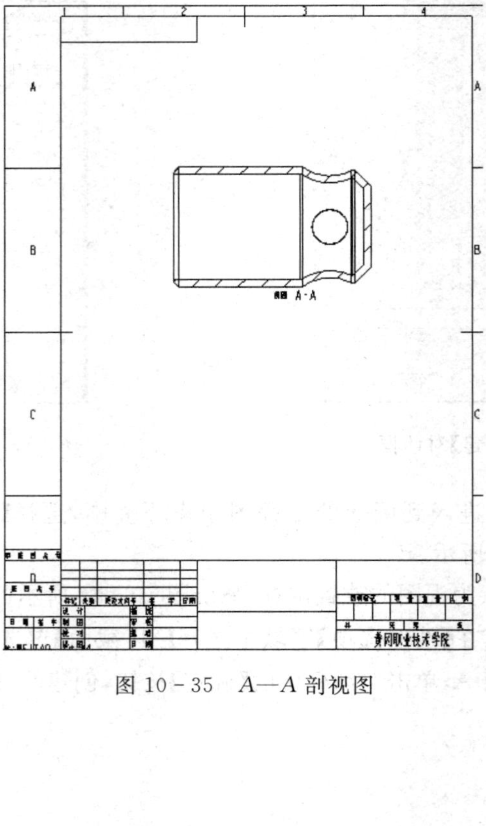

图 10-35　A—A 剖视图

Step2. 创建尺寸、基准、几何公差及表面粗糙度

（1）在导航工具栏中单击【模型树】品 按钮，打开模型树，在模型树内通过选择右键快捷菜单命令来分别显示各特征尺寸，并进行一定的编辑，完成后如图 10-36 所示。

图 10-36　创建尺寸

（2）创建基准轴。选择【基准轴工具】 按钮，打开如图 10-37 所示对话框。输入名称"V"，单击 -A- 按钮，再单击【定义】按钮，弹出【基准轴】菜单。选择【过柱面】命令了，选择如图 10-38 所示面，即生成基准轴 V。

图 10-37　【轴】对话框和【基准轴】菜单（修改图片）

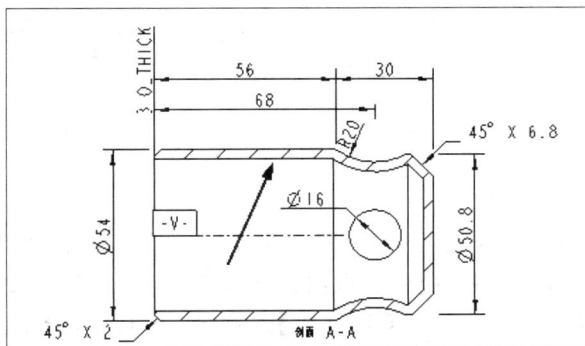

图 10-38　创建基准轴

（3）选择主菜单【插入/几何公差】命令或单击【创建几何公差】 按钮添加几何公差。

（4）打开【几何公差】对话框,在公差符号栏中选择【径向跳动】,在【参照类型】中选择【曲面】选项,然后单击【选取图元】按钮,选择基准 V 所在平面,然后,在【放置类型】中选择【法向引线】选项,如图 10-39 所示。

图 10-39 【几何公差】对话框

（5）打开【导引形式】菜单,选择【箭头】选项,如图 10-40 所示。

（6）系统提示选择公差的附着图元,在图中选择如图 10-41 所示的倒角边。

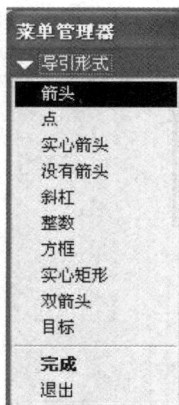

图 10-40 【导引形式】
菜单(修改)

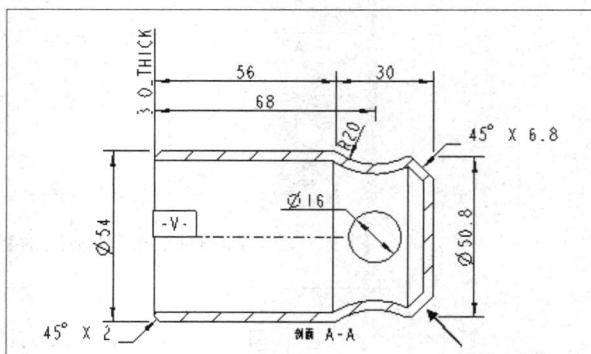

图 10-41 选择边

（7）在合适位置单击一点为放置位置,即出现几何公差的预览,继续打开【基准参照】选项卡,在【首要】选项卡的【基本】下拉列表框内选择基准 V,如图 10-42 所示。

（8）在【几何公差】对话框中打开【公差值】选项卡,在其中的【总公差】文本框中输入"0.04",如图 10-43 所示。单击【确定】完成几何公差的创建,如图 10-44 所示。

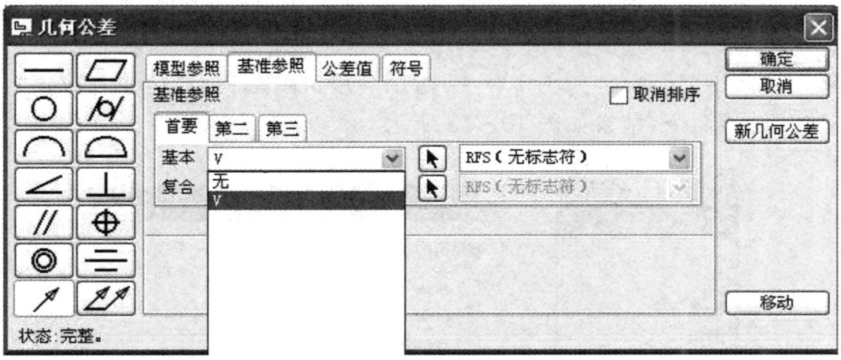

图 10 - 42　选择基准

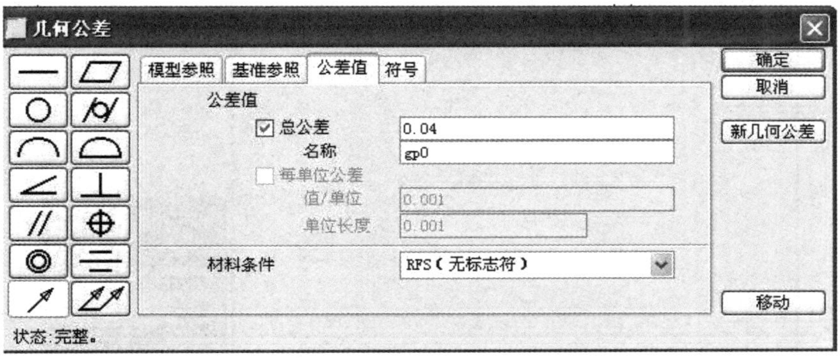

图 10 - 43　输入总公差值

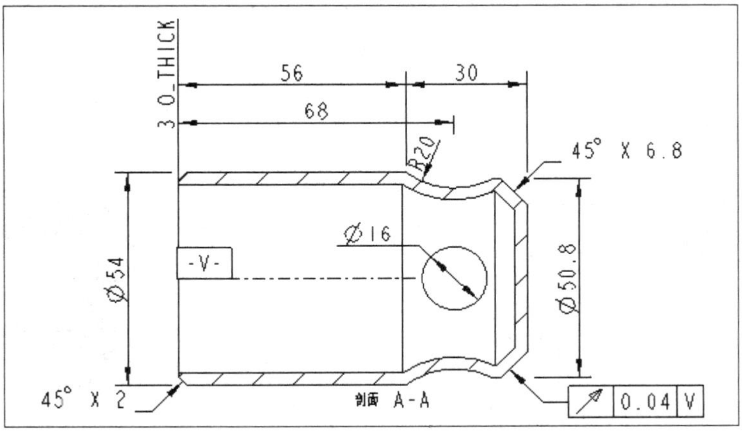

图 10 - 44　创建的几何公差

（9）创建表面粗糙度。

选择主菜单【插入/表面光洁度】命令，弹出如图 10 - 45 所示的菜单，选择【检索】命令，进入【打开】文件夹选项。选择"machined"文件夹，选择" standardl.sym "符号，打开【实例依附】菜单,选择【法向】命令,选择需要标注表面光洁度的边,输入数值"6.3"结果如图 10 - 46 所示。

再选择【无方向指引】命令,如图 10 - 47 所示。单击图纸右上方,输入数值"12.5",单击 【退出】、【完成/返回】命令,结果如图 10 - 48 所示。

图 10 - 45 【检索】、【打开】、【法向】选项

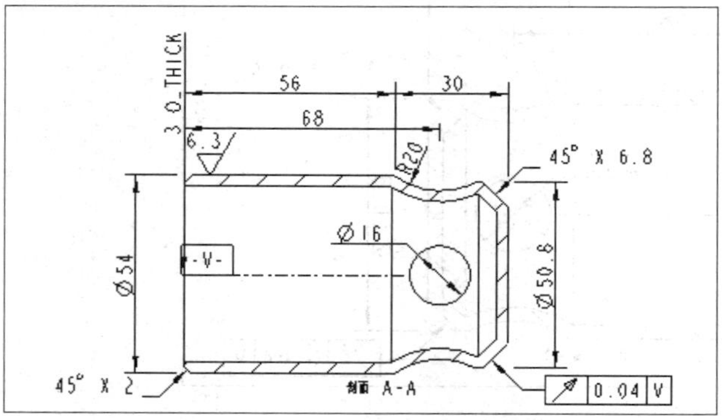

图 10 - 46 创建的表面粗糙度

图 10 - 47 【无方向指引】菜单

Step3. 编辑技术条件及完成标题栏

(1)选择主菜单【插入/注释】命令,打开【注释类型】菜单管理器,接受默认选项并选择 【制作注释】选项,如图 10 - 49 所示。

图 10-48　创建完后的表面粗糙度

图 10-49　【注释类型】菜单

（2）在图纸中合适位置单击一点，在消息区输入注释文本，如"技术条件"，连续按"ENTER"键两次，如图 10-50 所示。选择【完成/返回】按钮。

➡ 输入注释：技术条件

图 10-50　输入注释文本

（3）在绘图区选择"技术条件"，单击鼠标右键，快捷菜单中选择【属性】命令，打开【输入文本】对话框，直接在文本中输入技术要求的内容，如图 10-51 所示。单击【确定】按钮，完成技术要求的创建。

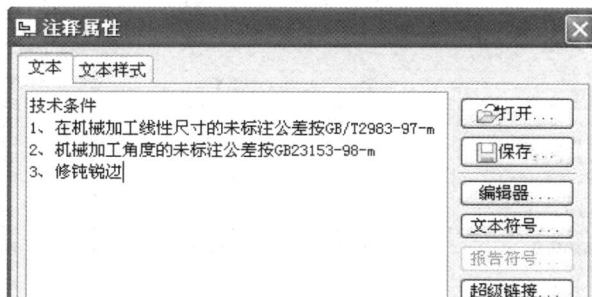

图 10-51　输入技术要求

（4）在标题栏还有一些需要填写的内容，也可按照插入注释的方法将其制作完成，如图 10-52 所示。

另外，有些图框上有反签区，可采用以下方法：首先输入"weitao"，然后单击鼠标右键，快捷菜单中选择【属性】命令，打开【文本样式】选项卡，在其中的【角度】文本框内输入"180"，如图 10-53 所示。

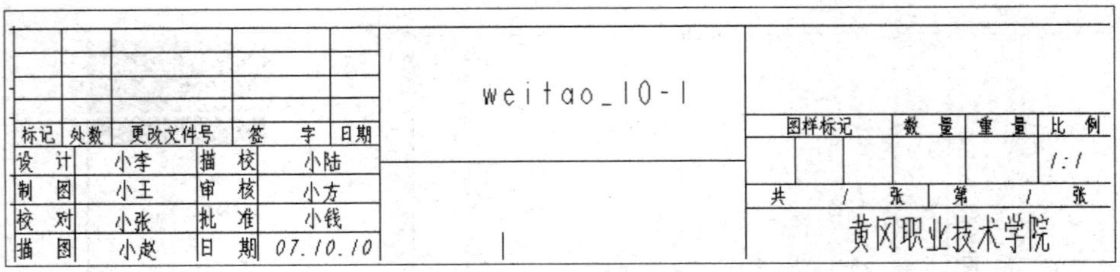

图 10-52 填写标题栏

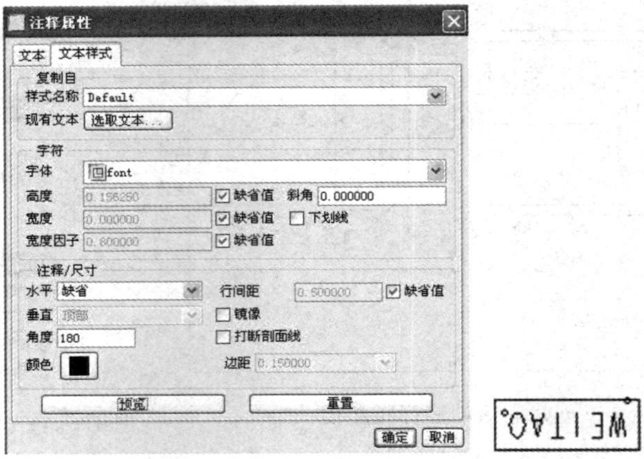

图 10-53 创建反签区

Step4. 通过文件属性修改参数

选择主菜单【文件/属性/绘图选项】命令,打开如图 10-54 所示的【选项】对话框。选择其中的"text_orientation"值改为"parallel_diam_horiz","draw_arrow_style"值改为"filled",单击【添加/更改】、【应用】按钮。结果文字平行尺寸放置,尺寸箭头改为实心,如图 10-55 所示。

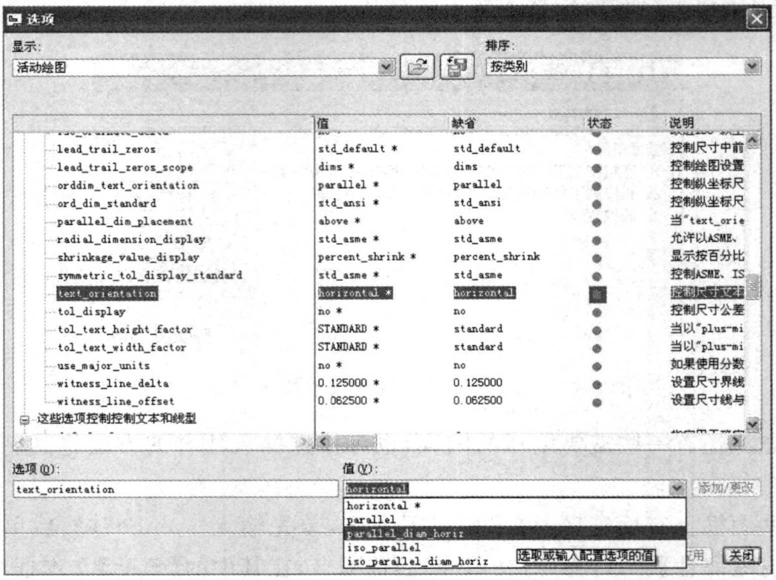

图 10-54 【选项】对话框

其余 $\frac{12.5}{\sqrt{}}$

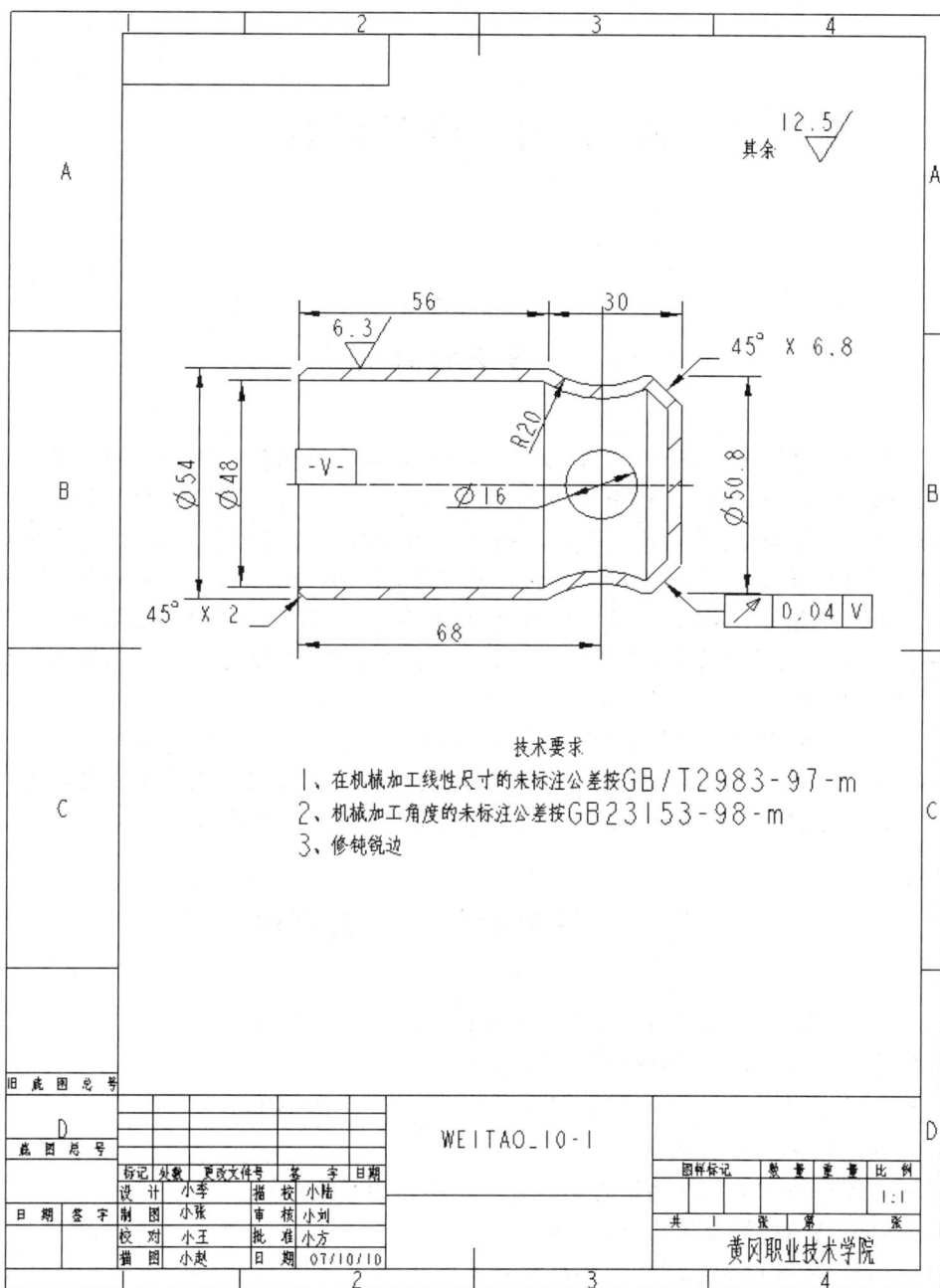

图 10-55 完成的围套工程图

技术要求
1、在机械加工线性尺寸的未标注公差按GB/T2983-97-m
2、机械加工角度的未标注公差按GB23153-98-m
3、修钝锐边

WEITAO_10-1

黄冈职业技术学院

第11章　模具设计

11.1　模具设计简介

Pro/ENGINEER Wildfire 5.0 中的 Pro/MOLDESIGN 模块提供了方便实用的三维环境下的模具设计与分析工具。利用这些工具,可以在有制件的三维造型情况下建立起模具装配模型、设计分型面、浇注系统及冷却系统,生成模具成形零件的三维造型,从而完成模具核心部分的设计工作;还可进行拔模检测、厚度检测、分型面检测、投影面积计算、充模仿真、开模仿真、干涉检测等,可使模具设计更为合理、准确,且能避免设计中不必要的重复。利用系统外挂的模架设计专家系统(如 EMX5.0)或者装配模块,可以进行模具的模架设计和总装配,然后利用工程图模块生成二维工程图纸。

此外,利用 Pro/ENGINEER Wildfire 5.0 的塑料顾问(Plastic Advisor),可以对已设计完成的模具的流动及充填情况进行分析研究,以便在模具投入制造之前就发现存在的设计问题,并有目的去进行改进设计,减少因设计失误造成的不必要损失。

11.2　模具设计的一般流程

基于 Pro/ENGINEER Wildfire 5.0 模具设计的一般过程如下:

(1)创建模具模型:装配或创建参照模型和工件;

(2)在参照模型上进行拔模检测,以确定它是否能顺利地脱模;

(3)设置模具模型的收缩率;

(4)定义体积块和分型曲面以将模具分割成单独的元件;

(5)抽取模具体积块以生成模具元件;

(6)增加浇口、流道和水线作为模具特征;

(7)填充模具型腔以创建制模;

(8)创建浇注件;

(9)定义开模步骤;

(10)使用"塑料顾问"执行"模具填充"检测;

(11)估计模具的初步尺寸并选取合适的模具基础元件;

(12)如果需要可装配模具基础元件;

(13)完成详细设计,包括对推出系统、水线和工程图进行布局。

下面通过五个实例重点介绍(1)～(9)步的内容。

11.3　实例练习——名片盒盖模具设计

1. 设计任务

设计题目:名片盒盖模具设计;

产品零件图及三维图如图 11-1 所示,材料:PC(聚碳酸酯),收缩率:0.4%～0.7%。

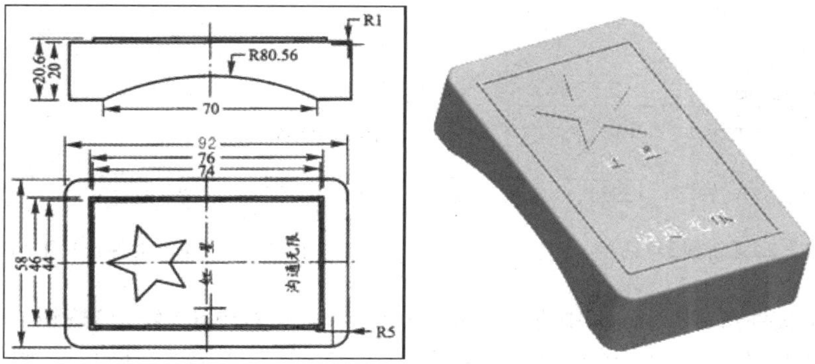

图 11-1　名片盒盖产品图

2. 设计方法

此零件的形状结构较为简单,在模具设计时既不需要抽芯也不需要滑块,只需要设计一个分型面,利用复制曲面和拉伸曲面的合并来创建出分型面,将工件分割成体积块,然后抽取模具元件、设计流道,生成铸件,最后打开模具。

设计操作如下:创建工件——→创建分型面——→分割体积块——→抽取模具元件——→创建浇注系统——→生成铸件——→打开模具。

3. 名片盒盖模具设计

Step1. 设置工作目录

(1)在 E 盘建立名片盒盖模具工程目录:"E:\MING-PIAN-HE-GAI",然后将随本书附赠的光盘中的 11 实例文件夹内的"ming pian he gai. prt"文件复制到"MING-PIAN-HE-GAI"目录中。

(2)打开 Pro/ENGINEER Wildfire 5.0 进入工作界面,在主菜单中选择【文件/设置工作目录】,打开【选择工作目录】对话框,选择建立好的【MING-PIAN-HE-GAI】目录,单击【确定】。

Step2. 新建模具设计文件

(1)单击标准工具栏中的 按钮,或选择【文件/新建…】菜单命令,打开【新建】对话框,如图 11-2 所示。

(2)在【新建】对话框的【类型】区域中选择【制造】单选按钮,在【子类型】区域中选择【模具型腔】单选按钮,在【名称】文本框中输入文件名:"MING－PIAN－HE－GAI",最后单击【使用缺省模板】复选框去掉该复选标记,单击【确定】按钮,打开【新文件选项】对话框,如图 11－3 所示。

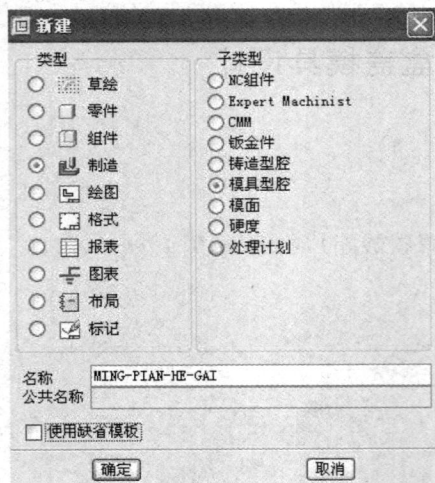

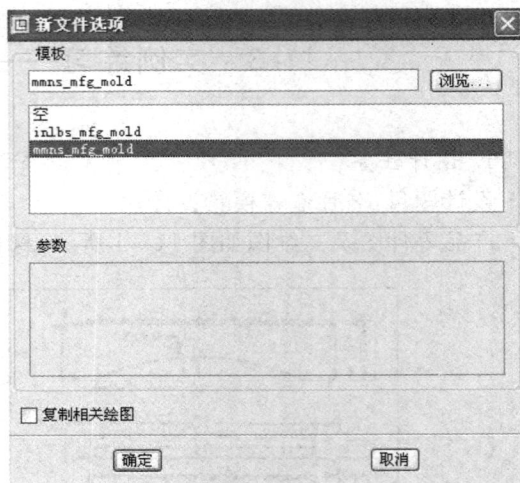

图 11－2 【新建】对话框   图 11－3 【新文件选项】对话框

(3)在【新文件选项】对话框中选择【mmns_mfg_mold】,单击【确定】按钮,进入模具设计模式,此时屏幕左边的模型树中加入了一个装配文件名【MING － PIAN － HE － GAI. ASM】,在图形区可看到 3 个正交的基准平面。

(4)单击标准工具栏中的▦按钮保存文件。

Step3. 建立模具模型

(1)在菜单管理器中选择【模具模型/装配/参照模型】命令,弹出【打开】对话框。

(2)在【打开】对话框中选择"ming pian he gai. prt"零件,单击【打开】按钮,参考零件出现在屏幕上。

(3)在主视区下方的元件放置操控板上的【约束类型】下拉列表中选择【对齐】,单击【放置】按钮,如图 11－4 所示。在弹出的上滑面板【→对齐】区域中单击【选择元件项目】,用鼠标选择参考零件的"Right"基准平面,再单击【选择组件项目】区域,用鼠标选择装配模型的"Mold_Right"基准平面,此时,参考零件的"Right"基准平面与装配模型的"Mold Right"基准平面对齐。

图 11－4 元件放置操控板(图片已改)

单击【 →新建约束】,在【约束类型】下拉列表中选择【对齐】;再单击【选择元件项目】,用鼠标选择参考零件的"Front"基准平面;然后,单击【选择组件项目】区域,用鼠标选择装配模型的"Mold_Front"基准平面。此时,参考零件的"Front"基准平面与装配模型的"Mold Front"基准平面对齐。

同理,将参考零件的"Top"与装配模型的"MAIN PARTING PLN"基准平面对齐。

三次"对齐"操作已经消除参考零件的所有自由度,此时元件放置操控板的【状态】显示为"完全约束",单击☑按钮,打开如图 11-5 所示的【创建参照模型】对话框。

图 11-5　【创建参照模型】对话框(图片已改)

(4)接受【创建参照模型】对话框中默认的参照模型名称:"MING－PIAN－HE－GAI REF"(或输入自定义的参照模型名称),单击【确定】按钮,完成参考零件的装配,在菜单管理器中选择【完成/返回】命令回到系统主菜单,装配好的参考零件模型如图 11-6 所示。

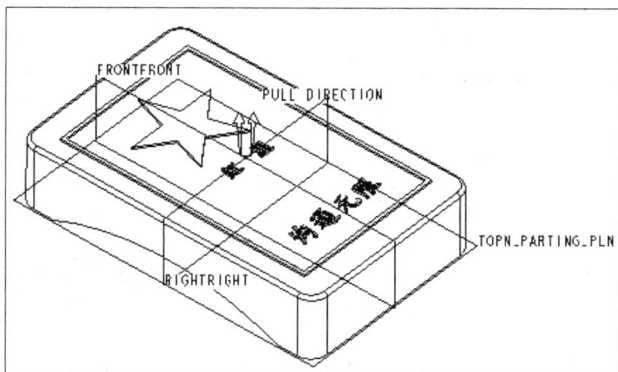

图 11-6　参考零件

Step4. 建立毛坯模型

(1)在菜单管理器中选择【模具模型/创建/工件/手动】命令,打开如图 11-7 所示的【元件创建】对话框。

(2)在【元件创建】对话框中输入名称为:"ming－pian－he－gai－wrk",点击【确定】按钮。同时打开【创建选项】对话框,选择【创建特征】,点击【确定】按钮,如图 11-8 所示。

(3)在菜单管理器中选择【加材料/拉伸/实体/完成】命令,在主视区下方的拉伸操控板上单击【放置】按钮,单击【定义…】,打开【草绘】对话框,选【MAIN PARTING PLN】基准面为草绘平面,以【RIGHT】平面为参照面,单击【草绘】按钮,进入草绘界面,选取参照,绘制如图 11-9 所示的截面,单击 ✔ 按钮,在拉伸操控板上单击【选项】按钮,在【选项】对话框中分别选择和输入如图 11-10 所示。

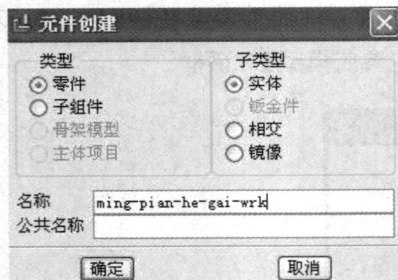

图 11-7 【元件创建】对话框

图 11-8 【创建选项】对话框

(4)单击☑按钮,再单击【完成/返回】回到主菜单,完成工件的创建。

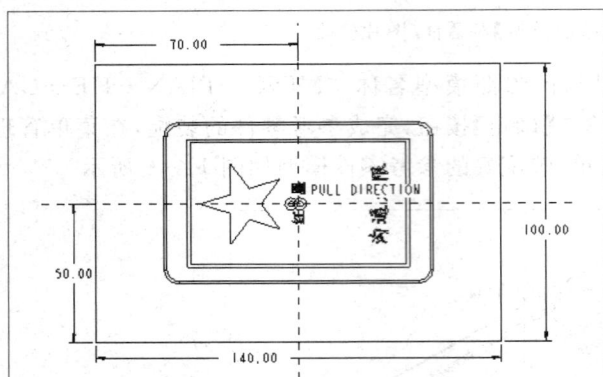

图 11-9 工件截面

图 11-10 【选项】对话框

Step5. 设置收缩率

(1)在菜单管理器中选择【收缩/按尺寸】命令,系统打开【按尺寸收缩】对话框,在【公式】一栏选用公式"1+S",【比率】一栏输入收缩率 0.005,设置如图 11-11 所示,然后单击 ✔ 按钮。

(2)在菜单管理器中选择【完成/返回】命令完成收缩率设置,回到系统主菜单。

(3)单击🖫按钮保存文件。

Step6. 设计浇道系统

(1)菜单管理器中选择【特征/型腔组件/实体/切减材料/旋转/完成】命令。

(2)在主视区下方的旋转特征操控板上单击【位置】按钮,单击【定义…】,打开【草绘】对话框。

(3)选择如图 11-12 所示的【MOLD FRONT】基准平面作为绘图面,以【MOLD RIGHT】平面为参照面,单

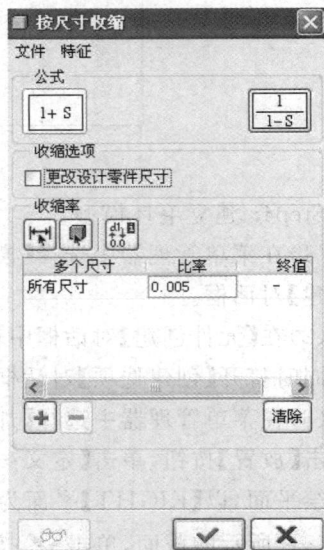

图 11-11 【按尺寸收缩】对话框

击【草绘】对话框中的【草绘】按钮。

（4）系统默认【MOLD RLGHT】基准平面和【MAIN PARTING PLN】基准平面为参照，再选择主菜单【草绘/参照】命令，选取如图 11-13 所示的边线为参照，单击【参照】对话框中的【关闭】按钮。

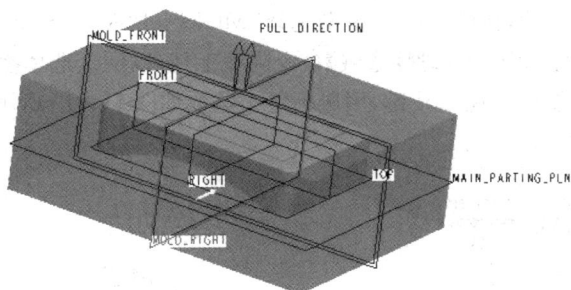

图 11-12　选择绘图面

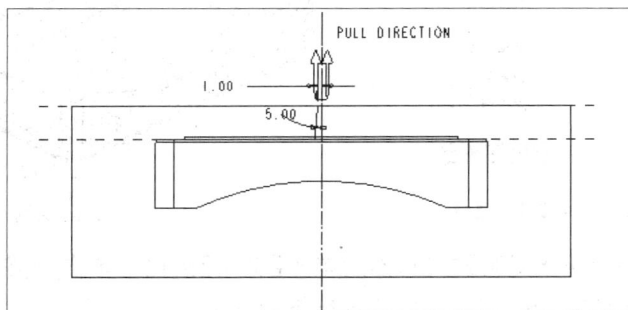

图 11-13　流道截面

（5）在截面图绘制环境中单击 ＼ 按钮绘制如图 11-13 所示的截面，截面放大图如图 11-14 所示。

（6）在截面图绘制环境中单击 ⋮ 按钮建立旋转中心线，单击 ✔ 按钮完成截面绘制，单击 ✔ 按钮完成流道建立。

（7）在菜单管理器中选择【完成/返回】命令返回系统主菜单，建立的浇道系统如图 11-15 所示。

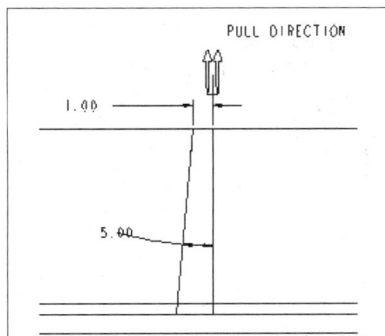

图 11-14　流道截面放大图

图 11-15　浇道系统

(8)单击🖫按钮保存文件。

Step7. 设计分模面

1. 创建曲面复制特征

(1)单击【分型曲面工具】按钮▢。

(2)在如图 11－16 所示，在模型树上单击选择"MING－PIAN－HE－GAI－WPK.PRT"，按右键弹出快捷菜单，在快捷菜单中选择【隐藏】命令隐藏毛坯，以便于选择参考零件上的曲面。

(3)单击参考零件，然后按住 Ctrl 键，用鼠标逐一选取如图 11－17 所示模型盒里的所有曲面。

图 11－16　选择【隐藏】命令

图 11－17　曲面复制

(4)先单击标准工具栏【复制】按钮，然后单击【粘贴】按钮。单击☑按钮，完成曲面复制。此时还在分模面建立状态，不要退出，接着进行下面的操作。

2. 新建拉伸曲面特征

(1)首先恢复隐藏的毛坯模型，然后在特征工具栏中单击 ⬚ 按钮，在主视区下方的拉伸操控板上单击【放置】按钮，单击【定义…】，打开【草绘】对话框，单击鼠标选择如图 11－18 所示的毛坯的前面为草绘平面，系统提示选择【顶】，单击鼠标选择毛坯的顶面为"顶"参照面。

(2)选择毛坯模型的互相垂直的边作为绘图参考边，选择绘图参考后进入截面图绘制环境，单击 ▢ 按钮和 ╲ 按钮绘制如图 11－19 所示的截面。

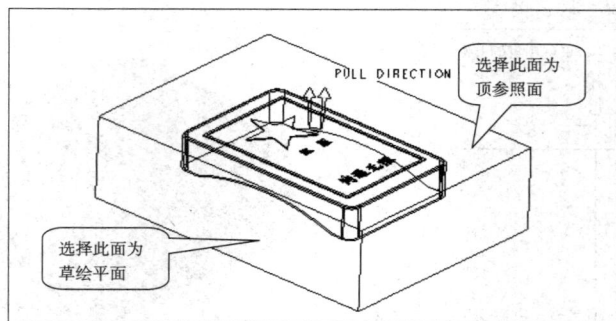

图 11－18　草绘平面与顶参照面

（3）在截面绘制环境中单击 ✔ 按钮，选取"盲孔"深度类型，输入曲面拉伸的深度 100（等于毛坯的宽度）。单击 ☑ 按钮完成拉伸曲面建立。注意不要退出，接着进行下面的操作。

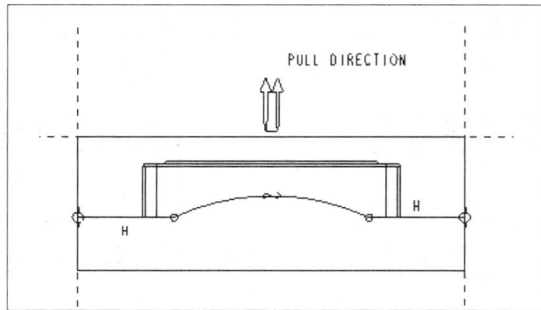

图 11-19　曲面截面

3. 曲面合并特征

（1）按住 Ctrl 键，依次选取前两步做的分型面（才能激活特征工具栏【合并工具】按钮），单击特征工具栏【合并工具】按钮 ⟳，最后单击 ☑ 按钮完成曲面合并，生成的分型面（隐藏毛坯模型和参考模型），如图 11-20 所示。

（4）然后单击 ✔ 按钮，恢复隐藏的毛坯模型和参考模型，完成分型面的图形如图 11-21 所示。

（5）单击 💾 按钮保存文件。

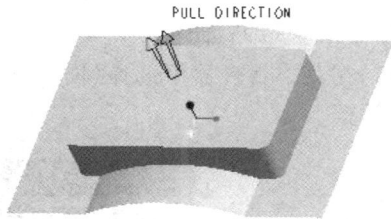

图 11-20　隐藏毛坯和参考模型后的分型面

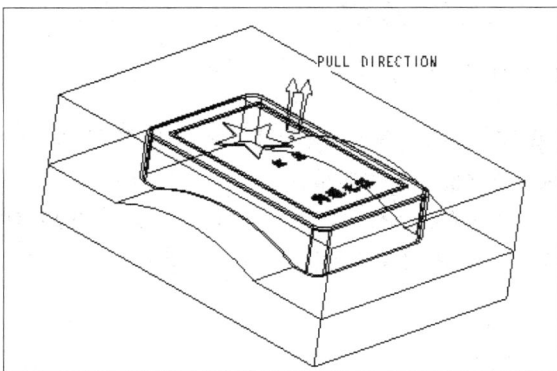

图 11-21　恢复隐藏后的分型面

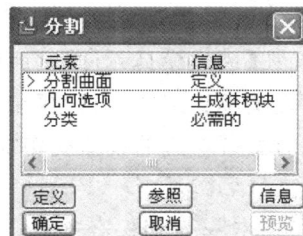

图 11-22　【分割】对话框

Step8. 拆模

（1）单击【分割为新的模具体积块】按钮 ▱，在菜单管理器中选择【两个体积块/所有工件/完成】命令，打开如图 11-22 所示的【分割】对话框。

（2）系统提示选择分模面，用鼠标在屏幕上单击上一步生成的分模面，分别单击【选取】

和【分割】对话框【确定】按钮,打开如图 11-23 所示的【体积块名称】对话框。

(3)在对话框中输入分模后屏幕上高亮显示部分的名称:MING-PIAN-HE-GAI-TM,单击【确定】按钮,再次打开如图 11-24 所示的【体积块名称】对话框。

(4)在对话框中输入分模后屏幕上另一高亮显示部分的名称:MING-PIAN-HE-GAI-AM,单击【确定】按钮,完成拆模。

图 11-23 【体积块名称】对话框   图 11-24 【体积块名称】对话框

(5)单击 按钮保存文件。

Step9. 提取凸、凹模

(1)在菜单管理器中选择【模具元件/抽取】命令,打开如图 11-25 所示的【创建模具元件】对话框。

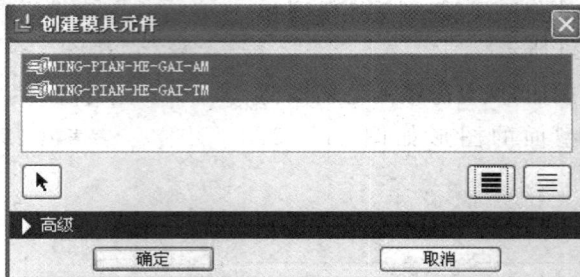

图 11-25 【创建模具元件】对话框

(2)在【创建模具元件】对话框中单击 按钮,然后单击【确定】按钮完成模具凸、凹模的提取。在菜单管理器中选取【完成/返回】命令回到系统主菜单。

此时屏幕左边的模型树中加入了凸模文件名【MING-PIAN-HE-GAI-TM.PRT】和凹模文件名【MING-PIAN-HE-GAI-AM.PRT】,如图 11-26 所示。

(3)单击 按钮保存文件。

Step10. 填充

(1)在菜单管理器中选择【铸模/创建】命令,系统提示输入填充成品件的名称。

(2)在提示输入栏分别输入零件和模具零件公用名称"MING-PIAN-HE-GAI-ZJ",单击 按钮完成成品件填充。此时模型树中加入了成品件文件名【MING-PIAN-HE-GAI-ZJ.PRT】,如图 11-27 所示。

(3)单击 按钮保存文件。

图 11-26 模型树

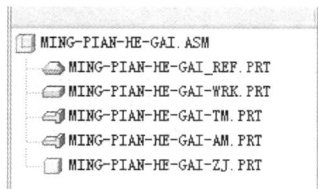

图 11-27 模型树

Step11. 开模模拟

1. 隐藏参考零件、毛坯及分型面

(1)单击 按钮,打开如图 11-28 所示的【遮蔽—撤销遮蔽】对话框。

(2)在【遮蔽—撤销遮蔽】对话框中选择【遮蔽】选项卡,然后在【可见元件】区域中选择【MING－PIAN－HE－GAI_REF】和【MING－PIAN－HE－GAI－WRK】,单击对话框下部【遮蔽】按钮,参考零件和毛坯被隐藏,只留下上模、下模和充填成品件。

(3)在如图 11-29 所示模型树中选择"合并 1【PART_SURF_1】",在右键菜单中选择【隐藏】命令,分型面被隐藏。

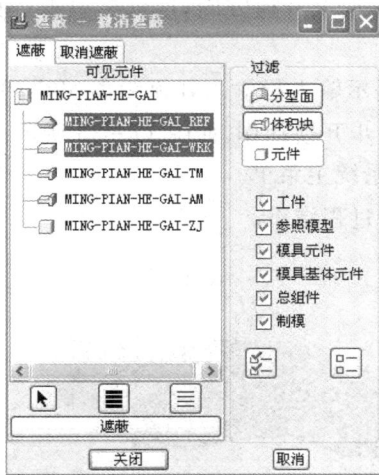

图 11-28 遮蔽元件

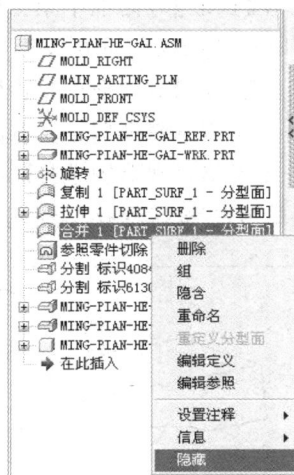

图 11-29 模型树

2. 定义第一步开模

(1)在菜单管理器中选择【模具进料孔/定义间距/定义移动】命令。

(2)按提示选择开模的零件,用鼠标在模型树中单击"MING－PIAN－HE－GAI－AM.PRT"。

(3)在【选取】对话框中单击【确定】按钮,系统提示选取开模方向,用鼠标单击选择如图 11-30 所示的凹模的垂直棱边,以定义开模的方向。

(4)在【选取】对话框中单击【确定】按钮,在系统提示输入栏中输入开模距离"120",单击 按钮,然后在菜单管理器中选择【完成】命令,完成第一步开模动作,如图 11-31 所示。

图 11-30 定义开模方向

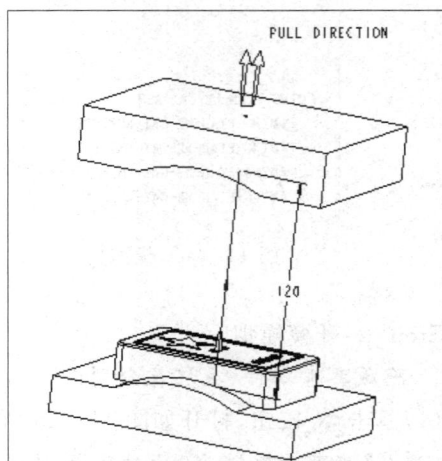

图 11-31 第一步开模

3. 第二步开模

(1)在菜单管理器中选择【定义间距/定义移动】命令。

(2)系统提示选择开模零件,用鼠标在模型树中单击"MING－PIAN－HE－GAI－ZJ.PRT"。

(3)在【选取】对话框中单击【确定】按钮,系统提示选取开模方向,用鼠标单击选择如图11-32所示的凸模的垂直棱边,以定义开模的方向。

(4)在【选取】对话框中单击【确定】按钮,在系统提示输入栏输入开模距离"60",单击 ☑ 按钮,然后在菜单管理器中选择【完成】命令,完成第二步开模动作,如图11-33所示。

(5)在菜单管理器中选择【完成/返回】命令,回到系统主菜单。

4. 单击 🖫 按钮保存文件,名片盒盖产品模具设计过程结束。

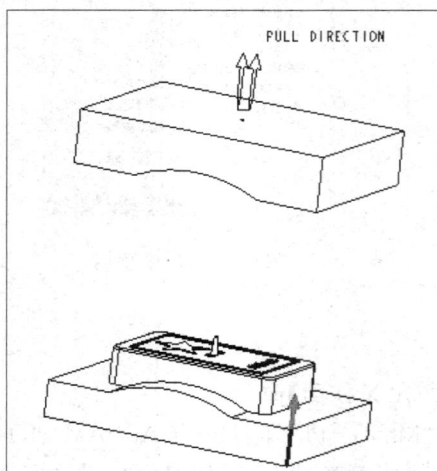

图 11-32 定义开模方向

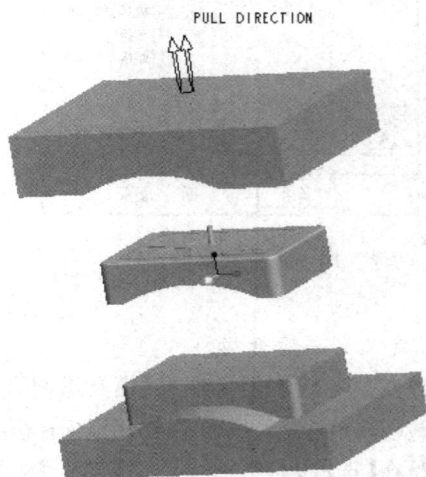

图 11-33 第二步开模

11.4　实例练习——名片盒底模具设计

产品更新换代时，模具需要进行相应的变更。如果产品的变更不大，则可以直接在原来模具设计的基础上进行模具变更，可以更大地提高设计效率，缩短设计和生产周期，所以掌握在 Pro/ENGINEER Wildfire 5.0 中进行设计变更技术是非常重要的。

1. 设计任务

设计题目：名片盒底模具设计；

产品零件图及三维图如图 11-34 所示，材料：PC（聚碳酸酯），收缩率：0.4%～0.7%。

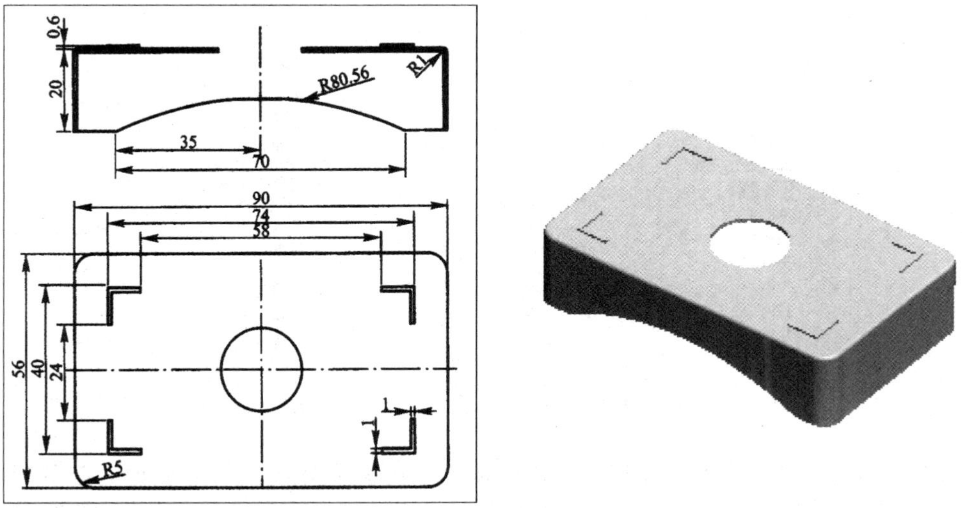

图 11-34　名片盒底零件产品图

设计要求：将任务一模具设计依据的参考零件"MING-PIAN-HE-GAI. PRT"变更为如图 11-34 所示的新零件"MING-PIAN-HE-DI. PRT"，然后依照模具设计变更的流程进行变更设计，从而得到新造型零件的模具设计。

2. 设计方法

名片盒底与名片盒盖形状基本相同，主要区别在两个方面：第一，名片盒底的长和宽分别小于名片盒盖的长和宽；第二，名片盒底上有一圆通孔且没有装饰图案。通过名片盒盖模具设计的变更得到名片盒底的模具设计的操作流程：原零件→尺寸变更→去除顶部凸起特征→创建顶部新凸起特征→创建顶部通孔→模具中参考零件再生→修改原分型面的复制部分→创建拉伸曲面→曲面合并出新分型面→模具再生。

3. 名片盒底模具设计

Step1. 设置工作目录

（1）首先在 E 盘建立名片盒底模具工程目录："E:\MING-PIAN-HE-DI"。然后将"E:\MING-PIAN-HE-GAI"目录中的所有文件复制到"MING-PIAN-HE-DI"目

录中。

(2)打开 Pro/ENGINEER Wildfire 5.0 工作界面,在主菜单中选择【文件/设置工作目录】,打开【选择工作目录】对话框,选择建立好的"MING－PIAN－HE－DI"目录,点击【确定】。

Step2. 更改参考零件

1. 名片盒盖尺寸的变更

(1)在主菜单栏中选择【文件/打开】命令,打开【文件打开】对话框。

(2)在【文件打开】对话框中双击"ming－pian－he－gai. prt",打开参考零件。

(3)在如图 11－35 所示的【模型树】中的【拉伸 1】上单击鼠标右键,打开如图 11－36 所示的快捷菜单。

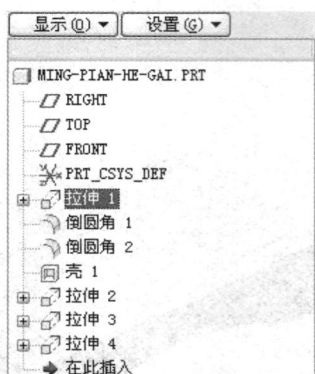

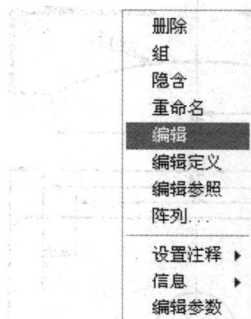

图 11－35 模型树　　　　　　　　　　图 11－36 快捷菜单

(4)在快捷菜单中选择【编辑】命令,在屏幕上双击需要修改的尺寸后键入新的尺寸,即将"92"、"58"分别改为"90"、"56",修改前、后的尺寸分别见如图 11－37 所示的左图和右图。

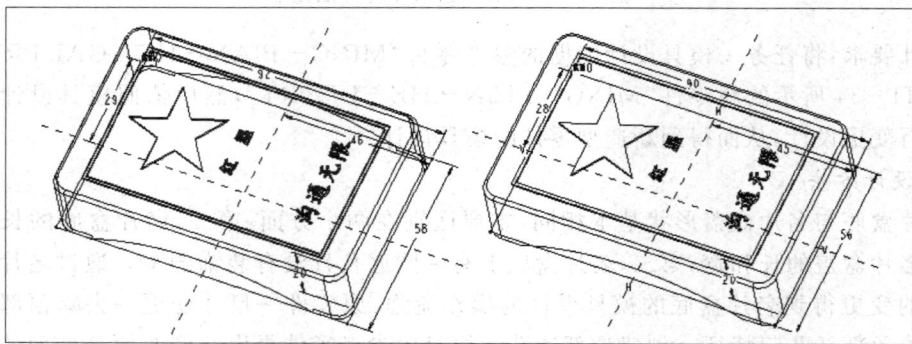

图 11－37 修改尺寸

(5)在编辑工具栏中单击【再生】按钮，结束参考零件的修改。

(6)单击　按钮保存文件。

2. 名片盒上表面凸棱特征的变更

(1)在模型树中的"拉伸 4"上单击鼠标的右键,打开快捷菜单。

（2）在快捷菜单中选择【删除】命令，弹出【删除】对话框，单击【确定】按钮，从零件上删除此特征。

（3）在模型树中用鼠标右键单击"拉伸 3"，在打开的快捷键中选择【编辑定义】命令。

（4）在拉伸特征操控板中单击【放置/编辑】按钮，在草绘模式中将原截面图改变为如图 11-38 所示的截面。

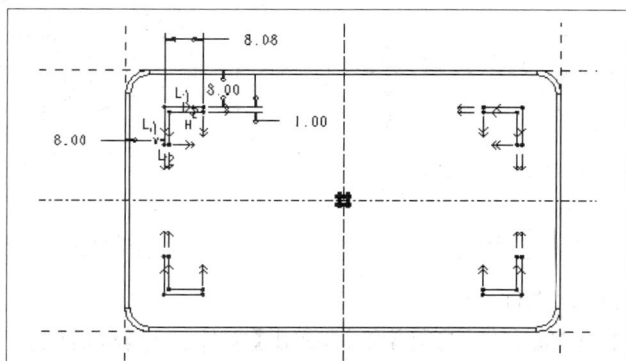

图 11-38　变更后的截面

（5）单击 ✔ 按钮，截面绘制完成，在【草绘】对话框中单击【确定】，再单击 ☑ 按钮，完成上表面的特征变更，如图 11-39 所示。

（6）单击 🖫 按钮保存变更后的文件。

3. 名片盒底孔的变更

（1）单击基础特征工具栏上的 🗗 按钮，在主视区下方的拉伸特征操控板上单击【放置/定义…】，弹出【草绘】对话框。

（2）用鼠标选择如图 11-40 所示的盒盖内部的顶面为草绘平面，再选择 RIGHT 基准面为参照面，进入截面图绘制环境。

（3）单击 ⭕ 按钮，绘制如图 11-41 所示直径为"20"的圆。

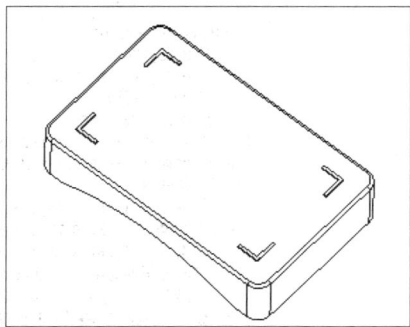

图 11-39　变更后的特征

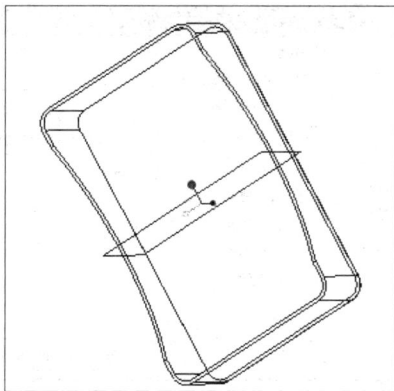

图 11-40　绘图面选择

（5）单击 ✔ 按钮后，在拉伸特征控制面板的深度输入栏中输入深度"1"（名片盒的厚度),单击☑按钮(选中为切除材料,不选为增加材料),然后单击☑按钮完成,完成参考零件的修改,修改后的参考零件如图 11－42 所示。

(6)单击💾按钮保存变更后的文件。

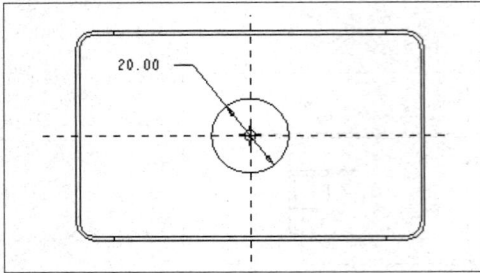

图 11－41　截面图

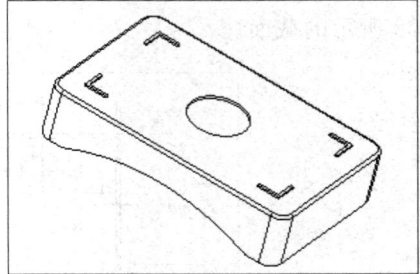

图 11－42　参考零件

Step3. 读取模具设计文件

(1)在主菜单栏中选择【文件/打开】命令,弹出【文件打开】对话框。

(2)在【文件打开】对话框中选择该目录下的"ming－pian－he－gai. mfg",单击【打开】按钮,打开选择的模具设计文件。

Step4. 打开显示特征的选项

(1)在图 11－43 所示的模型树中单击上部的【设置】按钮,在打开的下拉菜单中单击【树过滤器】,打开如图 11－44 所示的【模型树项目】对话框。

(2)在【模型树项目】对话框中的【显示】区域中选中【特征】复选框,单击对话框下面的【确定】按钮。

(3)打开模具设计特征后的模型树如图 11－45 所示,模型树中显示出了在模具设计中创建的基本特征,包括设计参考平面、参考坐标系、分型面。

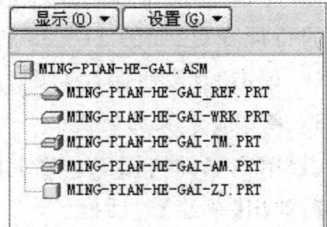

图 11－43　模型树

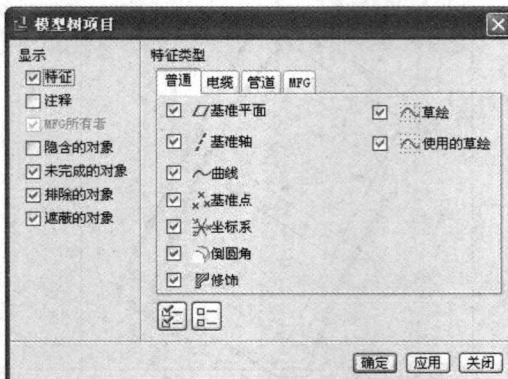

图 11－44　【模型树项目】对话框

图 11－45　模型树(图片已改)

Step5. 进入插入模式

（1）在菜单管理器中选择【特征/型腔组件/特征操作/插入模式】命令，如图 11 - 46 所示，打开如图 11 - 47 所示的【插入模式】菜单。

图 11 - 46　【特征/型腔组件/特征操作/插入模式】

（2）在【插入模式】菜单中选择【激活】命令，打开如图 11 - 48 所示的【选取特征】菜单，选择【选取】命令进入下一步。

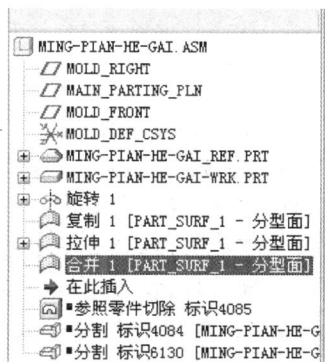

（3）在如图 11 - 49 所示的插入模式模型树中，用鼠标选择分型面的最后一个特征"合并 1"进入插入模式。

（4）在菜单管理器中选择【完成】,【完成/返回】命令，回到系统主菜单。

图 11 - 47　【插入模式】菜单

图 11 - 48　【选择特征】菜单

图 11 - 49　插入模式模型树（图片已改）

Step6. 更新参考零件

在编辑工具栏中单击【再生】按钮 ⚙，参考件更新完毕，更新后的参考零件如图 11－50 所示。

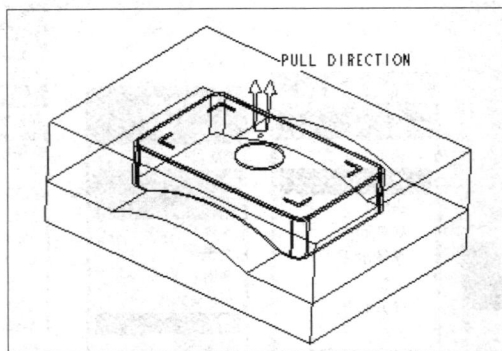

图 11－50　更新参考零件

Step7. 修改分型面

在模型树中选择"复制 1【PART_SUFR_1－分型面】"，在右键快捷菜单中选择【编辑定义】命令。在如图 11－51 所示的曲面复制操控板中，单击【选项】按钮，在弹出的上滑板中单击【排除曲面并填充孔】单选按钮，在【填充孔/曲面】的"选取项目"区域中单击，然后在绘图区中选择要填充的孔，单击 ✔ 按钮。

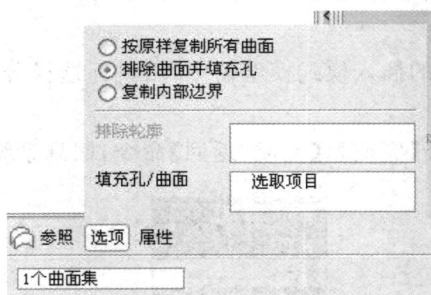

图 11－51　【曲面复制】操控板(图片已更改)

Step8. 取消插入模式

(1)如图 11－52 所示，在菜单管理器中依次选择【特征/型腔组件/特征操作/插入模式】命令，打开【插入模式】菜单。

(2)在【插入模式】菜单中选择【取消】命令，系统提示：是否恢复在插入模式时被抑制的所有特征和组件，在提示栏中单击【是】按钮完成操作。

(3)在菜单管理器中选择【完成】、【完成/返回】命令回到系统主菜单。

Step9. 隐藏参考零件、毛坯及分型面

(1)单击 ◼ 按钮，打开【遮蔽－撤销遮蔽】对话框。

(2)在【遮蔽－撤销遮蔽】对话框中选择【遮蔽】选项卡，然后在【可见元件】区域中选择

图 11-52 【特征/型腔组件/特征操作/插入模式】命令

【MING-PIAN-HE-GAI_REF】和【MING-PIAN-HE-GAI-WRK】，单击【遮蔽】按钮，参考零件和毛坯被隐藏。

(3)在模型树中选择"合并 1【PART_SURF_1】"，在右键菜单中选择【隐藏】命令。

Step10. 更新模具设计

在编辑工具栏中单击【再生】按钮 ，参考件自动更新完毕。

Step11. 开模检查变更后的模具

(1)在菜单管理器中选择【模具进料孔】命令即可观察充填件和模具凸、凹模的变化，如图 11-53 所示。开模模拟中，可以清楚地看到充填件变成了名片盒底形状。

(2)在菜单管理器中选择【完成/返回】命令，回到系统主菜单。

(3)单击 按钮保存文件，模具设计变更过程结束。

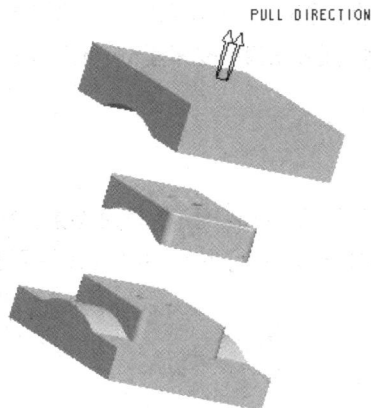

图 11-53 充填件和模具凸凹模

11.5　实例练习——手柄模具设计

1. 设计任务

设计题目：手柄模具设计；

产品三维图如图 11-54 所示（具体尺寸见随书附赠的光盘中的 11 实例文件），材料：PS（聚苯乙烯），收缩率：0.2%～1.0%。

图 11-54　手柄产品三维效果图

2. 手柄模具设计

Step1. 设置工作目录

（1）首先在 E 盘建立手柄模具工程目录："E:\HANDLE"，然后将随本书附赠的光盘中的 11 实例文件夹内的"handle.prt"文件复制到"HANDLE"目录中。

（2）打开 Pro/ENGINEER Wildfire 5.0 进入其工作界面，在主菜单中选择【文件/设置工作目录】，打开【选择工作目录】对话框，选择建立好的"HANDLE"目录，点击【确定】，设置工作目录完毕。

Step2. 新建模具设计文件

（1）单击标准工具栏中的 按钮，弹出【新建】对话框。

（2）在【新建】对话框的【类型】区域中选择【制造】按钮，在【子类型】区域中选择【模具型腔】按钮，在【名称】文本框中输入文件名："HANDLE-MOLD"，最后单击【使用缺省模板】复选框去掉该复选标记，单击【确定】按钮，弹出【新文件选项】对话框。

（3）在【新文件选项】对话框的【模板】中选择【mmns_mfg_mold】，单击【确定】按钮进入模具设计模式。

（4）保存文件。

Step3. 建立模具模型

（1）在菜单管理器中选择【模具模型/装配/参照模型】命令，弹出【打开】对话框。

（2）在【打开】对话框中选择"handle.prt"零件，并单击【打开】按钮，参考零件出现在屏幕上。

图 11-55　元件放置操控板（图片已更改）

（3）在如图 11-55 所示的元件放置操控板的【约束类型】下拉列表中选择【⬚ 缺省】，将参照模型按默认放置，单击☑按钮。

（4）在系统弹出如图 11-56 所示【创建参照模型】对话框中，接受参照模型默认的名称，再单击【确定】按钮，完成参考零件的装配。在菜单管理器中选择【完成/返回】命令回到系统主菜单，装配好的参考零件模型如图 11-57 所示。

图 11-56 【创建参照模型】对话框

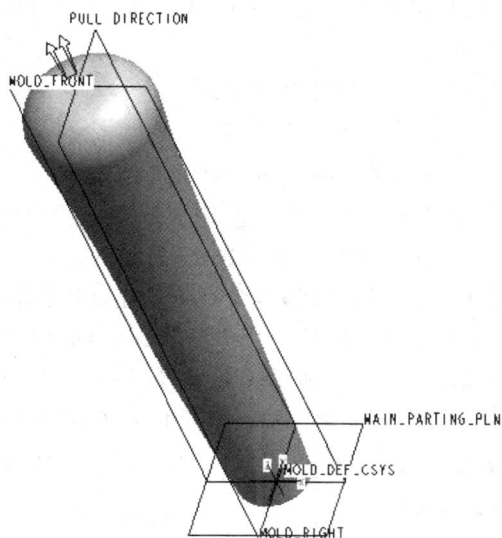

图 11-57 参考零件

Step4. 建立毛坯模型

（1）在菜单管理器中选择【模具模型/创建/工件/手动】命令，打开【元件创建】对话框。

（2）在【元件创建】对话框中输入名称："handle-mold-wp"，点击【确定】按钮。同时打开【创建选项】对话框，选择【创建特征】，单击【确定】按钮。

（3）在菜单管理器中选择【加材料/拉伸/实体/完成】命令，在主视区下方的拉伸操控板上单击【放置/定义…】，打开【草绘】对话框，选'MOLD_FRONT'基准面为草绘平面，以"MAIN_PARTING_PLN"基准面为参照面，单击【草绘】进入草绘模式，绘制如图 11-58 所示的截面，单击 ✔ 按钮。

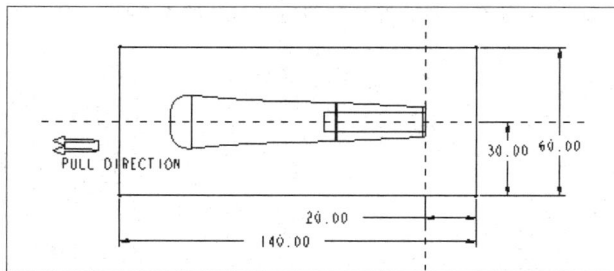

图 11-58 工件截面

（4）在拉伸操控板中，选取深度类型 ⊟（即"对称"），再在深度文本框中输入深度"60"，单击 ☑ 按钮，再单击【完成/返回】回到主菜单，完成工件的创建。

Step5. 设置收缩率

（1）在菜单管理器中选择【收缩/按尺寸】命令，系统弹出【按尺寸收缩】对话框，在【公式】一栏选用公式"1＋S"，【比率】一栏输入收缩率"0.005"，然后单击 ✔ 按钮。

（2）在菜单管理器中选择【完成/返回】命令完成收缩率设置，回到系统主菜单。

（3）保存文件。

Step6. 设计型芯分型面

1. 创建曲面复制特征。

（1）单击【分型曲面工具】 ▱ 按钮。

（2）然后按住 Ctrl 键，用鼠标逐一选取内孔表面，复制后粘贴。

（3）在模型树上单击选择"HANDLE－MOLD－WP. PRT"，按右键弹出快捷菜单，在快捷菜单中选择【遮蔽】命令遮蔽毛坯，以便选择参考零件上的曲面。

（4）选择复制的分型面的半圆弧，如图 11－59 所示，然后选择主菜单【编辑/延伸】命令，弹出如图 11－60 所示的延伸操控板，按住 Shift 选择另一半圆弧，然后单击【将曲面延伸到参照平面】按钮 ✔ ，去除遮蔽的毛坯，单击【参照】按钮，点击弹出的上滑板的【参照平面】的选取项目区域，选择如图 11－59 所示的延伸终止面。单击 ▱ 按钮，得到如图 11－61 所示的型芯分型面。

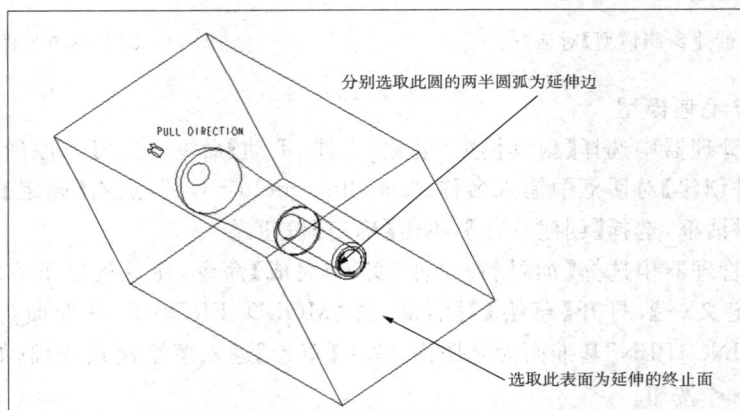

图 11－59　选取延伸边与延伸的终止面

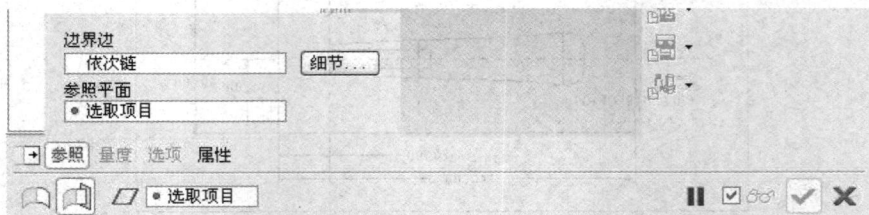

图 11－60　延伸操控板（图片已更改）

图 11-61　型芯分型面

Step7. 设计主分型面

(1)单击【分型曲面工具】 按钮,在特征工具栏中单击 按钮,在主视区下方的拉伸操控板上单击【放置】按钮,单击【定义…】,打开【草绘】对话框,单击鼠标选择如图11-62所示的毛坯的前面为草绘平面,系统提示选择【顶】,单击鼠标选择毛坯的顶面为【顶】参照面。

(2)选择毛坯模型的两条边作为绘图参考边,选择绘图参考后进入截面图绘制模式,单击 按钮绘制如图 11-63 所示的直线截面。

(3)在截面绘制模式中单击 按钮,选取深度类型 ,单击鼠标选择如图 11-62 所示的毛坯的后面为拉伸终止面。单击 按钮,完成拉伸曲面建立。完成后的主分型面如图 11-62 所示。

(4)保存文件。

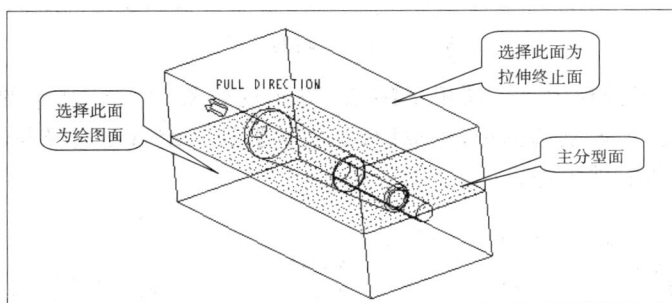

图 11-62　绘图面、拉伸终止面的选取与完成后的主分型面

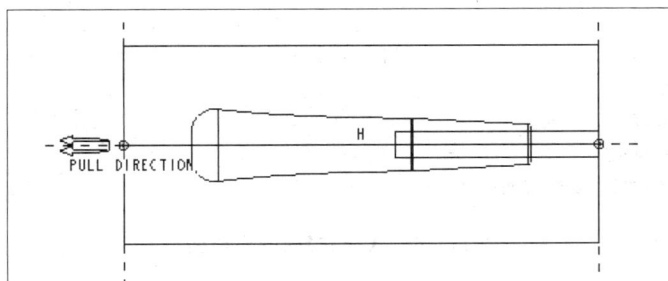

图 11-63　绘制的直线截面

Step8. 设计浇道系统

1. 创建流道

(1)在菜单管理器中选择【特征/型腔组件/实体/切减材料/旋转/完成】命令。

(2)在主视区下方的旋转特征操控板上单击【位置/定义…】,打开草绘对话框。

(3)用鼠标单击选择'MOLD_FRONT"基准平面作为草绘平面、选择'MAIN_PARTING_PLN"基准平面作为参照面,单击【草绘】对话框中的【草绘】按钮,弹出【参照】对话框。

(4)选择毛坯模型的两垂直边作为绘图参考边,单击【参照】对话框中的【关闭】按钮进入截面图绘制模式。

(5)在截面图绘制环境中单击 ＼ 按钮绘制如图 11-64 所示的截面,单击 ⋮ 按钮建立旋转中心线,单击 ✔ 按钮完成截面绘制。

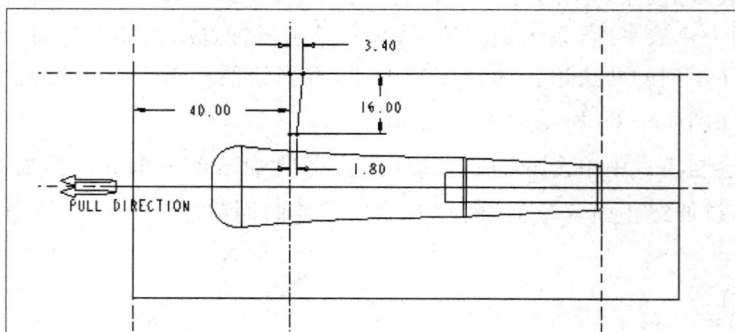

图 11-64　绘制的截面

(6)在旋转特征操控板中,单击【相交】按钮,在出现如图 11-65 所示的操作界面中单击【自动更新】复选框去掉该复选标记,选取【添加实例】,让系统自动选择与特征相交的零件,并自动将特征从这些零件中挖去。

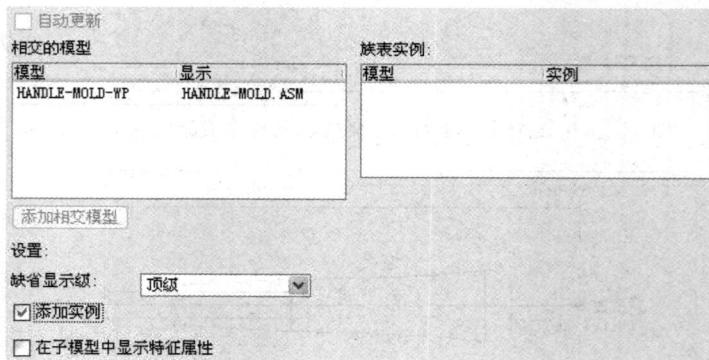

图 11-65　【相交】的操作界面

(7)单击操控板中的 ✔ 按钮完成流道建立。

(8)在菜单管理器中选择【完成/返回】命令,返回系统主菜单,建立的流道如图 11-66

所示。

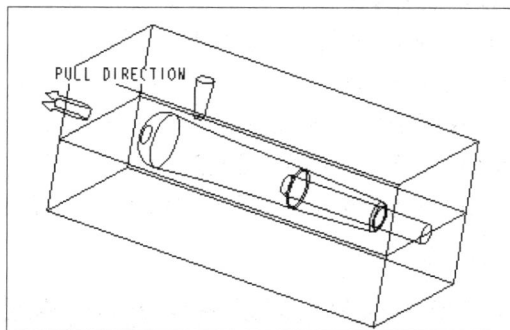

图 11-66　创建的流道

2. 创建浇口

(1)在菜单管理器中选择【特征/型腔组件/实体/切减材料/拉伸/完成】命令。

(2)在主视区下方的拉伸特征操控板上单击【放置/定义…】,打开草绘对话框。

(3)选取如图 11-67 中所示的平面为草绘平面;在草绘模式中绘制一个直径为"1.2"的圆;选择深度选项: ⊥⊥(至曲面),要让特征到达参照零件"handle"的表面,所以要选取参照零件"handle"的表面,如图 11-67 所示。

(4)单击操控板中的图标 ☑ ,完成特征创建。

(5)在菜单管理器中选择【完成/返回】命令返回系统主菜单,建立的浇口如图 11-67 所示。

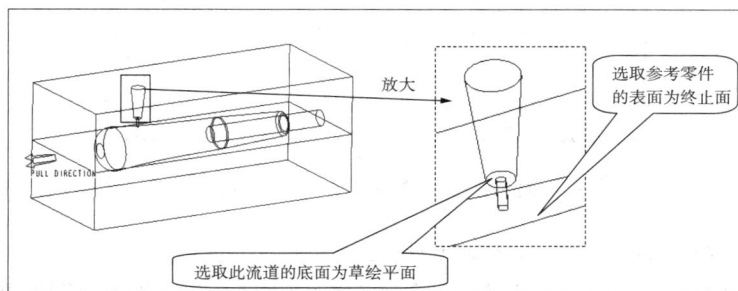

图 11-67　创建的浇口

Step9. 拆模

1. 用型芯分型面创建型芯元件的体积块

(1)单击【分割为新的模具体积块】按钮 ⊟ ,在系统弹出的【分割体积块】对话框中,选择【两个体积块/所有工件/完成】命令,弹出如图 11-68 所示的【分割】对话框。选取型芯分型面,分别单击【选取】和【分割】对话框【确定】按钮。

(2)系统弹出【体积块名称】对话框,同时模型中的型

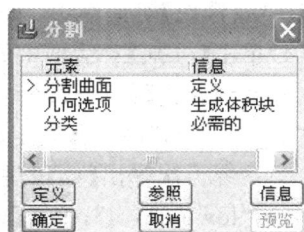

图 11-68　【分割】对话框

芯部分变亮,键入型芯模具元件体积的名称"core-vol",单击【确定】按钮。

(3)系统再次弹出【体积块名称】对话框,同时模型中的其余部分变亮,键入其余部分体积块的名称"body-vol",单击【确定】按钮,完成拆模。

2.用主分型面创建上下两个体积块

(1)在菜单管理器中选择【两个体积块/模具体积块/分割】命令,在系统弹出的【分割体积块】菜单中,选择【两个体积块/模具体积块/完成】命令。

(2)在弹出如图 11-69 所示的【搜索工具】对话框中,单击【项目】列表中的"BODY-VOL"体积块,然后单击 >> 和【关闭】按钮。

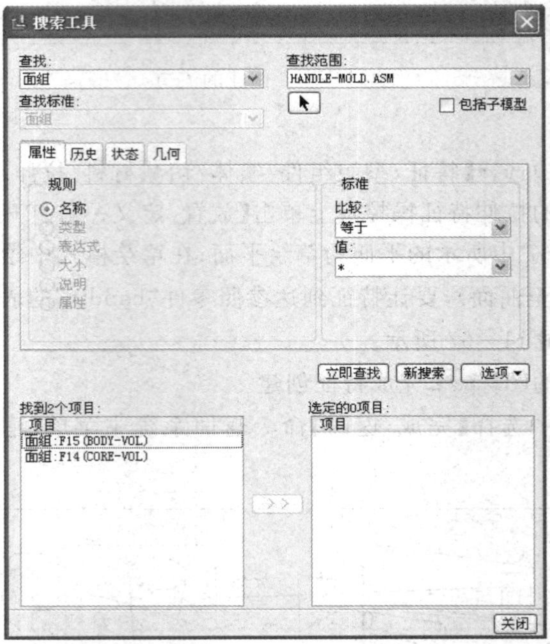

图 11-69 【搜索工具】对话框

(3)用"从列表中拾取"的方法选取分型面。

① 在图中分型面的位置单击鼠标右键,选取快捷菜单中【从列表中拾取】命令。

② 在弹出的【从列表中拾取】对话框中,单击列表中的"MAIN-PS"分型面,然后单击【确定】按钮。

③ 在【选取】对话框中,单击【确定】按钮。

(4)单击【分割】对话框中的【确定】按钮。

(5)系统弹出【体积块名称】对话框,同时"BODY-VOL"体积块的上半部分变亮,键入名称"upper-vol",单击【确定】按钮。

(6)系统再次弹出【体积块名称】对话框,同时"BODY-VOL"体积块的下半部分变亮,键入名称"lower-vol",单击【确定】按钮。

(7)选择【完成/返回】命令,回到系统主菜单。

Step10. 抽取模具元件

（1）在菜单管理器中选择【模具元件/抽取】命令，打开如图 11 - 70 所示的【创建模具元件】对话框。

（2）在【创建模具元件】对话框中单击 ▤ 按钮，选择所有体积块，然后单击【确定】按钮完成模具凸、凹模的提取。

（3）在菜单管理器中选取【完成/返回】命令，回到系统主菜单。

（4）保存文件。

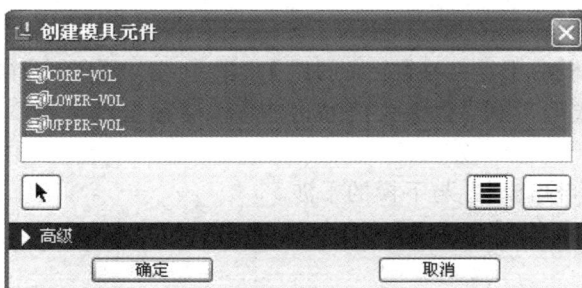

图 11 - 70 【创建模具元件】对话框

Step11. 生成浇注件

（1）在菜单管理器中选择【铸模/创建】命令，系统提示输入填充成品件的名称。

（2）在提示输入栏分别输入零件和模具零件公用名称："handle－molding"，单击 ☑ 按钮完成成品件填充。

（3）保存文件。

Step12. 定义开模动作

1. 在模型中隐藏参考零件、坯料、分型面

（1）隐藏参考零件：在模型树中，单击参考零件"HANDLE MOLD REF. PRT"，然后鼠标右键，从弹出的快捷菜单中，选择【遮蔽】命令。

（2）依同样的方法隐藏坯料"HANDLE MOLD WP. PRT"。

（3）隐藏分型面：模型树中利用右键菜单的【隐藏】命令隐藏分型面。

2. 开模步骤 1

（1）在菜单管理器中选择【模具进料孔/定义间距/定义移动】命令。

（2）用"从列表中拾取"的方法选取要移动的模具元件。

① 在系统"为迁移号码 1，选取构件"的提示下，右击图中相应位置，选取快捷菜单中的【从列表中拾取】命令。

② 在弹出的【从列表中拾取】对话框中，单击列表中的型芯模具零件"CORE－VOL. PRT"，然后单击【确定】按钮。

③ 在【选取】对话框中，单击【确定】按钮。

（3）在系统"通过选取边、轴或表面选取分解方向"的提示下，选取如图 11 - 71 所示的边线为移动方向，然后键入要移动距离"－100"。

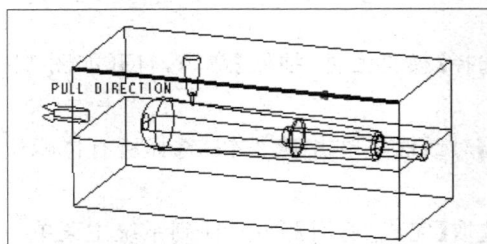

图 11-71　定义开模方向

（4）干涉检查。

① 检查型芯与上模的干涉。在【定义间距】菜单中，选择【干涉】命令。从列表中，选取"移动 1"。从模型中选取上模，系统在信息区提示"没有发现干涉"，再选择【完成/返回】命令。

② 依同样的方法，检查型芯与下模的干涉。

（5）在【定义间距】菜单中，选择【完成】命令，移出后的型芯如图 11-72 所示，再选择【完成/返回】命令。

图 11-72　第一步开模

3. 开模步骤 2

参考开模步骤 1 的操作方法，选取上模，选取如图 11-73 所示的边线为移动方向，然后键入要移动距离"60"，单击 ☑ 按钮，然后在菜单管理器中选择【完成】命令，完成开模动作，如图 11-74 所示，再选择【完成/返回】命令。

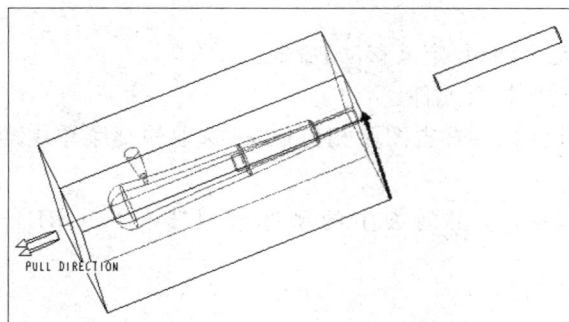

图 11-73　定义开模方向

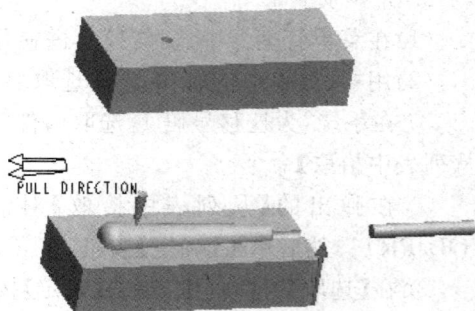

图 11-74　第二步开模

4. 开模步骤 3

参考开模步骤 1 的操作方法,选取下模,选取移动方向的边线,如图 11－74 所示,然后键入要移动距离"－60",单击 ✓ 按钮,然后在菜单管理器中选择【完成】命令,完成开模动作,如图 11－75 所示,再选择【完成/返回】命令。

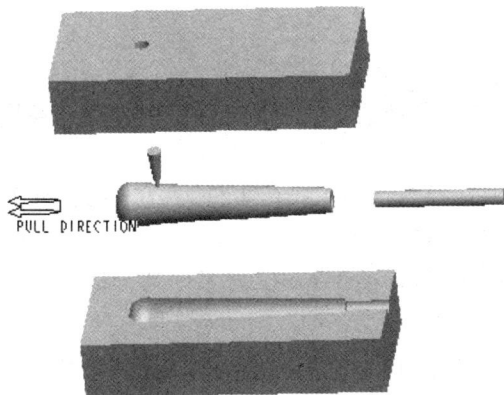

图 11－75　第三步开模

5. 保存文件。

11.6　实例练习——显示器后盖模具设计

1. 设计任务

设计题目:显示器后盖模具设计;

产品三维图如图 11－76 所示,材料:ABS(丙烯腈－丁二烯－苯乙烯),收缩率:0.3％～0.8％。

2. 显示器后盖模具设计

Step1. 设置工作目录

(1)首先在 E 盘建立显示器后盖模具工程目录:"E:\DISPLAY"。然后将随本书附赠的光盘中的 11 实例文件夹内的"display.prt"文件复制到"DISPLAY"目录中。

(2)打开 Pro/ENGINEER Wildfire 5.0 进入其工作界面,在主菜单中选择【文件/设置工作目录】,打开【选择工作目录】对话框,选择建立好的"DISPLAY"目录,点击【确定】。

Step2. 新建模具设计文件

(1)单击标准工具栏中的 □ 按钮,打开【新建】对话框。

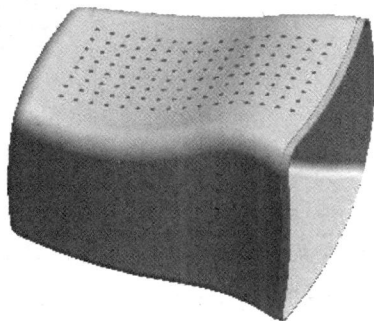

图 11－76　显示器后盖产品三维效果图

（2）在【新建】对话框的【类型】区域中选择【制造】按钮，在【子类型】区域中选择【模具型腔】按钮，在【名称】文本框中输入文件名："DISPLAY－MOLD"，最后单击【使用缺省模板】复选框去掉该复选标记，单击【确定】按钮，打开【新文件选项】对话框。

（3）在【新文件选项】对话框中选择【mmns mfg_mold】，单击【确定】按钮进入模具设计模式。

（4）保存文件。

Step3. 建立模具模型

（1）装配参考零件：在菜单管理器中选择【模具模型/装配/参照模型】命令，打开【打开】对话框。

（2）在【打开】对话框中选择"display.prt"零件，并单击【打开】按钮，参考零件出现在屏幕上，同时打开【元件放置】对话框。

（3）在元件放置操控板的【约束类型】下拉列表中选择【🔲 缺省】，将参照模型按默认放置，单击☑按钮

（4）系统弹出【创建参照模型】对话框，在该对话框中，接受默认的参照模型的名称："DISPLAY－MOLD REF"，再单击【确定】按钮，完成参考零件的装配。在菜单管理器中选择【完成/返回】命令回到系统主菜单，装配好的参考零件模型如图 11－77 所示。

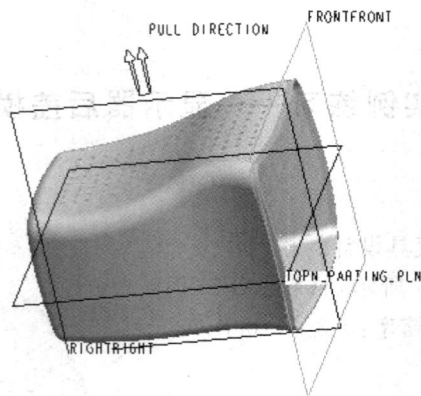

图 11－77　参考零件模型

Step4. 建立毛坯模型

（1）在菜单管理器中选择【模具模型/创建/工件/手动】命令，弹出【元件创建】对话框。

（2）在【元件创建】对话框中输入名称为："display－mold－wp"，点击【确定】按钮。同时弹出【创建选项】对话框，选择【创建特征】，点击【确定】按钮。

（3）在菜单管理器中选择【加材料/拉伸/实体/完成】命令，在主视区下方的拉伸操控板上单击【放置/定义…】，打开【草绘】对话框，选"MAIN_PARTING_PLN"基准面为草绘平面，以"MOLD_FRONT"基准面为参照面，方位为"底部"；单击【草绘】进入草绘模式，绘制如图 11－78 所示的截面，单击 ✔ 按钮。

（4）在拉伸操控板中，选取深度类型 🗗，再在深度文本框中输入深度"500"，单击☑按

钮,再单击【完成/返回】回到主菜单,完成工件的创建。

图 11-78　绘制的截面图

Step5. 设置收缩率

(1)在菜单管理器中选择【收缩/按尺寸】命令,系统打开【按尺寸收缩】对话框,在【公式】一栏选用公式"1+S",【比率】一栏输入收缩率"0.006",然后单击 ✔ 按钮。

(2)在菜单管理器中选择【完成/返回】命令完成收缩率设置,回到系统主菜单。

(3)保存文件。

Step6. 设计主分型面

(1)单击【遮蔽】按钮,遮蔽毛坯。

(2)单击【分型曲面工具】按钮。

(3)利用复制的方法创建主分型面,按住 Ctrl 键,用鼠标逐一选取如图 11-79 所示内表面,复制后粘贴。

(4)在【曲面复制】操控板中,单击【选项】按钮,选择【排除曲面并填充孔】。在【填充孔/曲面】中选择要填充的孔。单击 ✔ 按钮。

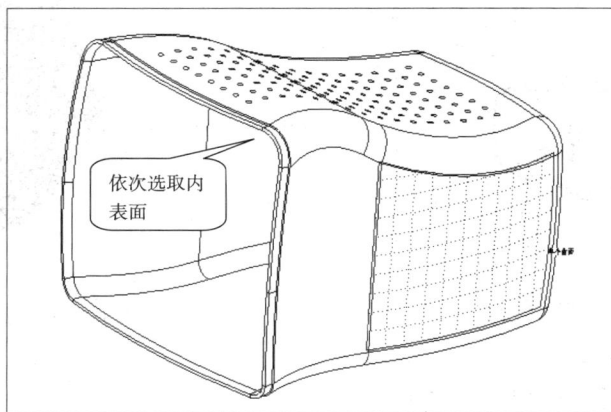

图 11-79　绘制的截面图

4. 延伸上步创建的"复制"曲面

(1)在模型树中隐藏工件。

(2)选择刚才复制的分型面的边如图11-80所示,然后选择主菜单【编辑/延伸】命令,在延伸操控板,按住Shift选择其他延伸边,然后单击【将曲面延伸到参照平面】按钮 📖,去除遮蔽的毛坯,单击【参照】按钮,点击弹出的上滑板的【参照平面】的选取项目区域,选择如图11-81所示的延伸终止面。

(3)单击 ✔ 按钮,完成主分型面的创建。

Step7. 设计滑块分型面

(1)利用【遮蔽】工具 ◎ 按钮隐藏毛坯。

(2)单击【分型曲面工具】□ 命令。

(3)然后按住Ctrl键,用鼠标逐一选取如图11-82所示模型盒里的两个曲面。复制后粘贴,在【曲面复制】操控板中,单击【选项】按钮,选择【排除曲面并填充孔】。在【填充孔/曲面】中选择要填充的孔。单击 ✔ 按钮完成。

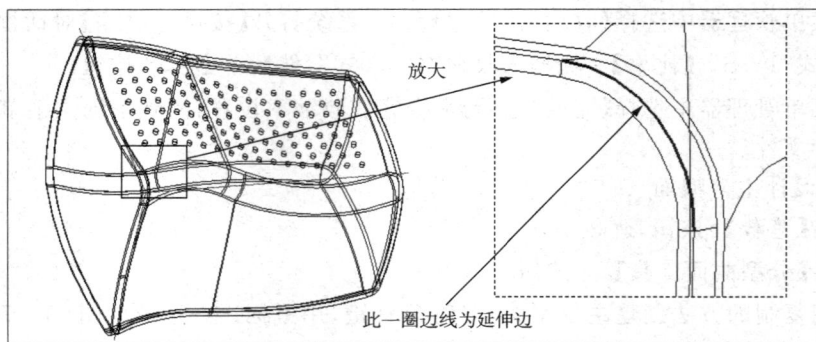

图11-80 选取延伸边

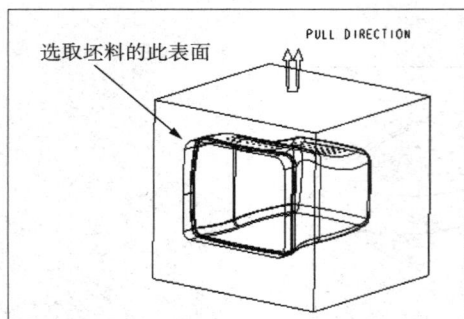

图11-81 选取延伸的终止面

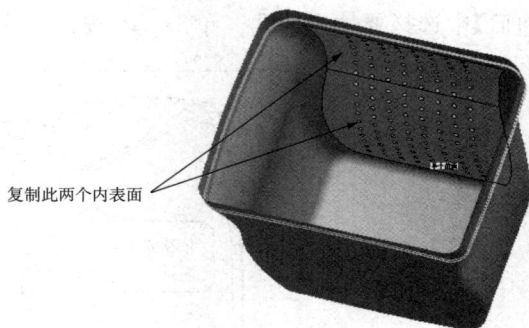

图11-82 复制曲面

4. 用"拉伸"创建曲面

(1)去除隐藏的毛坯模型。

(2)在菜单中选择【拉伸工具】命令。

(3)草绘平面:选取如图11-83所示的毛坯上表面为草绘平面,草绘平面的参照平面为

"MOLD FRONT",方位为"顶"。

(4)绘制截面草图如图 11-84 所示,单击 ✔ 按钮。

(5)在【指定到】菜单中单击【至曲/完成】命令,选取上步操作中复制面组"F9(PARTS－SURF－2)"为终止面如图 11-85 所示,单击【曲面:拉伸】对话框的【确定】按钮完成拉伸曲面建立。

5.合并分型面

将前两步所做的分型进行面合并,得到分型面如图 11-86 所示。单击 ✔ 按钮完成。

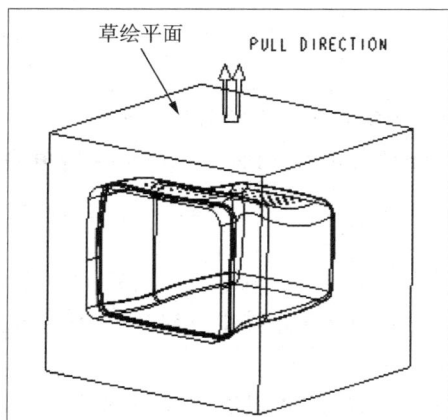

图 11-83　选取草绘平面

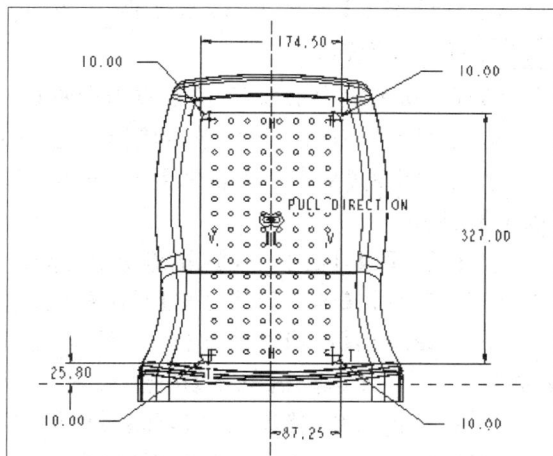

图 11-84　绘制的截面图

图 11-85　【从列表中拾取】对话框(图已改)

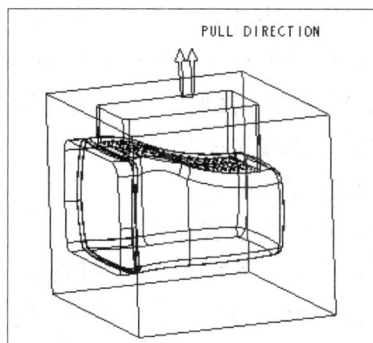

图 11-86　滑块分型面

6.保存文件。

Step8.用滑块分型面创建滑块体积块

(1)单击【分割为新的模具体积块】按钮 ⊟,在系统弹出的【分割体积块】对话框中,选择【两个体积块/所有工件/完成】命令,弹出如图 11-87 所示的【分割】对话框。

(2)选取上一步所做的型芯分型面,分别单击【选取】和【分割】对话框【确定】按钮。

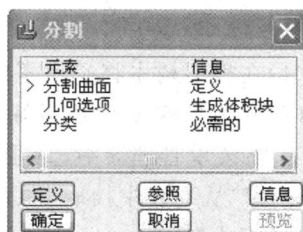

图 11-87　所示的【分割】对话框

(3)系统弹出【体积块名称】对话框,同时模型中的滑块以外的部分变亮,键入名称"body－vol",单击【确定】按钮。

(4)系统再次弹出【体积块名称】对话框,同时模型中的滑块部分变亮,键入名称"slide－vol",单击【确定】按钮。

Step9. 用主分型面创建上、下两个体积块

(1)单击【分割为新的模具体积块】按钮❑,在系统弹出的【分割体积块】对话框中,选择【两个体积块/模具体积块/完成】命令,弹出【分割】对话框。

(2)在弹出的【搜索工具】对话框中,单击列表中的"BODY－VOL"体积块,然后单击 >> 和【关闭】按钮。

(3)用"从列表中拾取"的方法选取分型面。

① 在图中分型面的位置单击鼠标右键,选取快捷菜单中【从列表中拾取】命令。

② 在弹出的【从列表中拾取】对话框中,单击列表中的"MAIN－PS"分型面,然后单击【确定】按钮。

③ 在【选取】对话框中,单击【确定】按钮。

(4)分别单击【选取】和【分割】对话框【确定】按钮。

(5)系统弹出【体积块名称】对话框,同时"BODY－VOL"体积块的外面部分变亮,键入名称"upper－vol",单击【确定】按钮。

(6)系统再次弹出【体积块名称】对话框,同时"BODY－VOL"体积块的里面部分变亮,键入名称"lower－vol",单击【确定】按钮。

(7)选择【完成/返回】命令,回到系统主菜单。

Step10. 由体积块生成模具元件

(1)在菜单管理器中选择【模具元件/抽取】命令。

(2)在弹出的【创建模具元件】对话框中,单击❚按钮,选择所有体积块,然后单击【确定】按钮,选择【完成/返回】命令。

(3)保存文件。

Step11. 生成浇注件

(1)在菜单管理器中选择【铸模/创建】命令,系统提示输入填充成品件的名称。

(2)在提示输入栏分别输入零件和模具零件公用名称:"display－molding",单击✓按钮完成成品件填充。

(3)保存文件。

Step12. 定义开模动作

(1)在模型树中将参考零件、毛坯、分型面在模型中隐藏起来。

(2)开模步骤1,移出滑块;

① 在菜单管理器中选择【模具进料孔/定义间距/定义移动】命令。

② 用"从列表中拾取"的方法选取要移动的滑块"slide－vol. prt",单击【确定】按钮,然后单击【完成】命令。

③ 在系统"通过选取边、轴或表面选取分解方向"的提示下,选取如图 11－88 所示的边

线为移动方向,然后键入要移动距离"200",单击 ✓ 按钮,然后在菜单管理器中选择【完成】命令,完成开模动作,如图 11 - 89 所示,再选择【完成/返回】命令。

图 11 - 88　定义开模方向

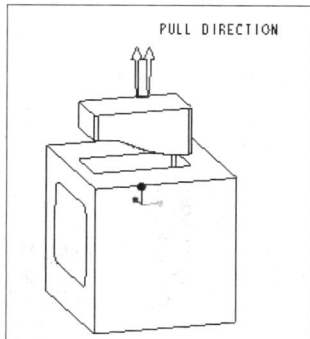

图 11 - 89　开模移出滑块

(3)开模步骤 2,移出上模(型腔);

① 在菜单管理器中选择【模具进料孔/定义间距/定义移动】命令。

② 用"从列表中拾取"的方法选取要移动的上模"upper－vol. prt",单击【确定】按钮,然后单击【完成】命令。

③ 在系统"通过选取边、轴或表面选取分解方向"的提示下,选取如图 11 - 90 所示的边线为移动方向,然后键入要移动距离"500",单击 ✓ 按钮,然后在菜单管理器中选择【完成】命令,完成开模动作,如图 11 - 91 所示,再选择【完成/返回】命令。

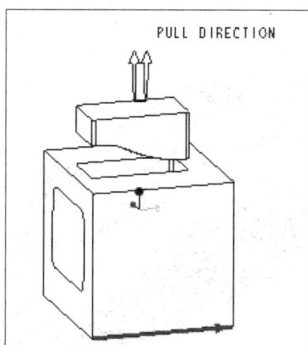

图 11 - 90　定义开模方向

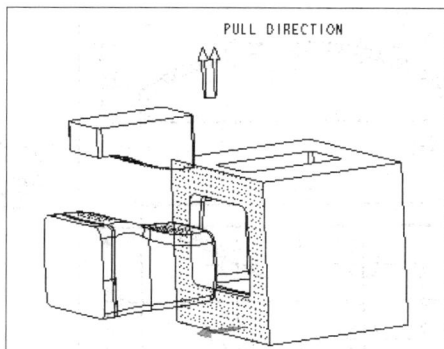

图 11 - 91　开模移出型腔

(4)开模步骤 3,移出下模(大型芯);

① 在菜单管理器中选择【模具进料孔/定义间距/定义移动】命令。

② 用"从列表中拾取"的方法选取要移动的下模"lower－vol. prt",单击【确定】按钮,然后单击【完成】命令。

③ 在系统"通过选取边、轴或表面选取分解方向"的提示下,选取如图 11 - 90 所示上模的表面为移动方向,然后键入要移动距离"500",单击 ✓ 按钮,然后在菜单管理器中选择【完

成】命令,完成开模动作,如图 11-92 所示,再选择【完成/返回】命令。

(5)保存文件。

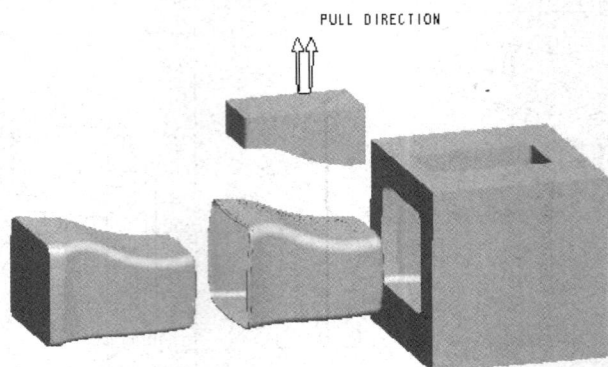

图 11-92　开模移出大型芯

11.7　实例练习——外罩模具设计

1. 设计任务

设计题目:外罩模具设计;

产品零件图及三维图如图 11-93 所示,材料:ABS(丙烯腈-丁二烯-苯乙烯),收缩率:0.3%～0.8%。

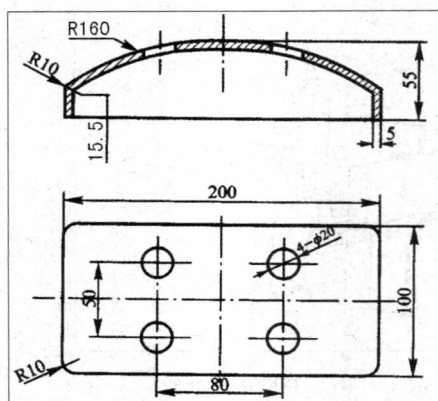

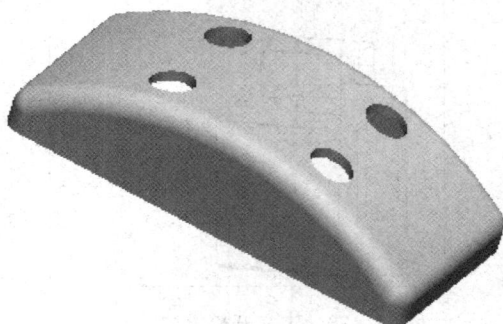

图 11-93　外罩零件图及三维图

2. 外罩的模具设计

Step1. 设置工作目录

(1)首先在 E 盘建立外罩模具工程目录:"E:\WAIZHAO",然后将随本书附赠的光盘中的 11 实例文件夹内的"waizhao. prt"文件复制到"WAIZHAO"目录中。

(2)打开 Pro/ENGINEER Wildfire 5.0 进入其工作界面,在主菜单中选择【文件/设置工作目录】,打开【选择工作目录】对话框,选择建立好的"WAIZHAO"目录,点击【确定】,设置工作目录完毕。

Step2. 新建模具设计文件

(1)单击标准工具栏中的▢按钮,打开【新建】对话框。

(2)在【新建】对话框的【类型】区域中选择【制造】按钮,在【子类型】区域中选择【模具型腔】按钮,在【名称】文本框中输入文件名:"WAIZHAO-MOLD",最后单击【使用缺省模板】复选框去掉该复选标记,单击【确定】按钮,打开【新文件选项】对话框。

(3)在【新文件选项】对话框中选择【mmns_mfg_mold】,单击【确定】按钮进入模具设计环境。

(4)保存文件。

Step3. 建立模具模型

外罩参照模型要通过定位参照零件的方法改变其坐标方向,使模具坐标系统的 Z 轴沿零件孔的轴线指向正方向。

(1)在菜单管理器中选择【模具模型/定位参照零件】命令,系统弹出【布局】对话框(如图 11-94 所示)和【打开】对话框。

(2)在【打开】对话框中双击"waizhao. Prt",并在【创建参照模型】对话框中接受默认的参照模型名称"WAIZHAO-MOLD_REF",单击【确定】按钮。

(3)在【布局】对话框的【参照模型起点与定向】,单击▐按钮,系统新开一窗口显示出模型的状态,单击菜单管理器中的【动态】命令,打开【参照模型方向】对话框,如图 11-95 所示,在【参照模型方向】对话框【坐标移动/定向】区域中点击▙和 ▢x▢ 按钮,在【数值】文本框中输入"90",回车,新开窗口中可看到模具坐标参照系统绕 X 轴旋转 90°,如图 11-96 所示。

(4)在【参照模型方向】对话框中单击【确定】按钮,在【布局】对话框中单击【确定】,再单击菜单管理器中的【完成/返回】,退出型腔的布局功能,图形窗口中将显示布局成功的参照模型,如图 11-97 所示。

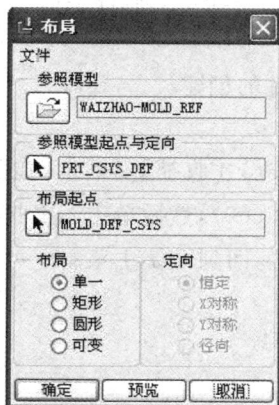

图 11-94　【布局】对话框

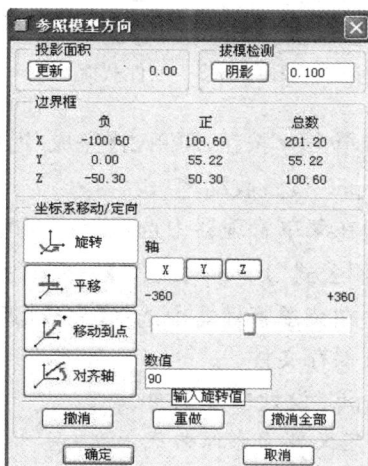

图 11-95　【参照模型方向】对话框

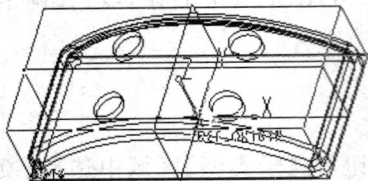

图 11-96 绕 X 轴旋转 90°后的模具坐标系

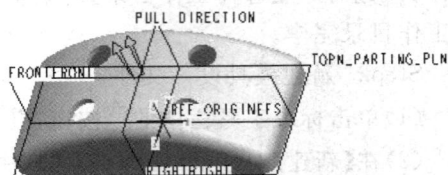

图 11-97 外罩参照模型

(5)保存文件

Step4. 建立毛坯模型

(1)在菜单管理器中选择【模具模型/创建/工件/手动】命令,弹出【元件创建】对话框。

(2)在【元件创建】对话框中输入名称为"waizhao－mold－wrk",点击【确定】按钮,同时弹出【创建选项】对话框,选择【创建特征】,点击【确定】按钮。

(3)在菜单管理器中选择【加材料/拉伸/实体/完成】命令,在主视区下方的拉伸操控板上单击【放置/定义…】按钮,打开【草绘】对话框,选"MAIN PARTING PLN"基准面为草绘平面,以"RIGHT"平面为参照面,单击【草绘】进入草绘模式,绘制如图 11-98 所示的截面,单击 ✔ 按钮,在拉伸操控板上单击【选项】按钮,在【选项】上滑面板中设置如图 11-99 所示。

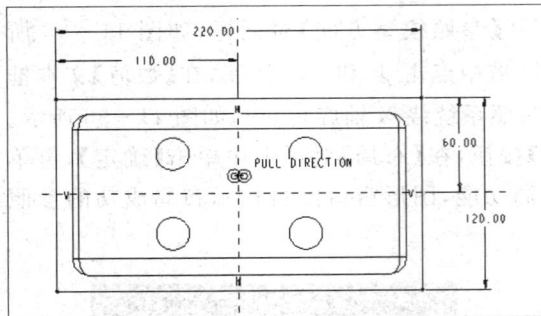

图 11-98 工件截面

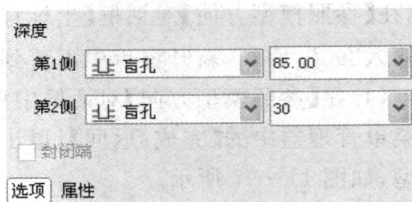

图 11-99 【选项】对话框

(4)单击 ✔ 按钮,再单击【完成/返回】回到主菜单,完成工件的创建。

Step5. 设置收缩率

(1)在菜单管理器中选择【收缩/按尺寸】命令,系统打开【按尺寸收缩】对话框,在【公式】一栏选用公式"1＋S",【比率】一栏将所有尺寸的收缩率设为"0.006",然后单击 ✔ 按钮。

(2)在菜单管理器中选择【完成/返回】命令完成收缩率设置,回到系统主菜单。

(3)保存文件。

Step6. 设计主分型面

1. 定义侧面影像曲线

(1)在菜单管理器选择【模具/特征/型腔组件/侧面影像】命令,打开【侧面影像曲线】对话框,如图 11-100 所示。

（2）【侧面影像曲线】对话框中所有的元素均已经采用默认的定义方式，直接单击【预览】按钮即可在图中看到系统找到的侧面影像曲线，如图 11－101 所示，但不是正确的侧面影像曲线。

图 11－100　【侧面影像曲线】对话框

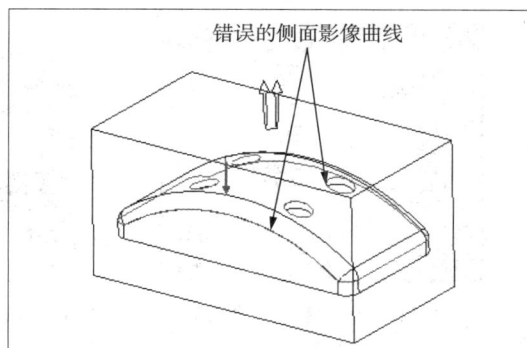

图 11－101　默认的侧面影像曲线

（3）在【侧面影像曲线】对话框中选中【环路选择】元素，并单击【定义】按钮，弹出【环选取】对话框，进入【链】选项卡页面，如图 11－102 所示。单击▤按钮，全部选中链环编号 1－1～5－1，单击【下部】按钮，将其状态值设为"下部"，再单击【预览】按钮便可以在图中看到正确的侧面影像曲线，如图 11－103 所示。

图 11－102　【环选取】对话框

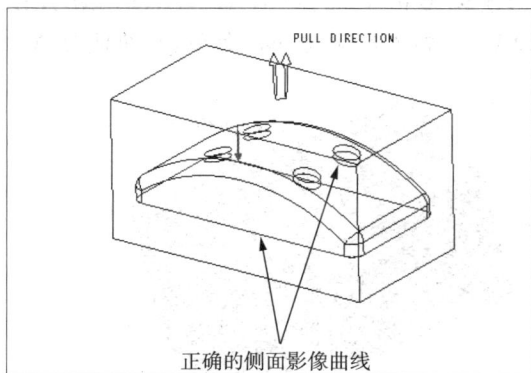

图 11－103　链环选择的侧面影像曲线

（4）单击【确定】按钮，回到【侧面影像曲线】对话框，再单击【确定】按钮，完成侧面影像曲线的定义，单击【完成/返回】命令。

2. 建立裙边曲面

（1）单击【分型曲面工具】▱ 按钮。

（2）然后点击【通过填充回路和扩展边界产生曲面】⇨ 按钮，弹出【裙边曲面】对话框如图 11－104 所示。

（3）系统提示："选择包含曲线的特征"，单击【链】下拉菜单中的【特征曲线】命令，如图 11

－105所示。右击要选取图形的相应部位,在弹出快捷菜单中选取【从列表中拾取】命令。

(4)在如图11－106所示的列表中选取前面定义的侧面影像曲线,单击【确定】按钮,完成选取的侧面影像曲线如图11－107所示。

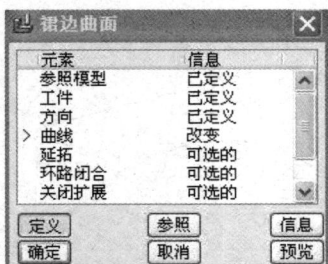

图11－104 【裙边曲面】
对话框

图11－105 选取曲线
菜单

图11－106 从列表中
拾取曲线

(5)单击【完成】命令回到【裙边曲面】对话框,单击【确定】按钮,再单击【完成/返回】命令。

(6)在模型树上选择"WAIZHAO－MOLD_REF. PRT"和"WAIZHAO－MOLD－WRK. PRT",按右键弹出快捷菜单,在快捷菜单中选择【隐藏】命令,成功建立的裙边曲面如图11－108所示。

(7)在模型树上选择"WAIZHAO－MOLD_REF. PRT"和"WAIZHAO－MOLD－WRK. PRT",按右键弹出快捷菜单,在快捷菜单中选择【取消隐藏】命令。

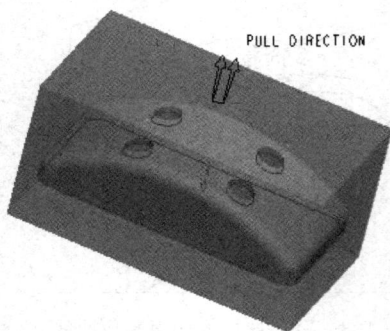

图11－107 完成侧面影像曲线

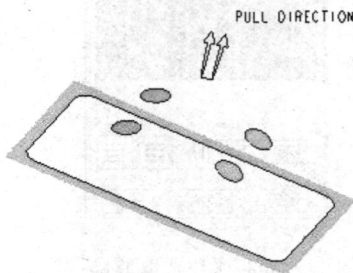

图11－108 裙边曲面

3. 保存文件

Step7. 设计型芯分型面

(1)单击【分型曲面工具】⬚按钮。在特征工具栏中单击⬚按钮,在主视区下方的拉伸操控板上单击【放置】按钮,单击【定义…】,打开【草绘】对话框,选取毛坯工件的下表面作为草绘平面,任选一个与草绘平面垂直的面作为参照面,进入草图。

(2)单击▢按钮,选取参考模型四个圆的轮廓线,如图11－109所示,完成草图绘制,单击✔按钮退出草图模式。

（3）在系统提示拉伸深度时，选择【盲孔/至曲面/完成】命令，并选择毛坯的上表面作为拉伸终止面，单击 ✔ 按钮。

（4）单击 ✎ 按钮，打开【遮蔽－撤销遮蔽】对话框，在对话框中选择【遮蔽】选项卡，然后在【可见元件】区域中选择"WAIZHAO－MOLD_REF"和"WAIZHAO－MOLD－WRK"，单击【遮蔽】按钮；单击【过滤】区域中的【分型面】按钮，在【可见曲面】区域中选择"MAIN－PS"，单击【遮蔽】按钮，再单击对话框下部的【关闭】按钮结束隐藏操作，建立的拉伸曲面如图11－107 所示。

（6）单击 ✎ 按钮，在打开的【遮蔽－撤销遮蔽】对话框中进行取消上一步已隐藏参考零件"WAIZHAO－MOLD_REF"、毛坯"WAIZHAO－MOLD－WRK"、分型面"MAIN－PS"的操作。

（7）保存文件

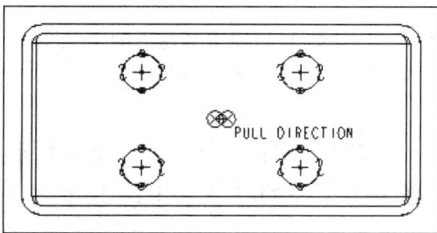

图 11－109　拉伸草图　　　　　　　　图 11－110　拉伸曲面

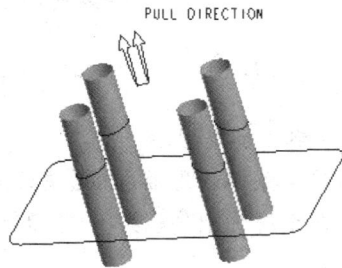

Step8. 分割体积块

1. 分割大型芯和型腔

（1）在菜单管理器中选择【模具体积块/分割/两个体积块/所有工件/完成】命令，弹出【分割】对话框及【选取】对话框。

（2）选择前面创建好的裙边曲面"main－ps"，如图 11－111 所示的网络面。

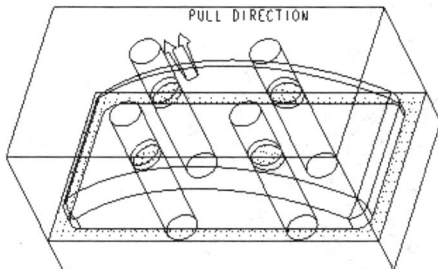

图 11－111　选取的裙边曲面

（3）在【选取】对话框中单击【确定】按钮，接着在【分割】对话框中单击【确定】按钮。

（4）系统弹出【体积块名称】对话框，在文本框中输入亮显示的零件的名称"CAVITY1"，单击【着色】按钮,着色后的大型芯,如图 11－112 所示,单击【确定】按钮。

(5)系统再次弹出【体积块名称】对话框,输入第二个被分割出来的体积块名称"CAVITY2",单击【着色】,效果如图 11－113 所示。

(6)单击【确定】按钮完成型腔的分割。

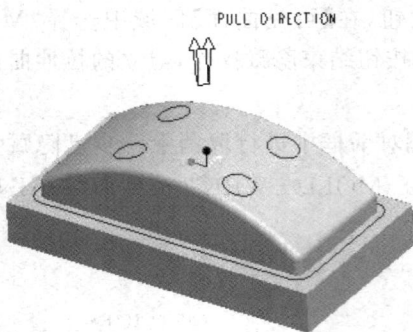

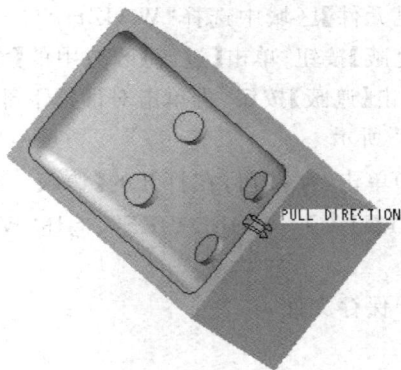

图 11－112　着色后的大型芯　　　　　　图 11－113　着色后的型腔

2. 分割 4 个小型芯

(1)单击菜单管理器中的【模具体积块/分割/一个体积块/模具体积块/完成】命令。

(2)在系统弹出的【搜索工具】对话框中选择前面创建好的"CAVITY1",单击 >> 和【关闭】按钮

(3)按照提示:"为分割所选的模型量选取分型面",选择 4 个拉伸出的圆柱面作为分割曲面,如图 11－114 所示的网络面。

(4)在【选取】对话框中单击【确定】按钮,系统提示选择要分离的孤岛对象,如图 11－115所示,钩选岛 2～岛 5,在屏幕中相应零件会发生变色后单击【完成选取】。

(5)单击【确定】按钮,在【体积块名称】对话框中输入名称"corel",再次单击【确定】,然后单击【完成/返回】命令,退出体积块分割操作。

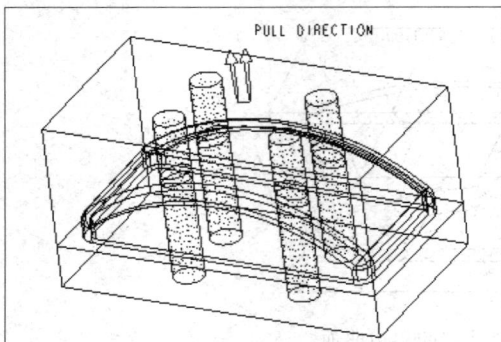

图 11－114　选取的第二个分型面　　　　　　图 11－115　孤岛选项

(6)单击 ◇ 按钮,打开【遮蔽－撤销遮蔽】对话框,在对话框中进行隐藏参考零件、毛坯、

分型面及相应的体积块操作,再单击对话框下部的【关闭】按钮结束隐藏操作,分割完成后的大型芯和小型芯如图 11－116 所示。

(7)单击 ✎ 按钮,打开【遮蔽－撤销遮蔽】对话框,在对话框中取消上一步已隐藏参考零件、毛坯、分型面及体积块的操作,再单击对话框下部的【关闭】按钮。

(8)保存文件。

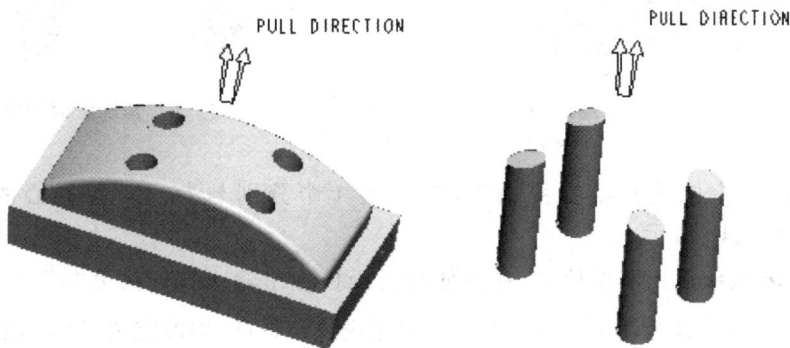

图 11－116　分割出大型芯和小型芯

Step9. 抽取模具元件

(1)在菜单管理器中选择【模具元件/抽取】命令。

(2)在弹出的【创建模具元件】对话框中,单击 ▦ 按钮,选择所有体积块,然后单击【确定】按钮,选择【完成/返回】命令。

(3)保存文件。

Step10. 修改模具元件

1. 处理大型芯"CAVITYl"

(1)在模型树中用鼠标右键单击"CAVITY1. PRT",在弹出的菜单中单击【打开】命令,进入零件图编辑模式。

(2)采用拉伸切除的方法在底部建立四个与型芯孔同轴的台阶孔,台阶的直径均为 $\phi27$,深度均为 4,修改后的大型芯如图 11－117 所示。

(3)保存文件。

(4)执行【窗口/WAIZHAO－MOLD. MFG】菜单命令,进入模具工程窗口。

2. 处理小型芯 COREl

(1)在模型树中用鼠标右键单击"CORE1. PRT",在弹出菜单中单击【打开】命令,进入小型芯模型窗口。

(2)单击 ▱ 按钮弹出【基准平面】对话框,按住"Ctrl"键,单击最右边的两个圆柱面,单击【确定】按钮,产生了一个名为"DTM1"的基准面如图 11－118 所示。

(3)单击 ▱ 按钮,在拉伸特征操控板中,单击【放置/定义…】,弹出开【草绘】对话框,选择小型芯圆柱体底面作为草绘平面,选择"DTM1"基准面为参照面,单击【草绘】进入草绘模式。

图 11-117 拉伸切割特征

图 11-118 基准平面的建立

(4)先选择 4 个圆为草绘参照对象,再绘制 4 个分别与参照对象同心的圆,直径为"φ27",如图 11-119 所示。

(5)单击 ✔ 按钮退出草绘模式,在拉伸特征操控板中输入拉伸高度"4",单击 ⊠ 按钮,观察拉伸方向并确认其为朝上,在单击 ☑ 按钮完成拉伸特征,修改完成后的小型芯如图 11-120 所示。

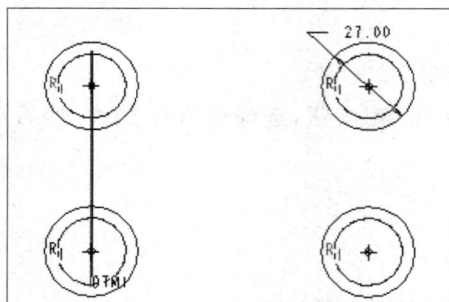

图 11-119 绘制草图

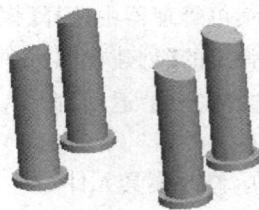

图 11-120 小型芯效果图

(6)保存文件。

(7)执行【窗口/WAIZHAO-MOLD. MFG】命令,进入模具工程窗口。

Step11. 流道设计

(1)单击 ‒ 按钮,打开【遮蔽-撤销遮蔽】对话框,在对话框中进行将毛坯"WAIZHAO-MOLD-WRK"、参考模型"WAIZHAO-MOLD_REF"、分型面"MAIN-PS"和"CORE-PS"隐藏操作。

(2)在菜单管理器中选择【模具/特征/型腔组件/实体/切减材料/旋转/实体/完成】命令,在屏幕下方的旋转特征操控板中,单击【位置/定义…】,弹出【草绘】对话框,选择"MOLD_FRONT"基准面作为草绘平面,再选择"MOLD_RIGHT"作为参考面,单击【草绘】按钮,进入草绘界面,绘制如图 11-121 所示的截面。

(3)单击 ☑ 按钮退出草绘模式,进入旋转特征操控板,确认旋转角度"360°",然后单击 ✔ 按钮,再单击【完成/返回】,设计的流道如图 11-122 所示。

图 11-121　流道旋转草图

图 11-122　流道效果图

Step12.　生成浇注件

(1)在菜单管理器中选择【铸模/创建】命令,系统提示输入填充成品件的名称。

(2)在提示输入栏分别输入零件和模具零件公用名称:"waizhao－molding",单击 ✓ 按钮完成成品件填充。

(3)保存文件。

Step13.　开模

(1)在菜单管理器中选择【模具进料孔/定义间距/定义移动】命令。

(2)根据提示,分步选择各模具元件及其移动方向(如图 11-123 所示),并输入各自的移动距离:型腔"CAVITY2"向上移动"100"、大型芯"CAVITY1"向下移动"100"、小型芯"CORE1"向下移动"200",单击 ✓ 按钮,然后在菜单管理器中选择【完成】命令,完成开模动作,如图 11-124 所示,再选择【完成/返回】命令。

(3)保存文件。

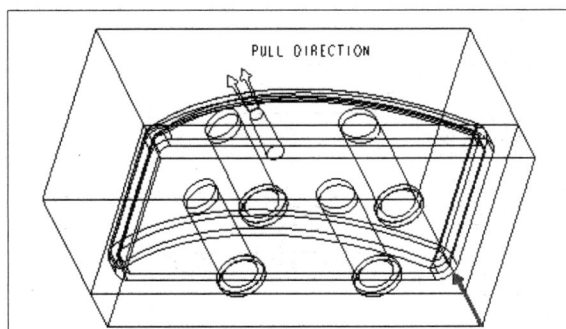

图 11-123　定义开模方向

图 11-124　模具打开效果图

第 12 章　数控加工设计

Pro/NC 模块主要用于生成数控加工的程序,能够完成数控加工的全过程。Pro/ENGI-NEER5.0 系统将设计模型信息体现到加工中,Pro/NC 生成的文件包括:刀位数据文件、刀具清单、操作报告、中间模型、机床控制文件。用户可通过 NC－Check 对生成的刀具轨迹进行检查,若刀具轨迹符合要求,则可使用 NCPost 对其进行后处理,以便生成数控加工代码,为数控机床提供加工程序。

12.1　Pro/NC 的基本概念

设计模型:即零件,是所有加工制造的基础,它表示最终的产品。通常情况下,设计模型可在【零件】模式下创建,也可直接在【制造模型】下创建。

工件:即工程上所说的毛坯,是加工操作的对象。其几何形状是加工材料尚未经过材料切除前的几何形状。它能够表示任何形式的棒料、铸件等。通常情况下,工件可在零件模式下提前创建完成,也可直接在【制造模型】下创建。

参照模型:是设计模型装入制造模型时,由系统自动生成的零件。此时参照模型替代了设计模型,成为制造装配件中的元件。

制造模型:一般制造模型由参照模型和工件组成,即零件和毛坯。随着加工制造的进行,可在毛坯上模拟材料的切削过程,加工结束时,工件几何应与设计模型的几何一致。

12.2　Pro/NC 加工工艺过程

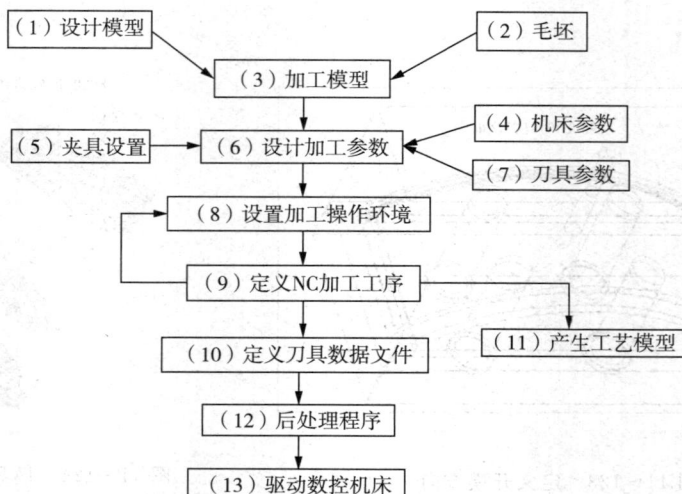

图 12-1　数控加工工艺过程

12.3　Pro/NC 加工的基本操作

1. 制造模型设置

(1)建立新的 NC 文件

选择主菜单【文件/新建】命令或单击 按钮,弹出【新建】对话框,如图 12-2 所示。

在类型区域中选择【制造】单选按钮,在子类型区域中选择【NC 组件】单选按钮,在【名称】文本框中输入新建文件名称,取消【使用缺省模板】的选择,单击【确定】按钮。

在【新文件选项】对话框的模板列表中选择【mmns-mfg-nc】,单击【确定】,进入公制制造模式。

在菜单管理器的【制造】菜单下,选择【制造模型/装配/参照模型】命令,打开设计模型,装入 Pro/NC 加工环境中。

(2)建立毛坯

在菜单管理器的【制造】菜单下,选【制造模型/创建/工件】命令,进入毛坯创建环境中。

2. 加工操作设置

图 12-2　【新建】对话框

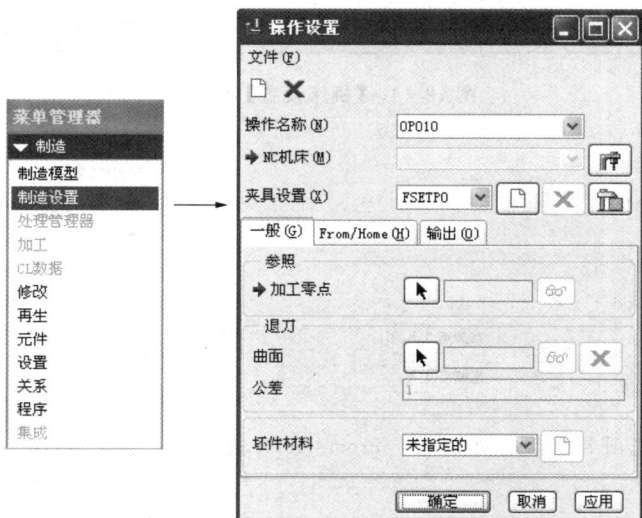

加工操作的设置主要有操作环境参数设置(工艺作业名称、机床设备、加工坐标系等),以及加工工具参数设置(机床参数、加工刀具设置、夹具设置)。

(1)在菜单管理器的【制造】菜单下,选择【制造设置】命令,弹出【操作设置】对话框,如图 12-3 所示。可对加工所用的机床类型、夹具的类型、加工坐标系和退刀面等进行设置。

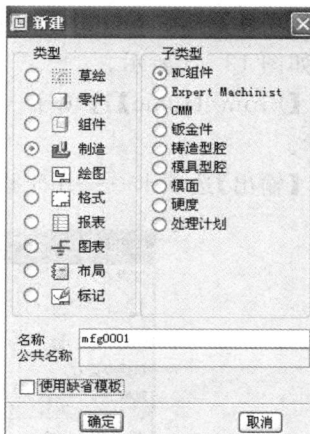

图 12-3　【操作设置】对话框

（2）【操作设置】对话框中各项内容含义如下：

▯——创建一新的操作。

✖——删除已创建的操作。

【操作名称】——加工工序名称的设置。

➡NC机床(M)——用于设置加工所使用的机床设备，包括机床的类型、机床的加工轴数。

▯☞——用于打开机床设置对话框，如图 12-4 所示。

【一般】选项卡——用于进行加工坐标系的设置、加工退刀面的设置以及坯件材料的设置，如图 12-5 所示。

【From/Home】选项卡——用于设置加工路径起始点和结束点的位置，如图 12-6 所示。

【输出】选项卡——用于设置加工过程中优先输出的选项，如图 12-7 所示。

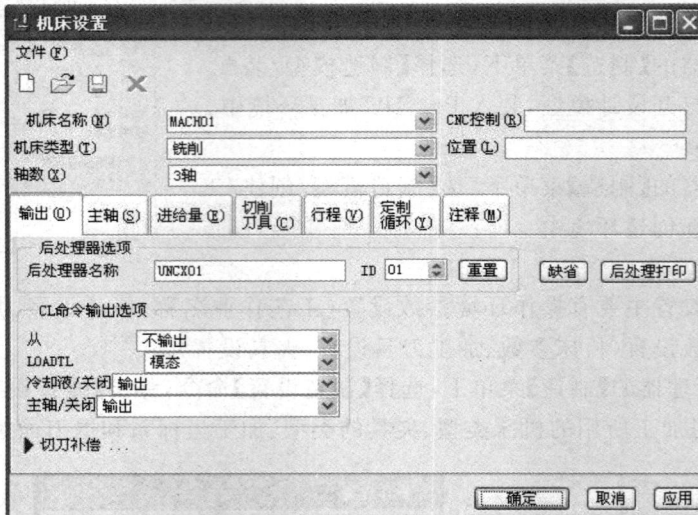

图 12-4 【机床设置】对话框

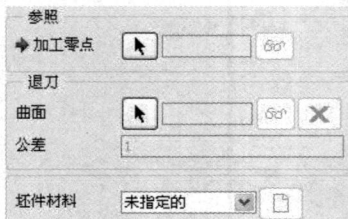

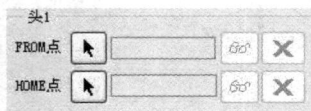

图 12-5 一般选项卡　　　　图 12-6 From/Home 选项卡　　　　图 12-7 输出选项卡

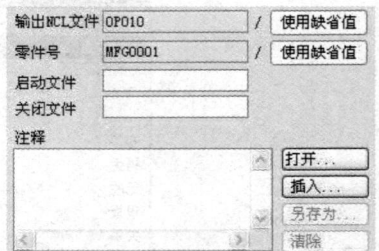

3. 创建 NC 工序

零件的加工实际上就是一系列 NC 序列的集合，创建 NC 序列的最后一步是产生刀具路径文件。

在菜单管理器的【制造】菜单下,选择【加工/NC 序列】命令,选择加工方法后,再选择【完成】命令,如图 12-8 所示。设置刀具,如图 12-9 所示。在【编辑序列参数】对话框中设置加工参数,如图 12-10 所示。

4. 后置处理

刀具路径文件包含加工零件所必需的指令,但不能用于控制数控机床实现加工。将刀具路径文件进行处理,使其为特定加工机床所能识别的信息,就必须将 CL 数据文件转换成机床控制器数据文件(MCD),以便将其传输到机床控制器,驱动机床加工出所需的零件。

图 12-8　加工方法和序列设置

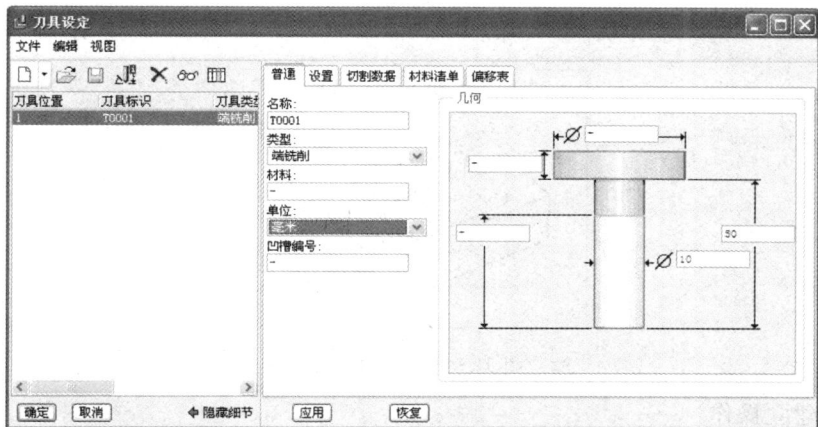

图 12-9　刀具的设置(更改图片)

图 12-10 【参数树】对话框（更改图片）

12.4 块铣削

块铣削用于铣削一定体积内的材料。根据切削实体体积块的设置，给定相应的刀具和加工参数，用等高分层的方法切除毛坯余量。主要用于进行粗加工，留少量余量给予精加工，可提高加工效率，降低成本。

12.4.1 块铣削凹槽设计

Step1. 设计零件模型

设计零件模型"aocao. prt"，如图 12-11 所示。

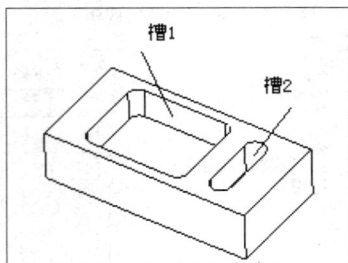

图 12-11 零件模型

Step2. 建立操作

选择主菜单【文件/新建】命令或单击□按钮，弹出【新建】对话框，在类型区域中选择【制造】单选按钮，在子类型中区域选择【NC 组件】单选按钮，输入新文件名"aocao. prt"，不使用系统缺省模板，选用公制模板【mmns－mfg－nc】，单击【确定】按钮，进入加工模式。

1. 建立制造模型

(1)导入参照模型

选择【制造模型/装配/参照模型】命令,打开零件模型"aocao. prt",按系统缺省位置放置,将创建的零件模型装配到加工环境中。

(2)创建毛坯

选择【制造模型/创建/工件】命令,输入工件名称"aocao. wrk",单击☑按钮。

选择【实体/加材料/拉伸/实体/完成】命令,弹出拉伸特征操控板。

单击【放置/定义…】按钮,选取零件底面为草绘平面。单击▢按钮,选取零件的轮廓线,得到草绘剖面。

输入拉伸深度"50",单击☑按钮,墨绿色毛坯创建完成,选择【完成/返回】命令,完成制造模型创建。

2. 操作设置

(1)选择【制造设置】命令,输入操作名称"Vol−aocao"。

(2)设置机床。单击🖃按钮,弹出【机床设置】对话框。在对话框中可设置【机床名称】、【类型】、【轴数】,接受默认设置,单击【应用/确定】按钮。

(3)设置加工坐标系。单击 ➔加工零点 🔲中🔲按钮,选择【制造坐标系】菜单中的【创建】命令,选取毛坯,依次选取毛坯三个相互垂直的平面,在左上角建立一个 Z 轴垂直向上的新坐标系"CS1",如图 12−12 所示。

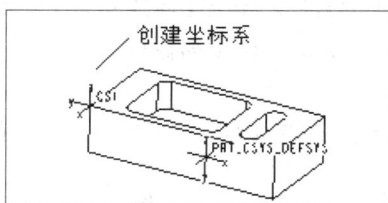

图 12−12　建立加工坐标系

(4)设置退刀面。单击 曲面 🔲中🔲按钮,弹出【退刀选取】对话框。单击【沿 Z 轴】按钮,输入 Z 轴深度"10",单击【确定】按钮,选择【完成/返回】命令,操作设置完成。

Step3. 创建 NC 工序和模拟加工屏幕显示

1. 加工方法的设置

(1)选择【制造】菜单中的【加工/NC 序列】命令,在【辅助加工】菜单中选择【加工/体积块/3 轴/完成】命令。

(2)在【序列设置】菜单中选择【名称/刀具/参数/体积/完成】命令。

(3)输入 NC 序列名称:"cao",单击☑按钮。

(4)在【刀具设定】对话框中设置刀具直径"10",长度"50",其他各项默认。单击【应用/确定】按钮,刀具设置完成。

(5)在【制造参数】对话框中选择【设置】命令,弹出【编辑序列参数】对话框,设置如图 12

－13,单击【完成】按钮,结束加工参数的设置。

(6)选择【定义体积块】菜单的【创建体积块】命令,输入体积块名称"tijikuai",指定体积块的方法一个是聚合,即选择已经存在的特征;另一个是草绘,即以创建特征的方法指定体积块,在此用聚合方法:选择【聚合/定义/选取/完成】命令,选择【特征/完成】命令,选取凹槽,单击【确定】按钮;选择【完成参考/完成】命令,选择【完成/返回】命令,块铣削基本要素定义完成。

制造参数	AOCAO
CUT_FEED	200
步长深度	5
跨度	3
PROF_STOCK_ALLOW	0
允许未加工毛坯	0
允许的底部线框	－
切割角	0
扫描类型	类型3
ROUGH_OPTION	粗糙轮廓
SPINDLE_SPEED	2000
COOLANT_OPTION	喷淋雾
间隙_距离	2

图 12－13 【编辑序列参数】对话框(更改图片)

2. 刀具路径的屏幕演示

(1)选择【演示轨迹/屏幕演示】命令,弹出【播放路径】对话框,单击播放▶按钮,演示刀具的运动轨迹,如图 12－14 所示,完成 NC 序列设置。

(2)保存

选择主菜单【文件/保存】命令,保存文件,NC 工序定义完成。

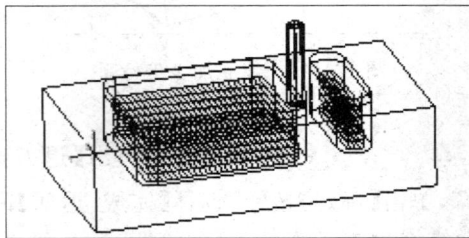

图 12－14 演示刀具路径

Step4、后置处理

(1)在【制造】菜单中选择【CL 数据/输出/操作】命令,在弹出的菜单中选择"Vol－aocao"。

(2)选择【轨迹】菜单的【文件】命令,按图 12－15 所示设置输出类型,选择【完成】命令。

(3)弹出【保存副本】对话框,默认以"Vol－aocao.ncl"为文件名保存,单击【确定】按钮,系统生成刀位数据文件并返回轨迹菜单。

(4)选择【加工】菜单中的【CL 数据/后置处理】命令,弹出【打开】对话框。选择"Vol－aocao.ncl"文件,打开该文件,系统弹出【后置期处理选项】菜单,如图 12－15 所示。

选择【完成】命令，系统弹出【后置处理列表】菜单，如图 12－16 所示。

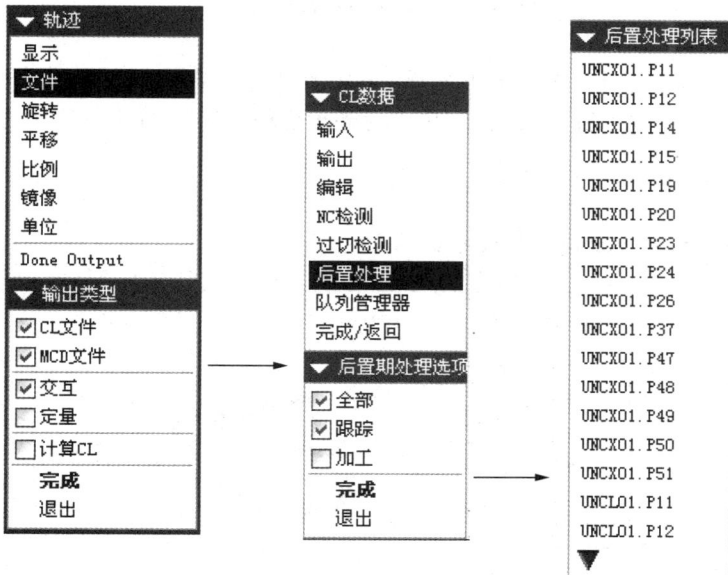

图12-15 【轨迹】和【后置处理选项】菜单 图12-16 【后置处理列表】菜单

（5）选择"uncx01.p11"，显示后置处理的相关信息如图 12－17、图 12－18 所示。单击【关闭/确认输出】按钮，选择【完成/返回】命令，后置处理完成。通过记事本程序打开文件 NC－aocao.tap，生成了机床控制数据（MCD）文件。

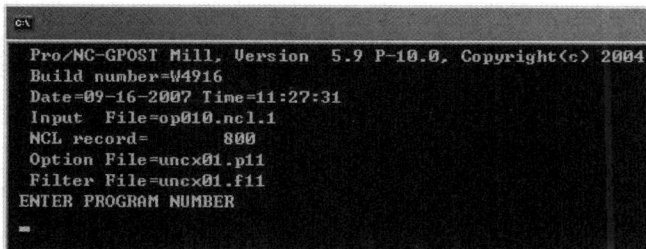

图 12－17 编辑窗口

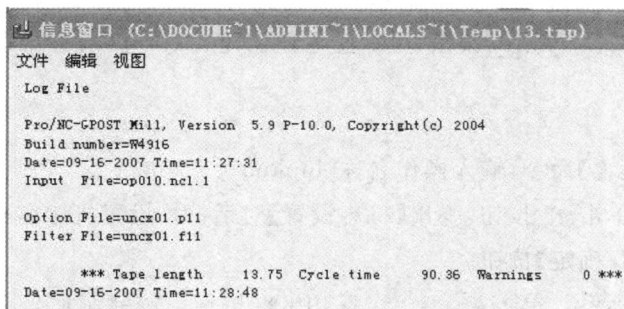

图 12－18 信息窗口显示

12.5　轮廓铣削

轮廓加工使用刀具的侧刃来铣削曲面轮廓,可用于加工竖直或倾斜的曲面。轮廓加工时刀具以等高方式沿着工件进行分层加工,是作为外轮廓精加工选用的一种方法。

12.5.1　垂直轮廓铣削

Step1. 设计零件模型"wuzi. prt",尺寸如图 12－19 所示。

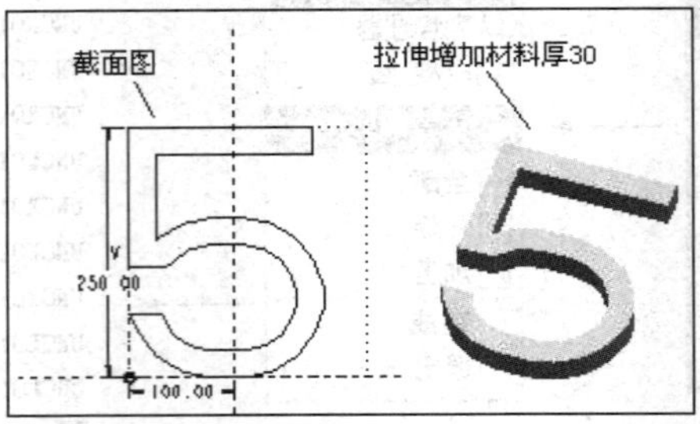

图 12－19　设计模型

Step2. 建立操作

选择主菜单【文件/新建】命令或单击工具栏中的 按钮,建立文件名为"wuzi. asm"的公制制造模板。

1. 建立制造模型

(1)导入参照模型

选择【制造模型/装配/参照模型】命令,打开设计模型"wuzi. prt",按系统缺省位置放置,将创建的零件模型装配到加工环境中。

(2)创建毛坯

选择【制造模型/创建/工件】,输入工件名称"wuzi. wrk",单击 按钮。

选择【实体/加材料/拉伸/实体/完成】命令,弹出【拉伸特征】操控板。

单击【放置/定义…】按钮,选取零件底面为草绘平面,绘制加工余量为"10"的矩形草绘剖面"270×210"。

输入拉伸深度"30",单击 按钮,墨绿色毛坯创建完成,选择【完成/返回】命令,完成制造模型创建。

2. 操作设置

(1)选择【制造设置】命令,输入操作名称"lunkuo"。

(2)设置机床。单击 按钮,弹出【机床设置】对话框。设置机床名称、类型、轴数,接受默认设置,单击【应用/确定】按钮。

(3)设置加工坐标系。单击 加工零点 中 按钮,选择【制造坐标系】菜单的【创建】命令,选取毛坯,依次选取毛坯三个相互垂直的平面,在左下角建立一个 Z 轴垂直向上的新坐标系"CS0",如图 12-20 所示。

(4)设置退刀面。单击 中 按钮,弹出【退刀选取】对话框。单击【沿 Z 轴】按钮,输入 Z 轴深度"20",单击【确定】按钮,选择【完成/返回】命令,操作设置完成。

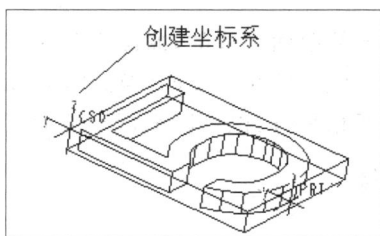

图 12-20　建立加工坐标系

Step3. 创建 NC 工序和模拟加工屏幕显示。

1. 加工方法的设置

(1)选择【制造】菜单的【加工/NC 序列】命令,在【辅助加工】菜单中选择【加工/轮廓/3 轴/完成】命令。

(2)在【序列设置】菜单中选择【名称/刀具/参数/曲面/完成】命令。

(3)输入 NC 序列名称:"1k",单击 ✓ 按钮。

(4)在【刀具设定】对话框中设置刀具直径"6",长度"50",其他各项默认。单击【应用/确定】按钮,刀具设置完成。

(5)在【制造参数】对话框中选择【设置】命令,弹出【编辑序列参数】对话框,设置如图 12-21 所示。单击【完成】按钮,结束加工参数的设置。

(6)选择【选取曲面】菜单中的【模型/完成/曲面】命令,选取实体的所有侧面,选择【完成/返回】命令,轮廓铣削基本要素定义完成。

2. 刀具路径的屏幕演示

(1)选择【演示轨迹/屏幕演示】命令,弹出【播放路径】对话框,单击播放 ▶ 按钮,演示刀具的运动轨迹,如图 12-22 所示,完成 NC 序列设置。

(2)保存

选择主菜单【文件/保存】命令,保存文件,NC 工序定义完成。

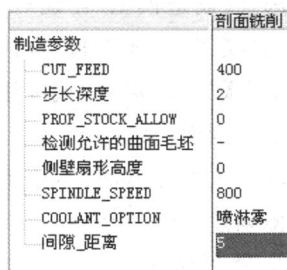

图 12-21　【编辑序列参数】
对话框(更改图片)

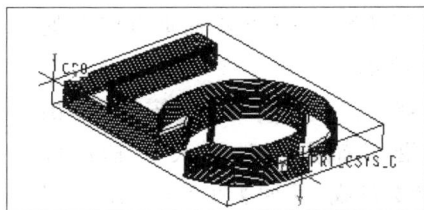

图 12-22　演示刀具路径

12.6 曲面铣削

所有的机械零件都是由不同的曲面组成的，曲面又分为一般曲面和复杂曲面，一般曲面的加工在普通机床上容易实现。Pro/ENGINEER Wildfire 5.0 提供了曲面的加工方法。其生成的刀具路径可以在平面内互相平行，也可以平行于被加工平面的轮廓。

12.6.1 曲面铣削实例演练

Step1. 设计零件模型

设计零件模型"ch12－23. prt"，如图 12－23 所示。

Step2. 建立操作

选择主菜单【文件/新建】命令或单击工具栏中的 □ 按钮，建立
文件名为"qumian. asm"的公制制造模板。

1. 建立制造模型

(1)导入参照模型

图 12－23 设计模型

选择【制造模型/装配/参照模型】命令，打开设计模型"ch12－
23. prt"，按系统缺省位置放置，将创建的零件模型装配到加工环境中。

(2)创建毛坯

选择【制造模型/创建/工件】命令，输入工件名称"qumian. wrk"，单击 ✔ 按钮。

选择【实体/加材料/拉伸/实体/完成】命令，弹出【拉伸特征】操控板。

单击【放置/定义…】按钮，选取零件底面为草绘平面。单击 □ 按钮，选取零件的轮廓线，得到草绘剖面。

输入拉伸深度"50"，单击 ✔ 按钮，墨绿色毛坯创建完成，选择【完成/返回】命令，完成制造模型创建。

2. 操作设置

(1)选择【制造设置】命令，输入操作名称"Xi－qumian"。

(2)设置机床。单击 ▦ 按钮，弹出【机床设置】对话框。设置机床名称、类型、轴数，接受默认设置，单击【应用/确定】按钮。

(3)设置加工坐标系。单击 ➔加工零点 ▣ 中 ▣ 按钮，选
择【制造坐标系】菜单中的【创建】命令，选取毛坯，依次选取毛
坯三个相互垂直的平面，在左下角建立一个 Z 轴垂直向上的
新坐标系"CS0"，如图 12－24 所示。

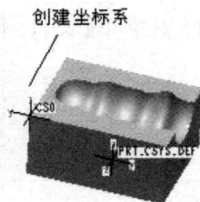

创建坐标系

(4)设置退刀面。单击 ▦ ▣ 中 ▣ 按钮，弹出
【退刀选取】对话框。单击【沿 Z 轴】按钮，输入 Z 轴深度
"10"，单击【确定】按钮，选择【完成/返回】命令，操作设置
完成。

图 12－24 建立加工坐标系

Step3. 创建 NC 工序和模拟加工屏幕显示。

1. 加工方法的设置

(1)选择【制造】菜单中的【加工/NC 序列】命令,在【辅助加工】菜单中选择【加工/曲面铣削/3 轴/完成】命令。

(2)在【序列设置】菜单中选择【名称/刀具/参数/曲面/定义切割/完成】命令。

(3)输入 NC 序列名称:"xqm",单击 ☑ 按钮。

(4)在【刀具设定】对话框中设置刀具直径"5",长度"50",圆角半径"2.5",其他各项默认。单击【应用/确定】按钮,刀具设置完成。

(5)在【制造参数】对话框中选择【设置】命令,弹出【编辑序列参数】对话框,设置如图 12－25 所示,单击【完成】按钮,结束加工参数的设置。

(6)选择【曲面拾取】菜单中的【模型/完成】命令,选取如图 12－26 所示需加工的曲面,选择【完成/返回】命令。

(7)弹出【切削定义】对话框,设置如图 12－27 所示,单击【确定】按钮,曲面铣削基本要素定义完成。

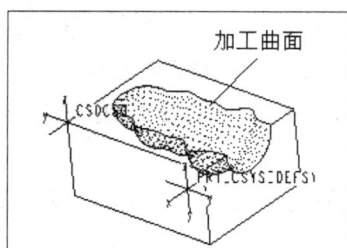

制造参数	曲面铣削
CUT_FEED	400
粗加工步距深度	-
跨度	2
PROF_STOCK_ALLOW	0
检测允许的曲面毛坯	-
扇形高度	-
切割角	0
扫描类型	类型3
带选项	直线连接
SPINDLE_SPEED	800
COOLANT_OPTION	关闭
间隙_距离	2

图 12－25　【编辑序列参数】
对话框(更改图片)

图 12－26　曲面拾取

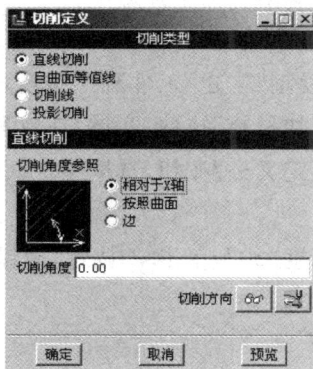

图 12－27　【切削定义】对话框

2. 生成刀具路径

(1)选择【演示轨迹/屏幕演示】命令,弹出【播放路径】对话框,单击播放 ▶ 按钮,演示刀具的运动轨迹,如图 12－28 所示,完成 NC 序列设置。

(2)保存

选择主菜单【文件/保存】命令,保存文件,NC 工序定义完成。

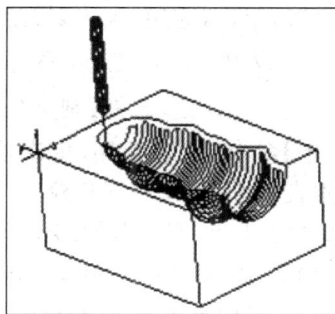

图 12－28　演示刀具路径

12.7 孔加工

辅助加工中的孔加工操作主要用于孔的加工,如钻孔、镗孔、攻丝、铰孔。

12.7.1 孔加工制作

Step1. 设计零件模型

设计零件模型"ban. prt",如图 12-29 所示。

Step2. 建立操作

选择主菜单【文件/新建】命令或单击工具栏中的 □ 按钮,建立文件名为"ban. asm"的公制制造模板。

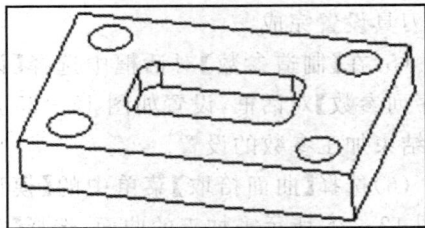

图 12-29 设计模型

1. 建立制造模型

(1)导入参照模型:

单击【制造模型/装配/参照模型】,打开设计模型"ban. prt",,按系统缺省位置放置,将创建的零件模型装配到加工环境中。

(2)创建毛坯

选择【制造模型/创建/工件】命令,输入工件名称"ban. wrk",单击 ☑ 按钮。

选择【实体/加材料/拉伸/实体/完成】命令,弹出【拉伸特征】操控板。

单击【放置/定义…】按钮,选取零件底面为草绘平面。单击 □ 按钮,选取零件的轮廓线,得到草绘剖面。

输入拉伸深度"20",单击 ☑ 按钮,墨绿色毛坯创建完成,选择【完成/返回】命令,完成制造模型创建。

3. 操作设置

(1)选择【制造设置】命令,输入操作名称"kong"。

(2)设置机床。单击 📰 按钮,弹出【机床设置】对话框,设置机床名称、类型、轴数,接受默认设置,单击【应用/确定】按钮。

(3)设置加工坐标系。单击 ▶ 中

⟦→加工零点⟧ ▶ 按钮,选择【制造坐标系】菜单中的【创建】命令,选取毛坯,依次选取毛坯三个相互垂直的平面,在左下角建立一个 Z 轴垂直向上的新坐标系"CS0",如图 12-30 所示。

(4)设置退刀面。单击 ⟦曲面⟧ ▶ 中

▶ 按钮,弹出【退刀选取】对话框。单击【沿 Z 轴】按钮,输入 Z 轴深度"5",单击【确定】按钮,

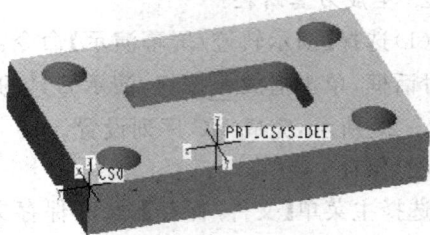

图 12-30 建立加工坐标系

选择【完成/返回】命令,操作设置完成。

Step3. 创建 NC 工序和模拟加工屏幕显示

1. 加工方法的设置

(1)选【制造】菜单中的【加工/NC 序列】命令,在【辅助加工】菜单中选择【加工/曲面铣削/3 轴/完成】命令。在【孔加工】菜单中选择【钻孔/标准/完成】命令。

(2)在【序列设置】菜单中选择【名称/刀具/参数/孔/完成】命令。

(3)输入 NC 序列名称:"kjg",单击✔️按钮。

(4)在【刀具设定】对话框中设置刀具直径"15",长度"100",其他各项默认,单击【应用/确定】按钮,刀具设置完成。

(5)在【制造参数】对话框中选择【设置】命令,弹出【编辑序列参数】对话框,设置如图 12-31 所示,单击【完成】按钮,结束加工参数的设置。

(6)在弹出如图 12-32 所示的【孔集】对话框中,选择【阵列/添加】按钮,选取要钻的孔对象,单击【确定/完成】按钮,选择【完成/返回】命令,孔加工要素定义完成。

2. 生成刀具路径。

(1)选择【演示轨迹/屏幕演示】命令,弹出【播放路径】对话框,单击播放▶️按钮,演示刀具的运动轨迹,如图 12-33 所示,完成 NC 序列设置。

(2)保存

选择主菜单【文件/保存】命令,保存文件,NC 工序定义完成。

图 12-31　【编辑序列参数】
对话框(更改图片)

图 12-32　【孔集】对话框

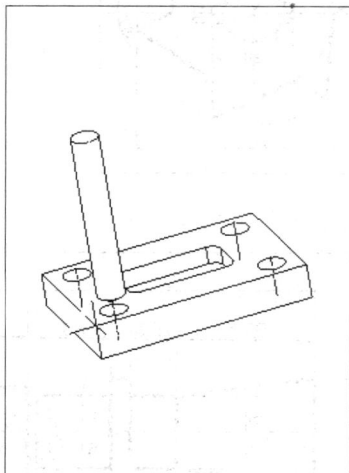

图 12-33　演示刀具路径

第13章 综合实训项目

本模块将提供与本书各模块所配套的、针对性和可操作性都很强的实训项目,借以训练和提高草绘、实体、曲面造型等方面的熟练度和技巧。

13.1 草绘实训项目

2D 截面的绘制是 Pro/ENGINEER Wildfire 5.0 特征建模的一项最基本的技能,参照本书第 2 章,使用各种草绘命令和方法来绘制 2D 截面。

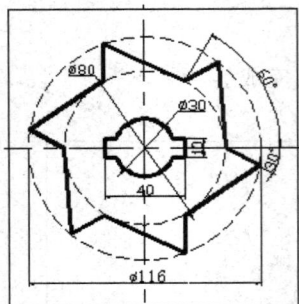

图 13-1

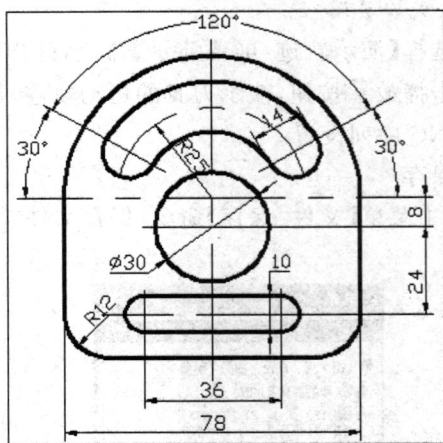

图 13-2

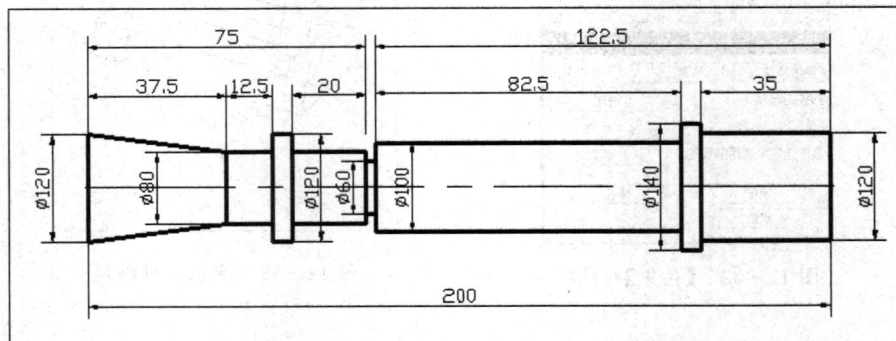

图 13-3

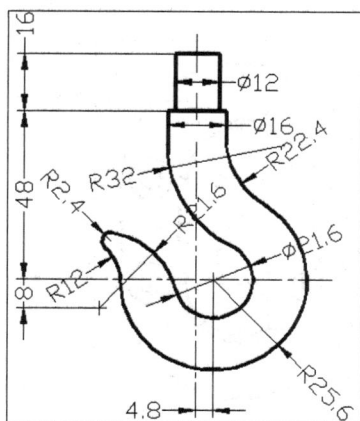

图 13 - 4

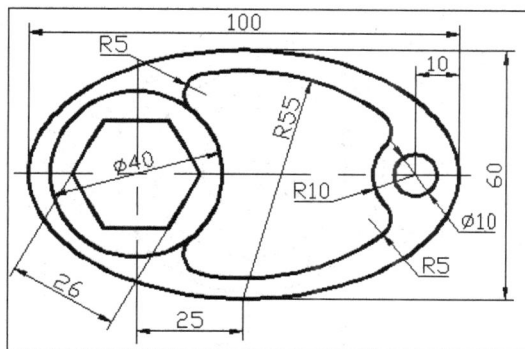

图 13 - 5

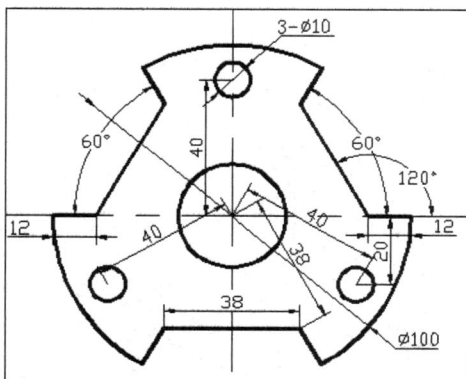

图 13 - 6

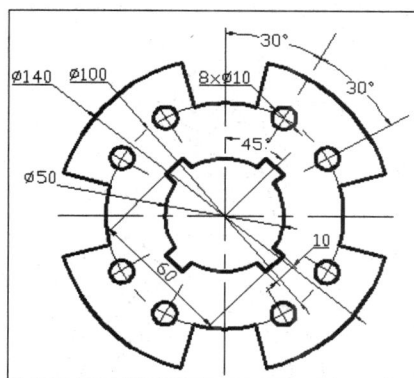

图 13 - 7

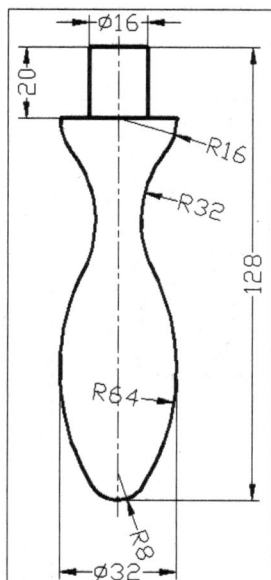

图 13 - 8

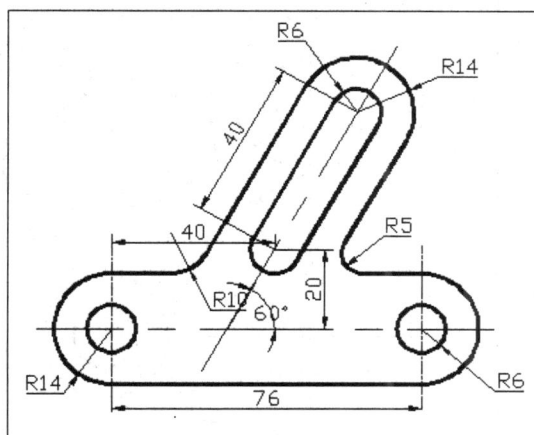

图 13 - 9

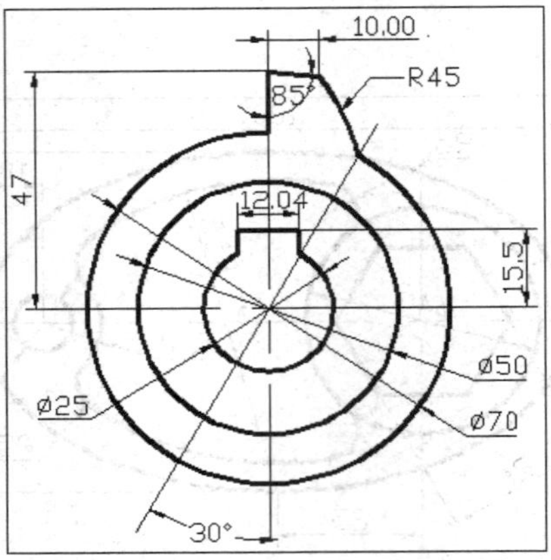

图 13 - 10

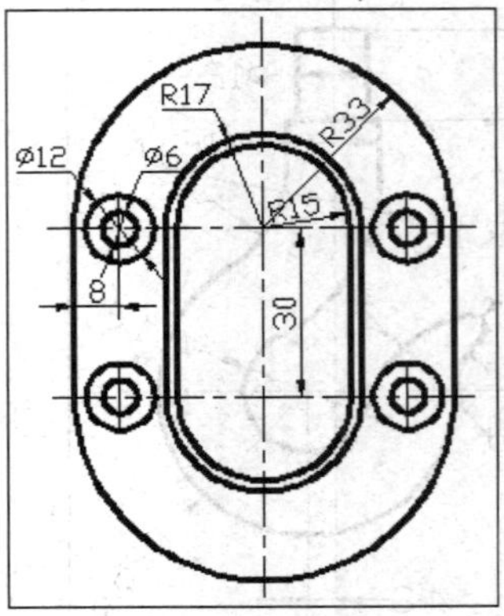

图 13 - 11

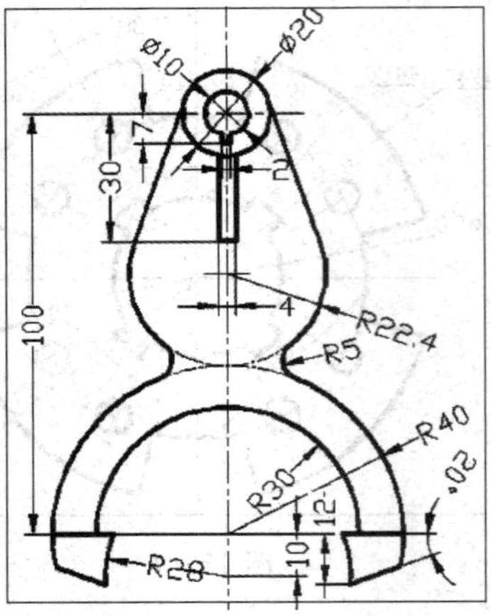

图 13 - 12

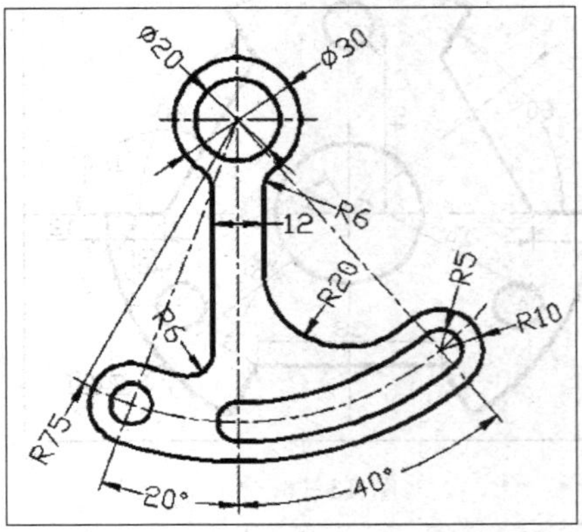

图 13 - 13

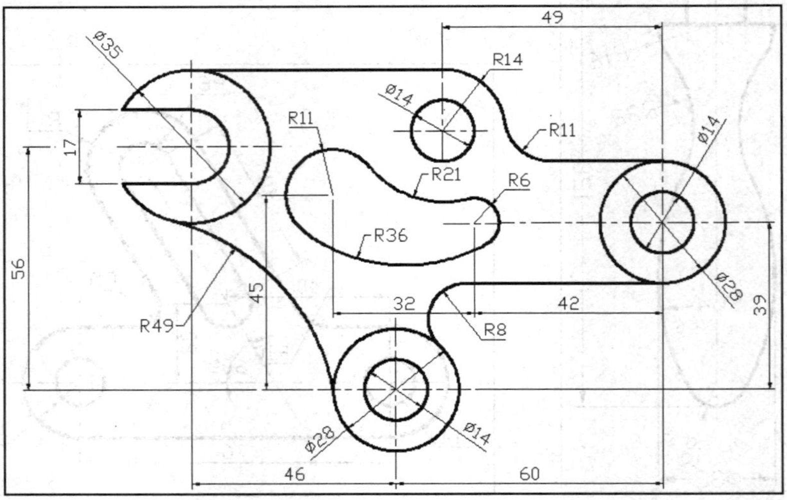

图 13 - 14

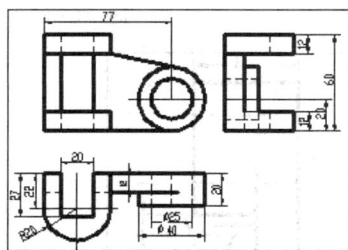

图 13 - 15

13.2 基本实体造型实训项目

产品模型是由若干个特征构建而成的。产品设计的一个主要内容便是特征建模。参照本书第 3 章、第 4 章、第 5 章和第 6 章,运用基本实体建模方法及其特征的操作等,完成实体造型。

1. 由确定的平面三视图尺寸,完成实体造型

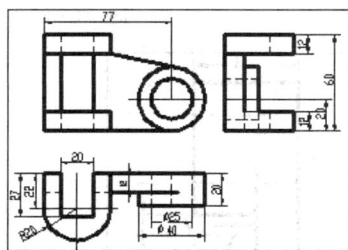

图 13 - 16

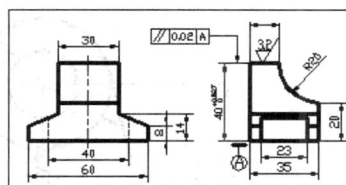

图 13 - 17

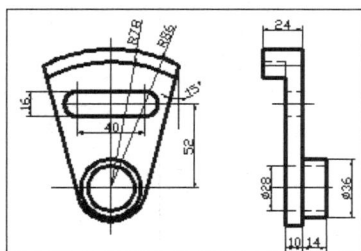

图 13 - 18

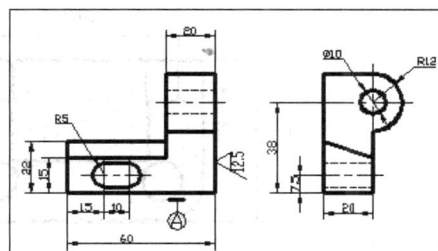

图 13 - 19

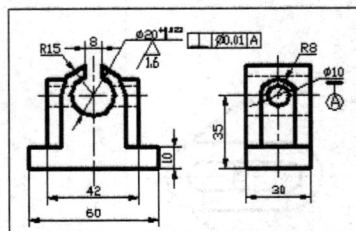

图 13 - 20

图 13 - 21

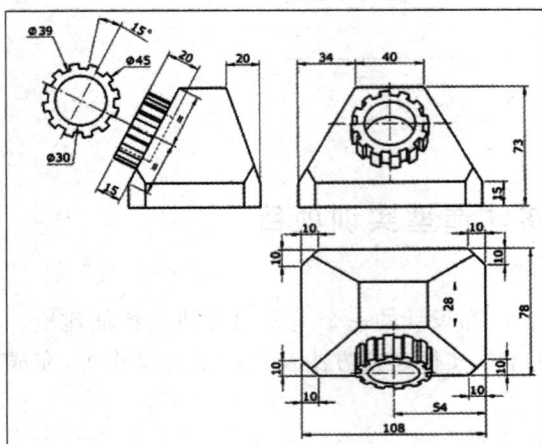

图 13 - 22

图 13 - 23

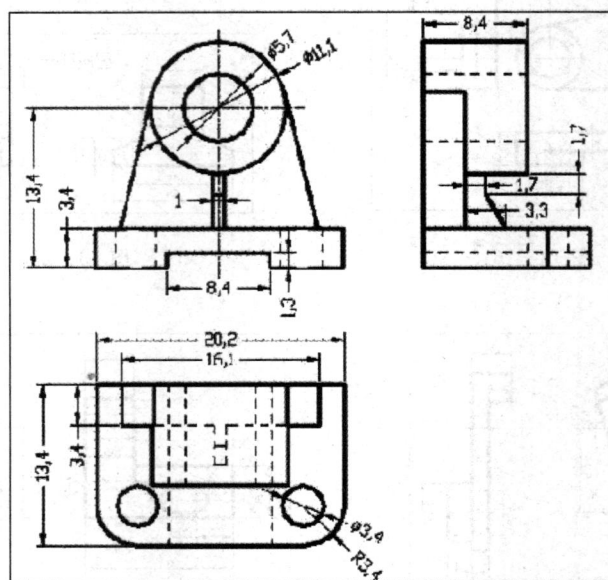

图 13 - 24

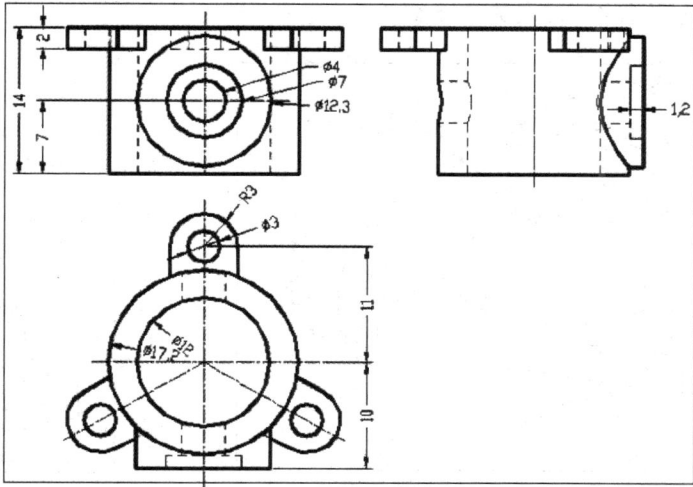

图 13 - 25

图 13 - 26

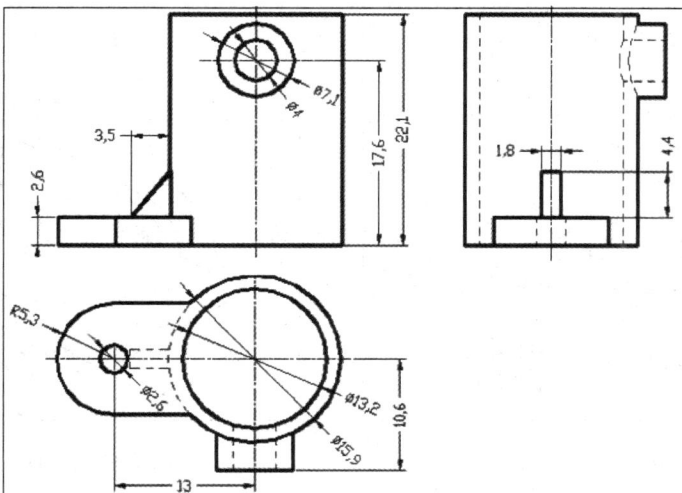

图 13 - 27

2. 由已知的三维视图，完成实体造型

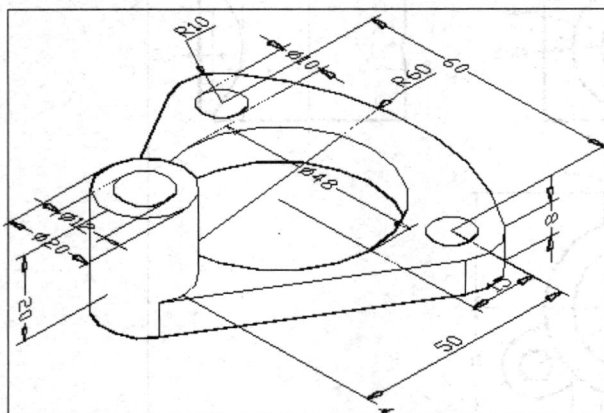

图 13 - 28

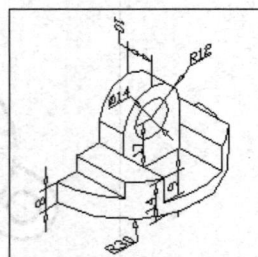

图 13 - 29

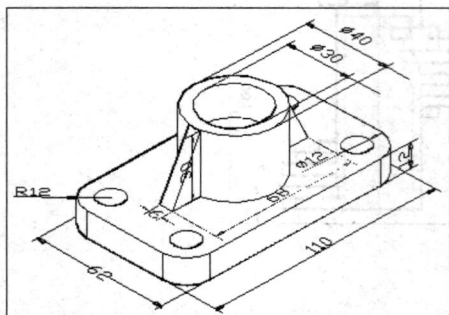

图 13 - 30

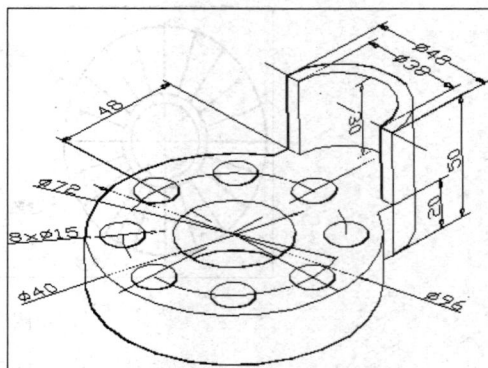

图 13 - 31

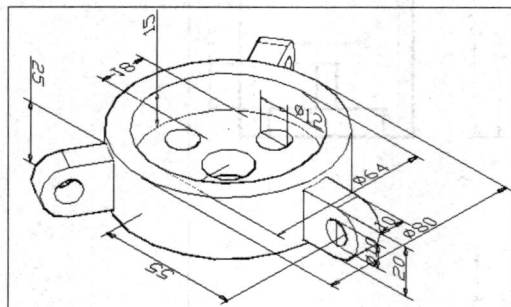

图 13 - 32

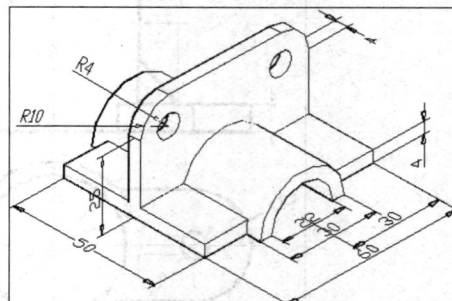

图 13 - 33

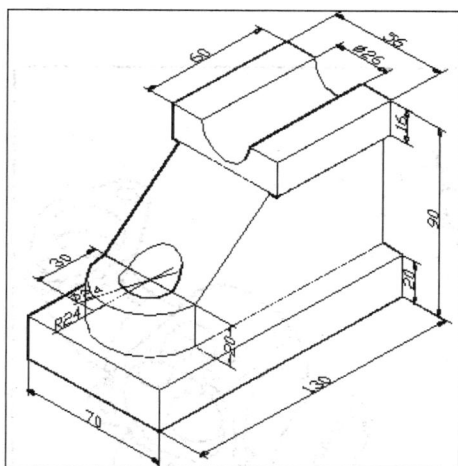

图 13 - 34

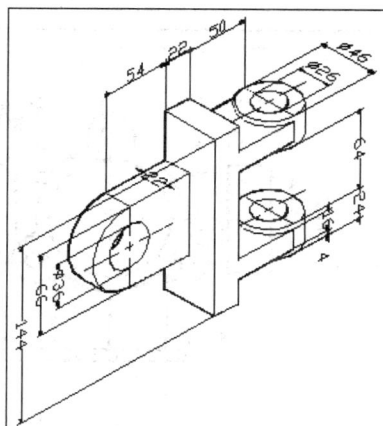

图 13 - 35

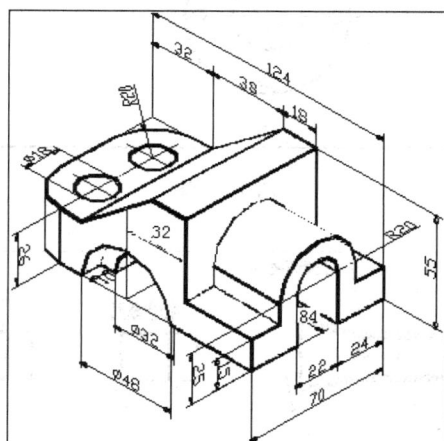

图 13 - 36

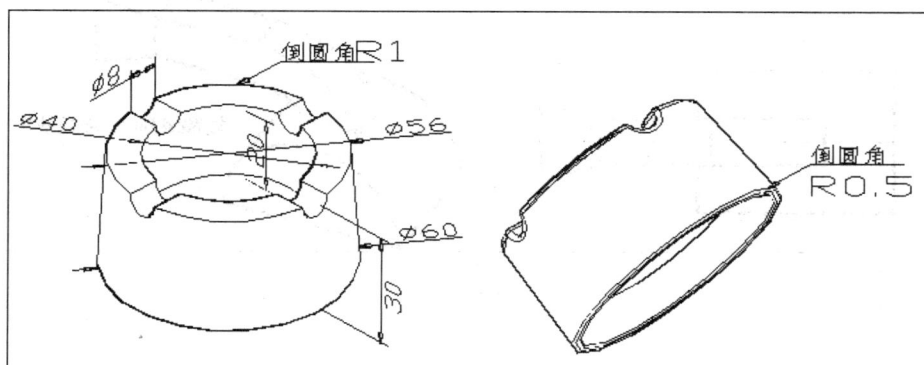

图 13 - 37

3. 根据已知零件图，创建实体特征

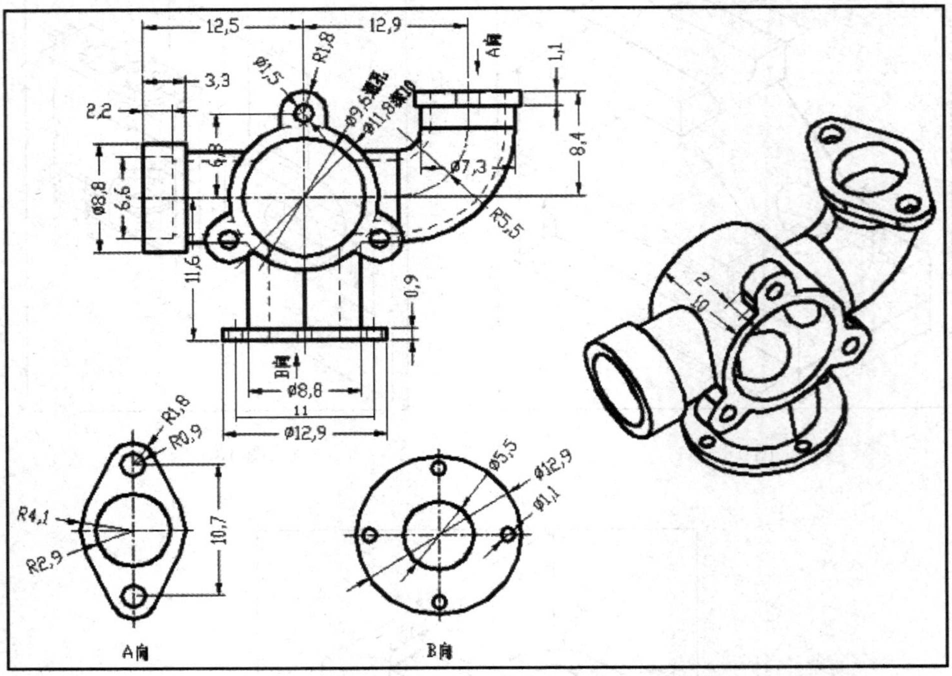

图 13 - 38

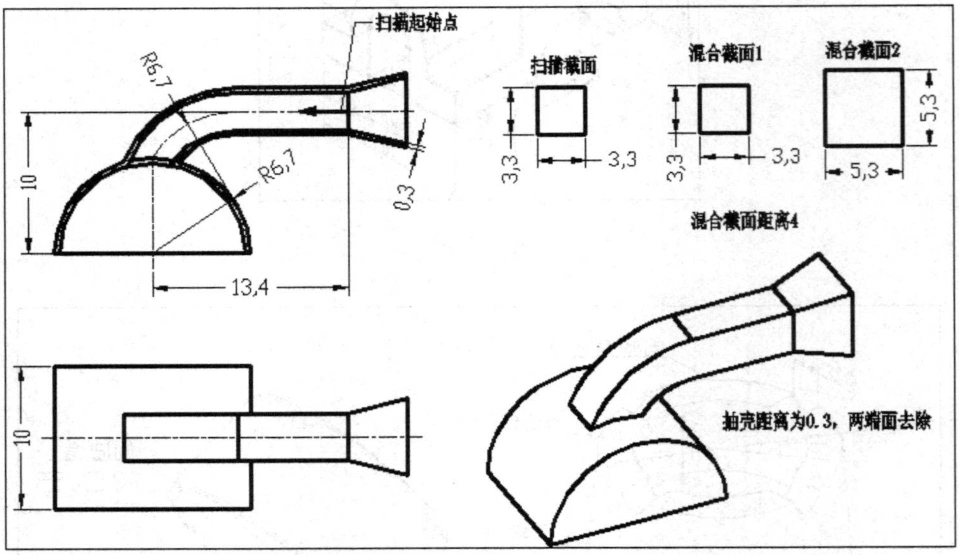

图 13 - 39

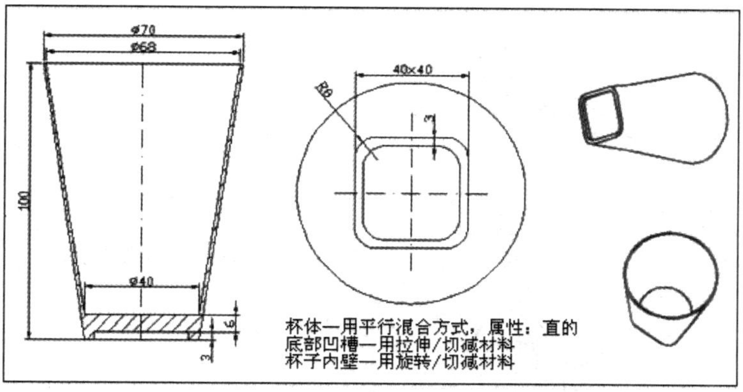

杯体—用平行混合方式，属性：直的
底部凹槽—用拉伸/切减材料
杯子内壁—用旋转/切减材料

图 13 - 40

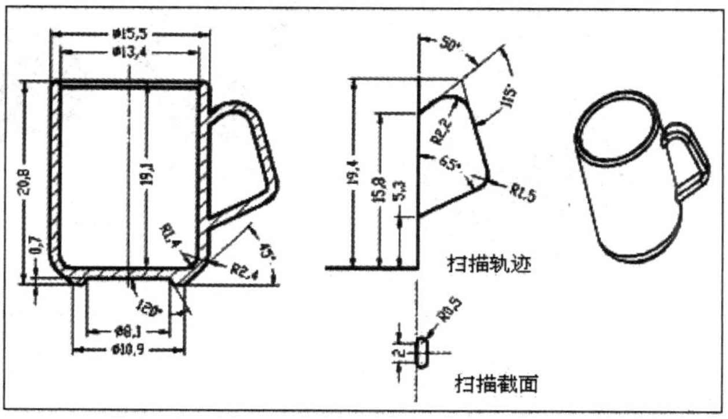

扫描轨迹

扫描截面

图 13 - 41

技术要求：
柱体倒角 1 X 45°
柱体圆角 R 2

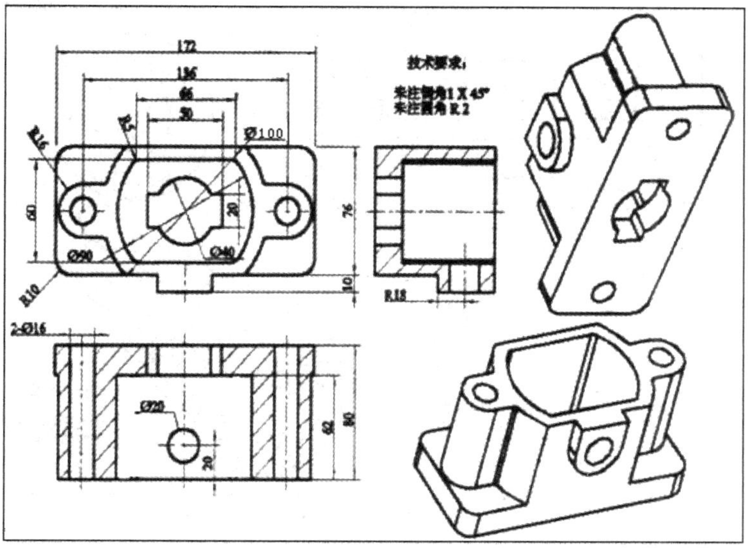

图 13 - 42

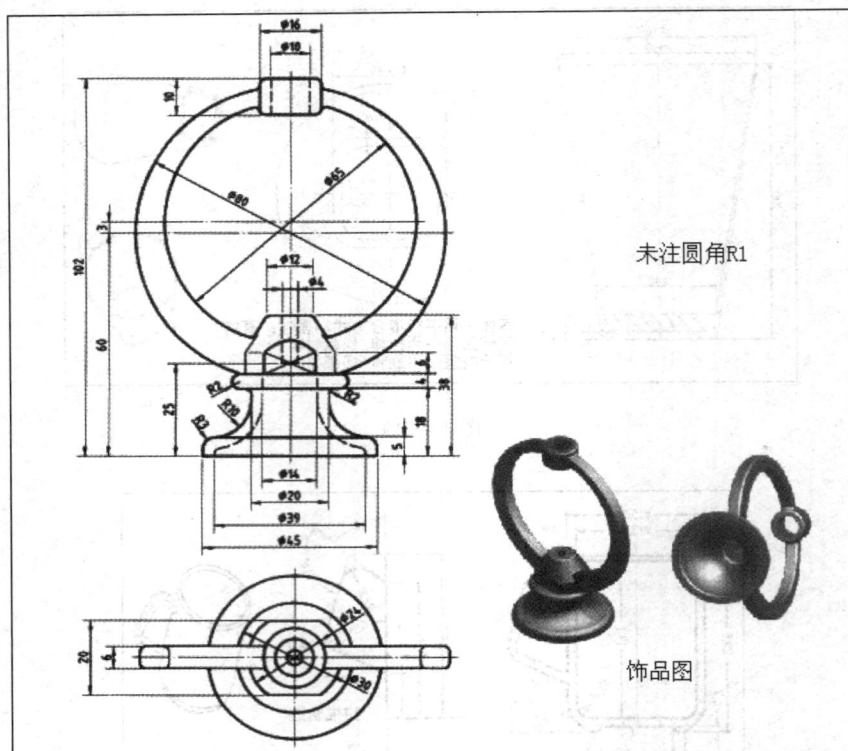

未注圆角R1

饰品图

图 13 - 43

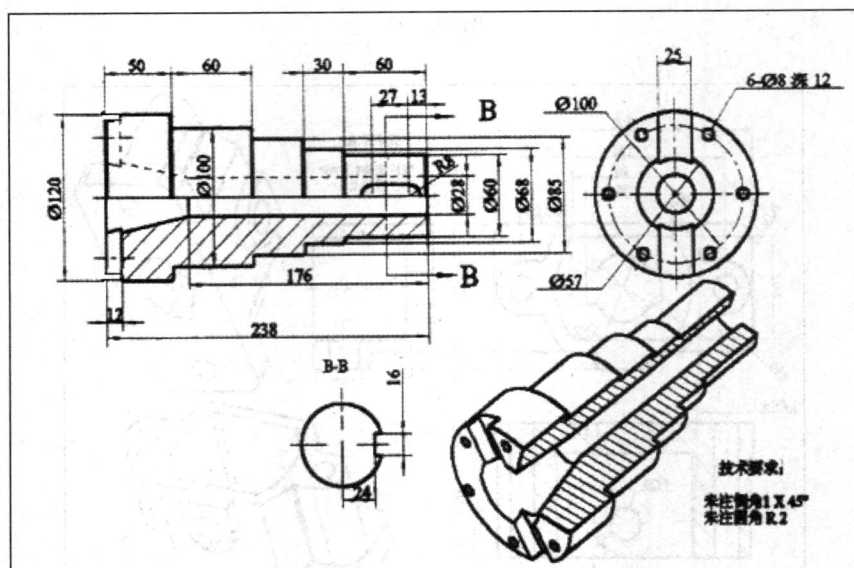

技术要求：
未注倒角1×45°
未注圆角R2

图 13 - 44

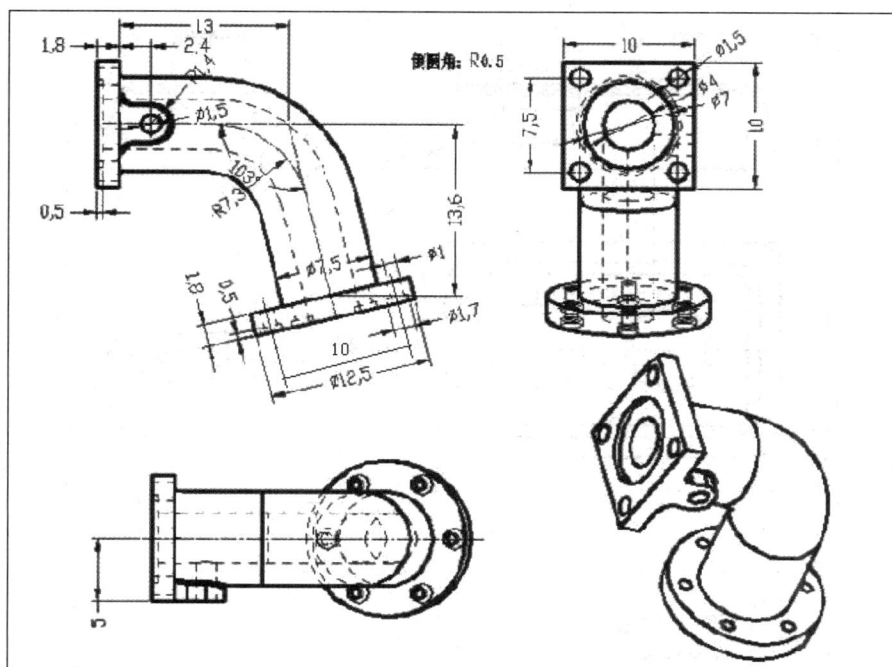

图 13 - 45

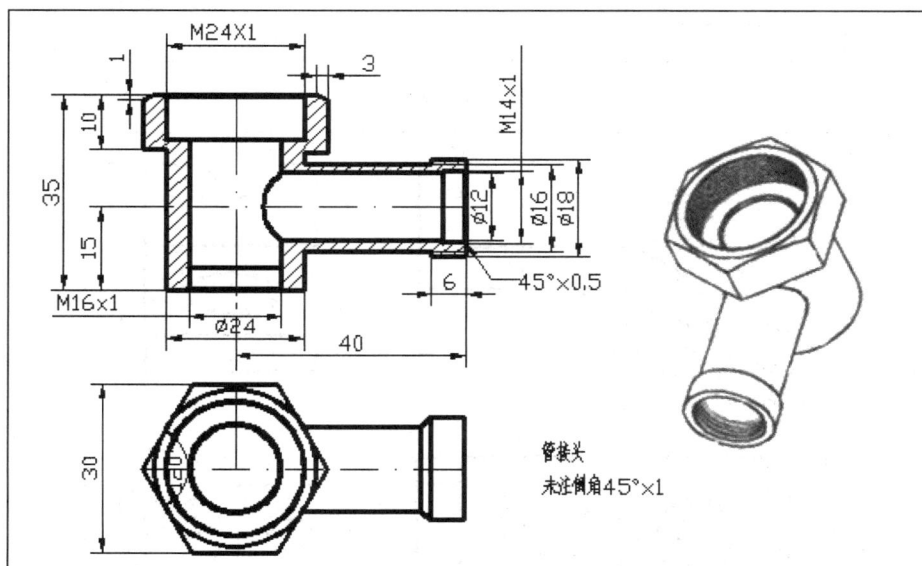

图 13 - 46

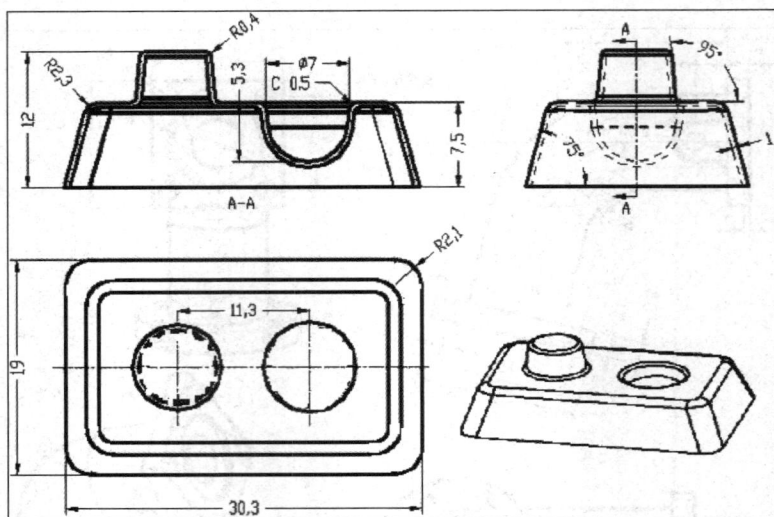

图 13 - 47

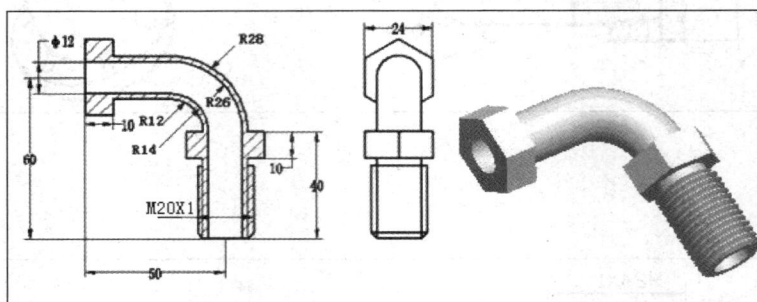

图 13 - 48

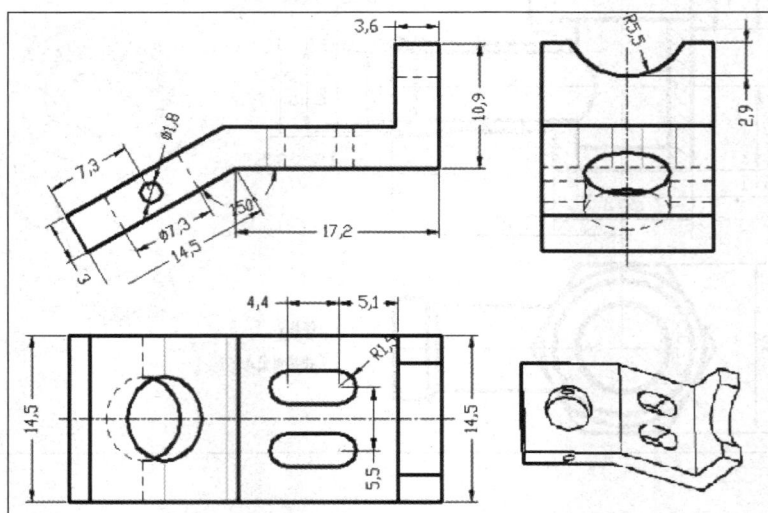

图 13 - 49

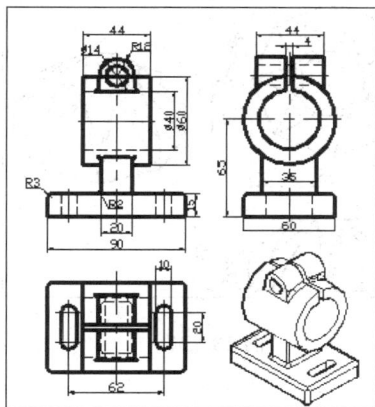

图 13 - 50

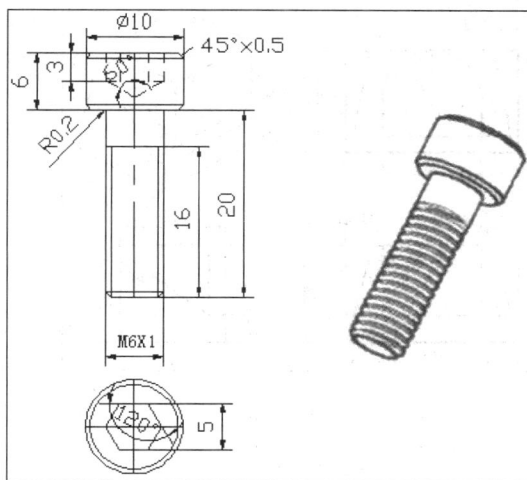

图 13 - 51

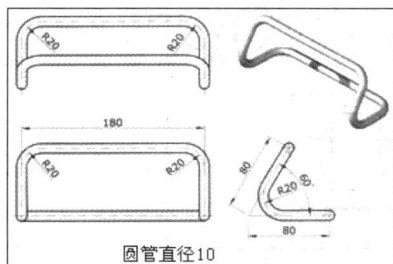

图 13 - 52

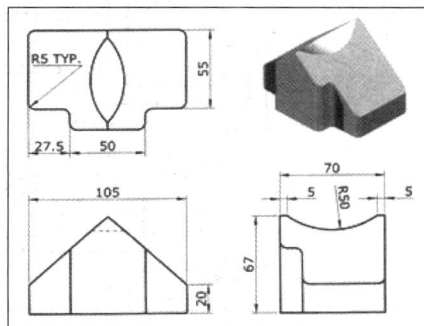

图 13 - 53

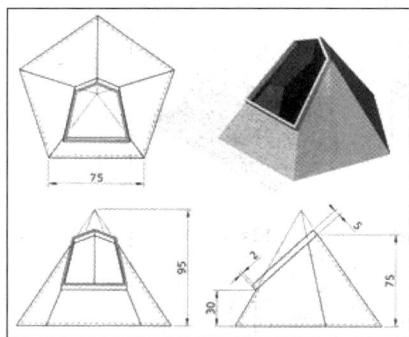

图 13 - 54

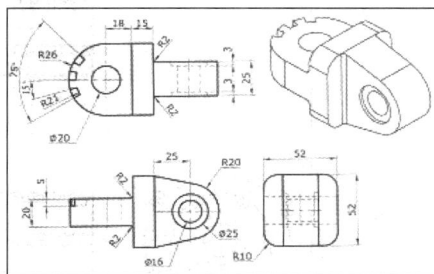

图 13 - 55

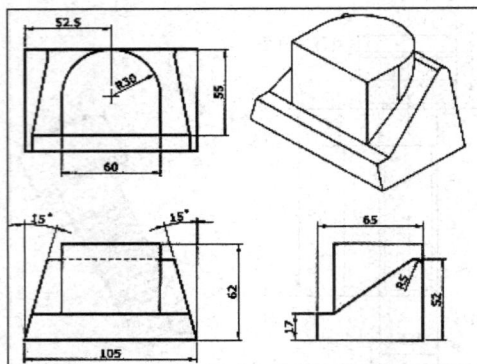

图 13 - 56

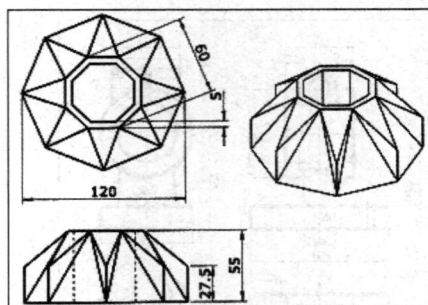

图 13 - 57

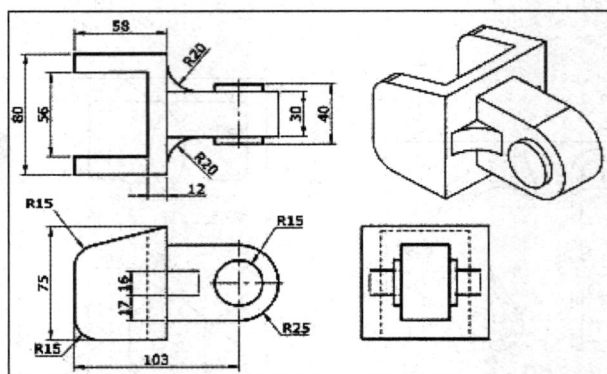

图 13 - 58

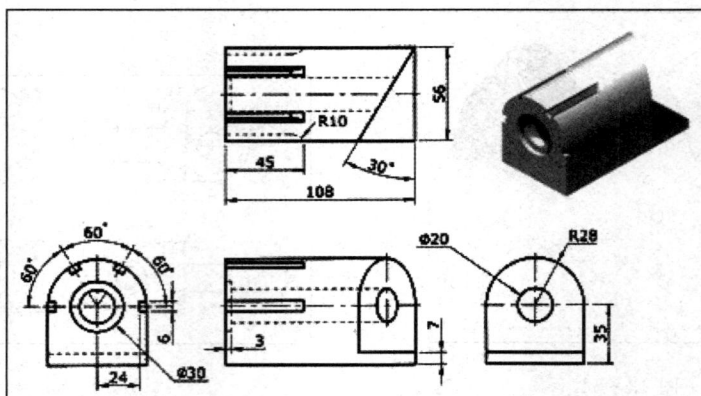

图 13 - 59

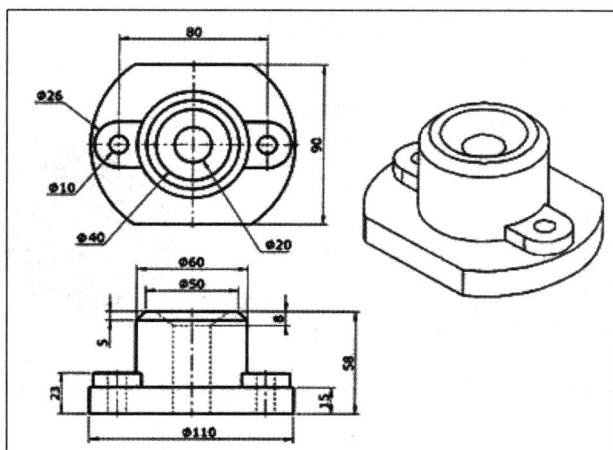

图 13 - 60

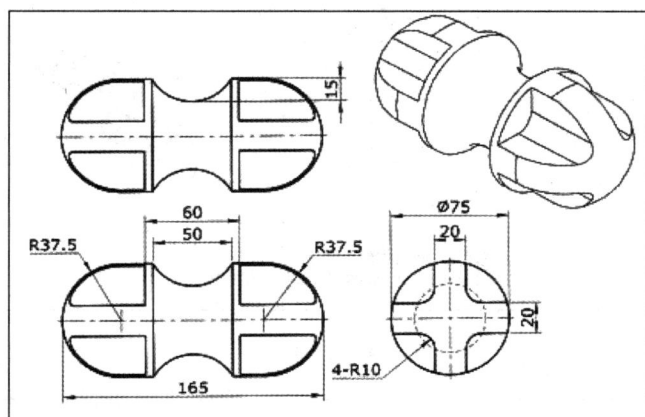

图 13 - 61

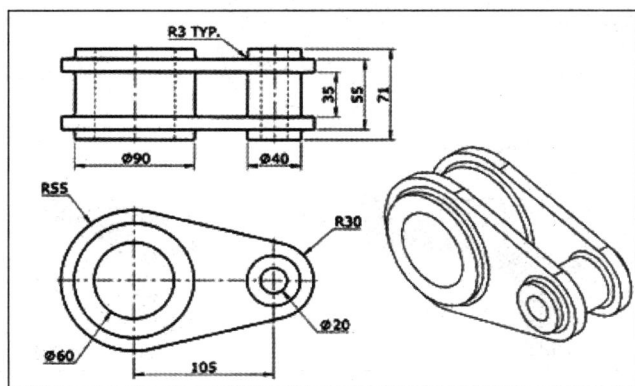

图 13 - 62

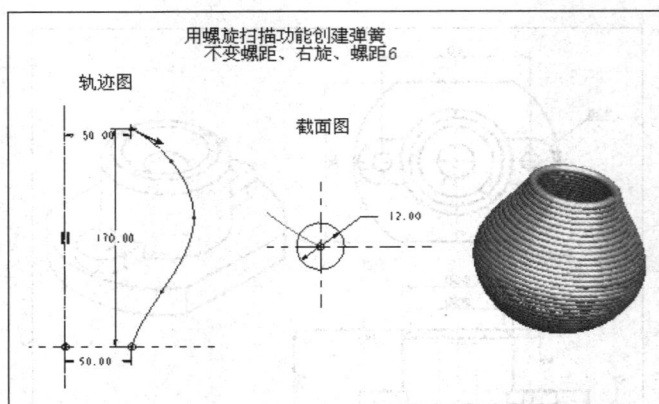

图 13 - 63

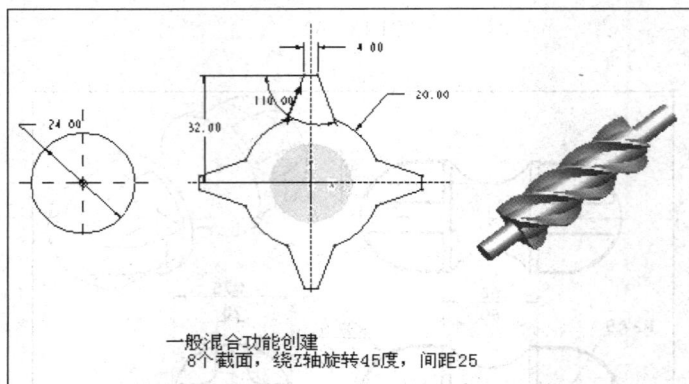

图 13 - 64

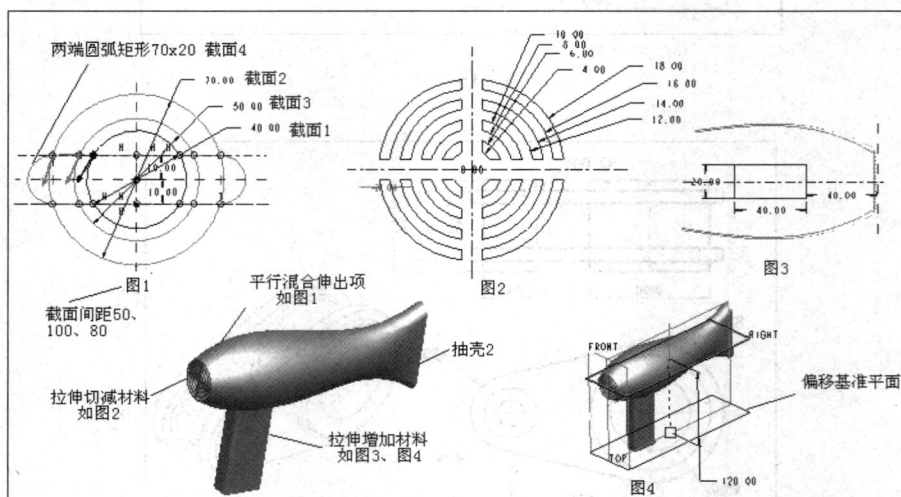

图 13 - 65

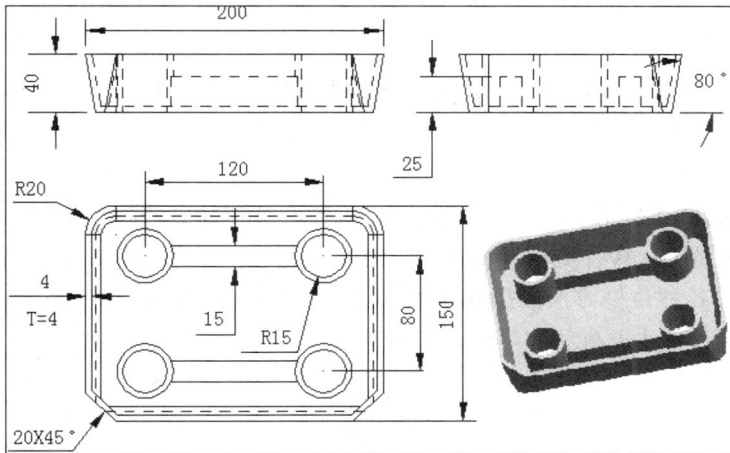

图 13 - 66

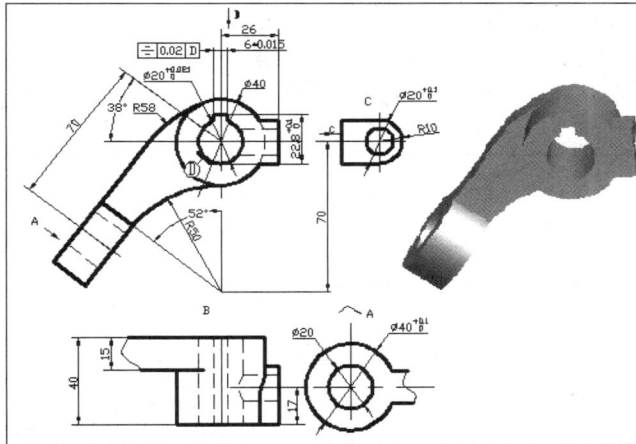

图 13 - 67

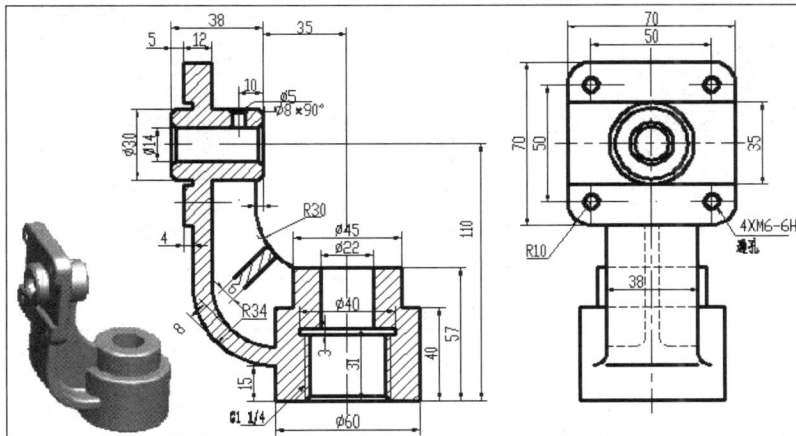

图 13 - 68

13.3　高级实体造型实训项目

在 Pro/ENGINEER Wildfire 5.0 系统中,可综合使用拉伸、旋转、扫描和混合等特征使用方法,创建较复杂的、具有特定几何形状的零件。参照本书第 3 章、第 4 章、第 5 章、第 6 章和第 7 章,熟悉各种建模方法的操作步骤,灵活应用各种建模方法,完成实体造型。

1. 利用扫描混合伸出项等实体化工具做烟斗

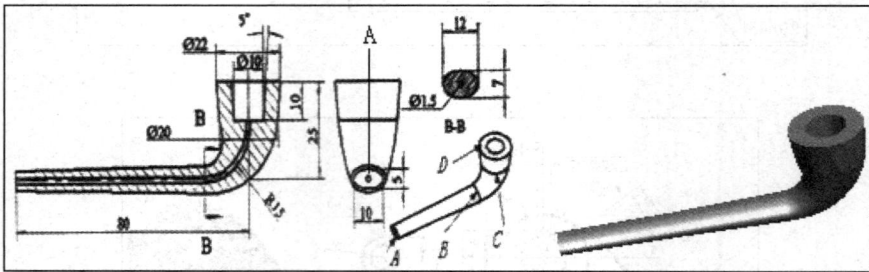

图 13 - 69

2. 利用旋转功能等实体化工具做饮料瓶

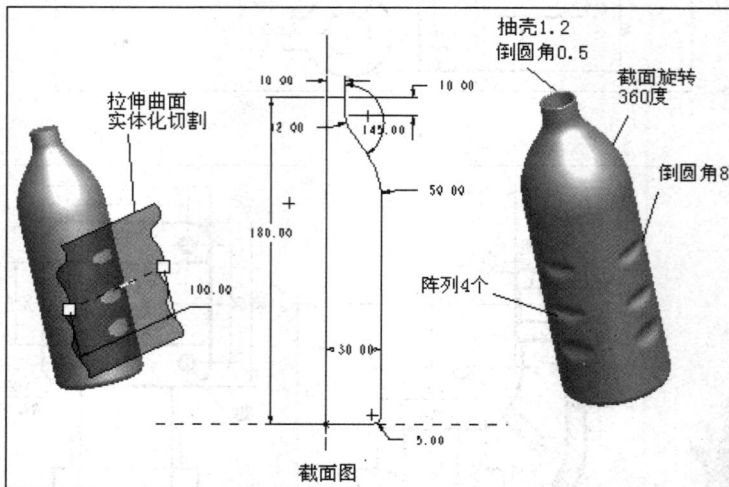

图 13 - 70

3. 利用旋转、扫描实体等建模工具做瓶盖

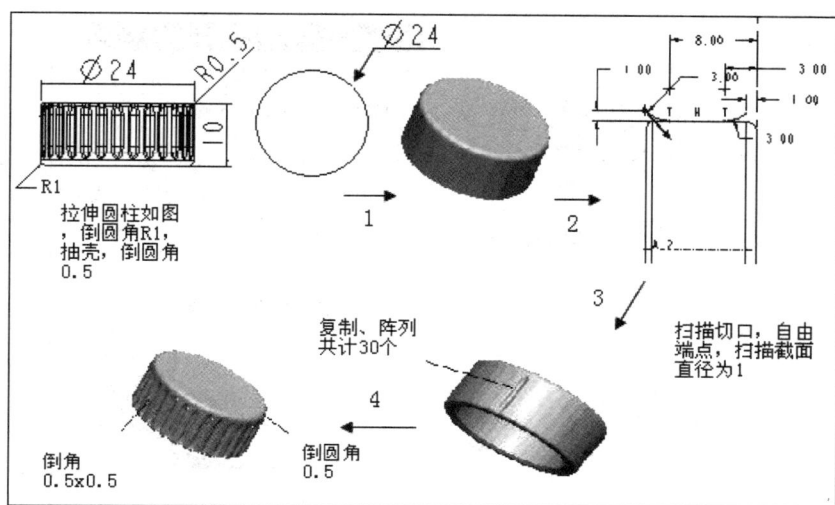

图 13 - 71

4. 利用环行折弯等建模工具做轮胎

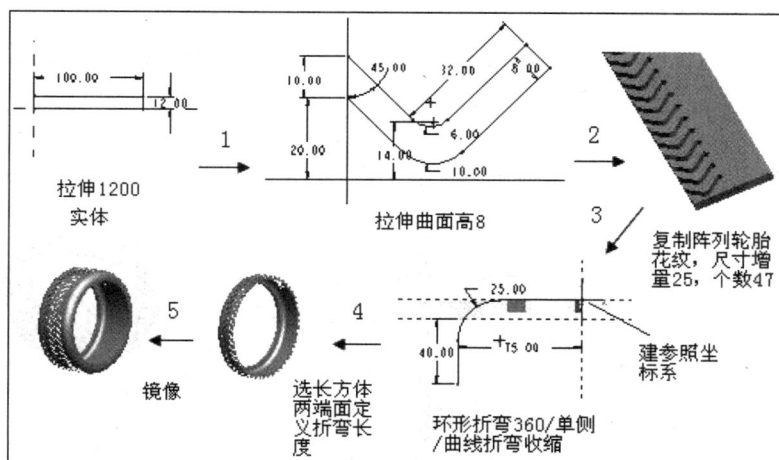

图 13 - 72

5. 利用造型、可变扫描曲面等建模工具做电话接线

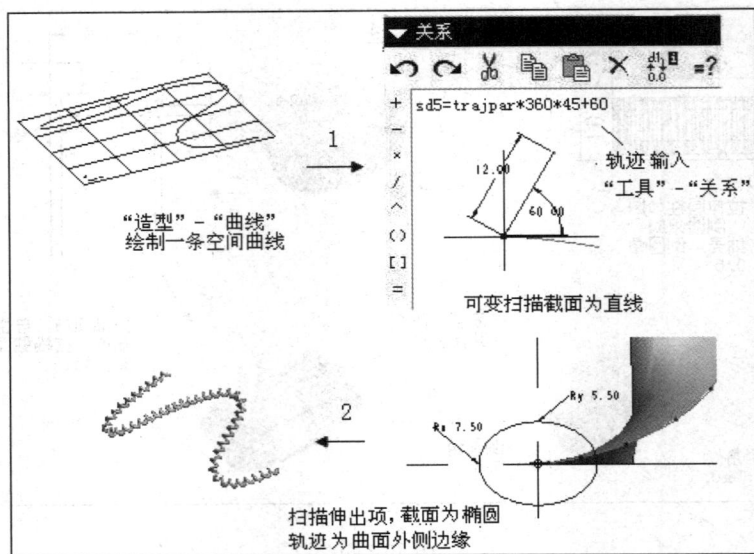

sd5=trajpar*360*45+60

轨迹输入
"工具"-"关系"

可变扫描截面为直线

Ry 5.50

Rx 7.50

扫描伸出项,截面为椭圆
轨迹为曲面外侧边缘

图 13-73

6. 利用旋转等建模工具做篮球

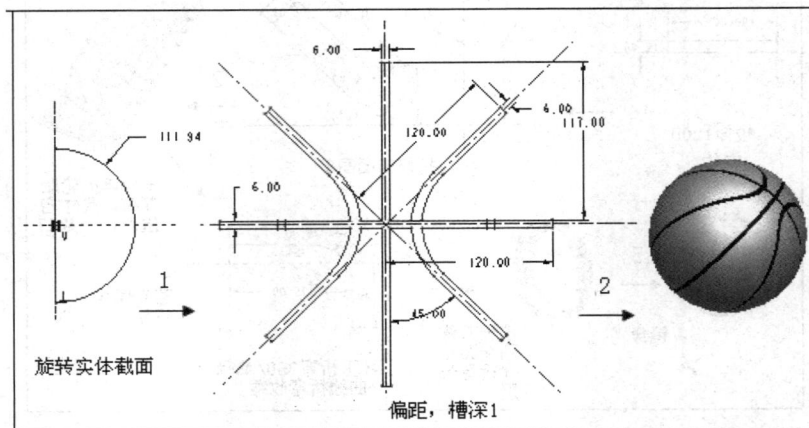

旋转实体截面

偏距,槽深1

图 13-74

7. 利用旋转、扫描、投影等建模工具做网球

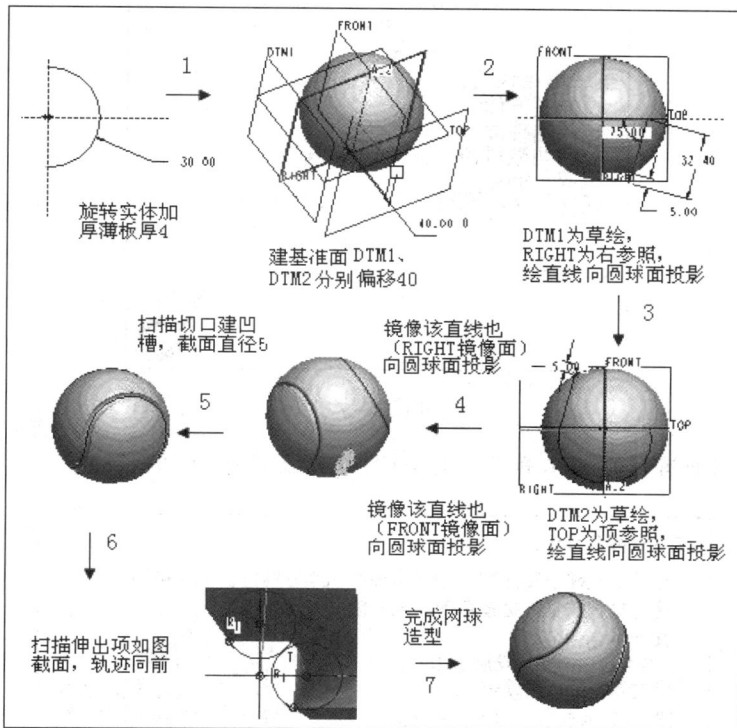

旋转实体加
厚薄板厚4

建基准面DTM1、
DTM2分别偏移40

DTM1为草绘，
RIGHT为右参照，
绘直线向圆球面投影

镜像该直线也
（RIGHT镜像面）
向圆球面投影

DTM2为草绘，
TOP为顶参照，
绘直线向圆球面投影

扫描切口建凹
槽，截面直径5

镜像该直线也
（FRONT镜像面）
向圆球面投影

扫描伸出项如图
截面，轨迹同前

完成网球
造型

图 13 - 75

8. 用拉伸、环形折弯等功能创建装饰罩

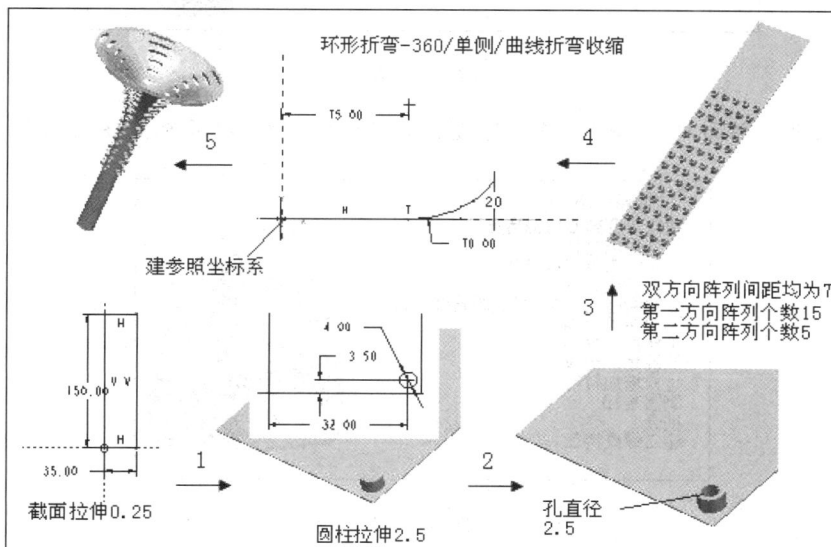

环形折弯-360/单侧/曲线折弯收缩

建参照坐标系

双方向阵列间距均为7
第一方向阵列个数15
第二方向阵列个数5

截面拉伸0.25

圆柱拉伸2.5

孔直径
2.5

图 13 - 76

9. 利用骨架折弯等建模工具做扳手（打开光盘详见 ch13-77）

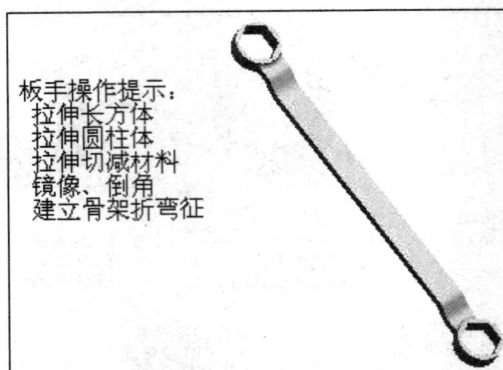

板手操作提示：
　拉伸长方体
　拉伸圆柱体
　拉伸切减材料
　镜像、倒角
　建立骨架折弯征

图 13-77

10. 利用骨架折弯等建模工具做工具箱（打开光盘详见 ch13-78）

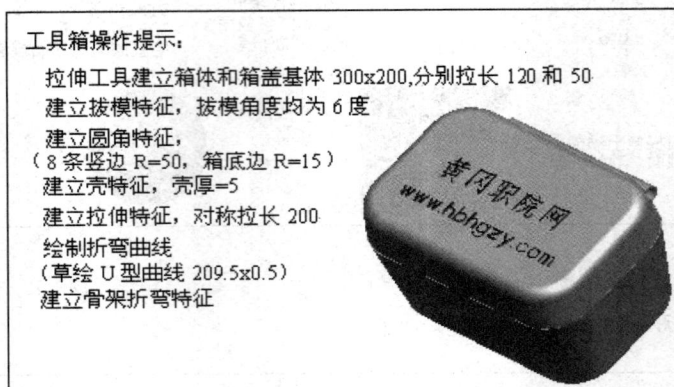

工具箱操作提示：
　拉伸工具建立箱体和箱盖基体 300x200,分别拉长 120 和 50
　建立拔模特征，拔模角度均为 6 度
　建立圆角特征，
　（8 条竖边 R=50，箱底边 R=15）
　建立壳特征，壳厚=5
　建立拉伸特征，对称拉长 200
　绘制折弯曲线
　（草绘 U 型曲线 209.5x0.5）
　建立骨架折弯特征

图 13-78

10. 利用可变剖面扫描、拉伸、圆角等建模工具做机油桶（打开光盘详见 ch13-79）

机油桶操作提示：
建立可变剖面扫描特征
拉伸切减材料
分别倒圆角100、50
拉伸切减材料
分别倒圆角150、可变圆角60、20,
选"拐角扫描"
拉伸切减材料
倒圆角、镜像
拉伸增加材料
倒圆角10
抽壳4
建立螺纹特征

图 13-79

11. 利用可变剖面扫描、扫描等建模工具做食用醋壶(打开光盘详见 ch13 - 80)

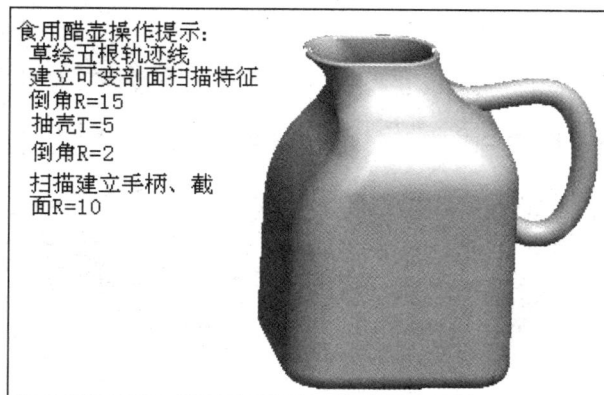

食用醋壶操作提示:
草绘五根轨迹线
建立可变剖面扫描特征
倒角R=15
抽壳T=5
倒角R=2
扫描建立手柄、截
面R=10

图 13 - 80

13.4 曲面造型实训项目

产品设计中的复杂造型,除了运用基本的造型方法外,还需要创建自由曲面,再将这些曲面进行编辑,转化为实体模型。参照本书第 8 章,运用曲面设计的操作步骤和技术要点,完成曲面造型。

1. 利用曲面功能做娃娃头

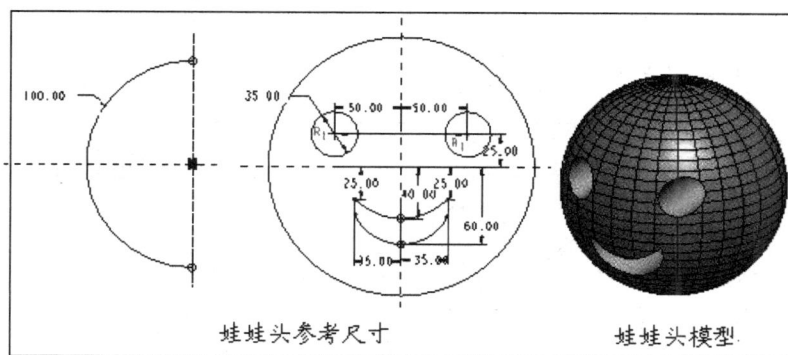

娃娃头参考尺寸   娃娃头模型

图 13 - 81

2. 利用曲面功能做如下零件

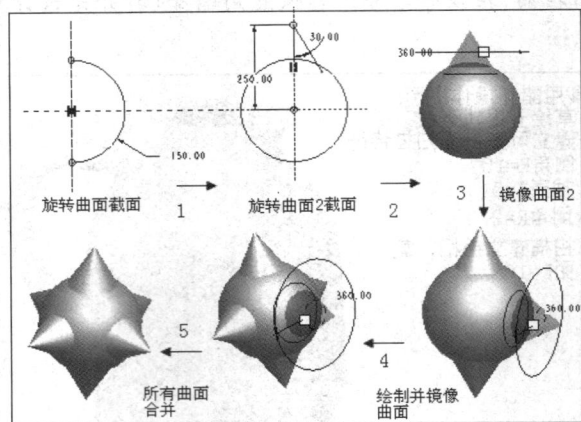

图 13 - 82

3. 利用曲面功能创建"心型"零件

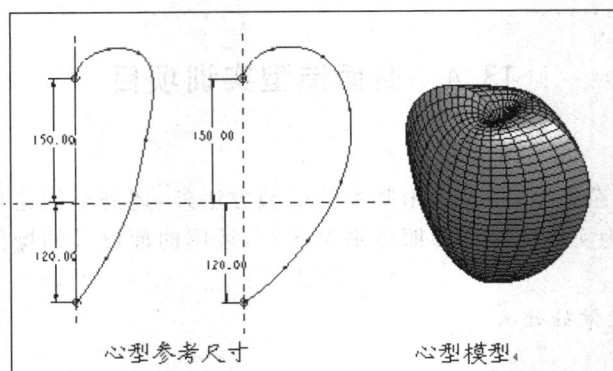

图 13 - 83

4. 利用曲面功能做五角星

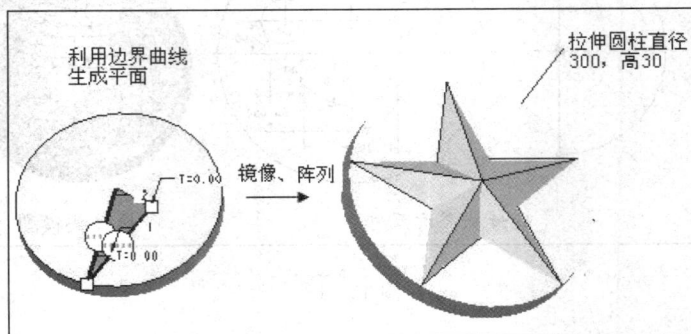

图 13 - 84

5. 利用曲面功能做电风扇

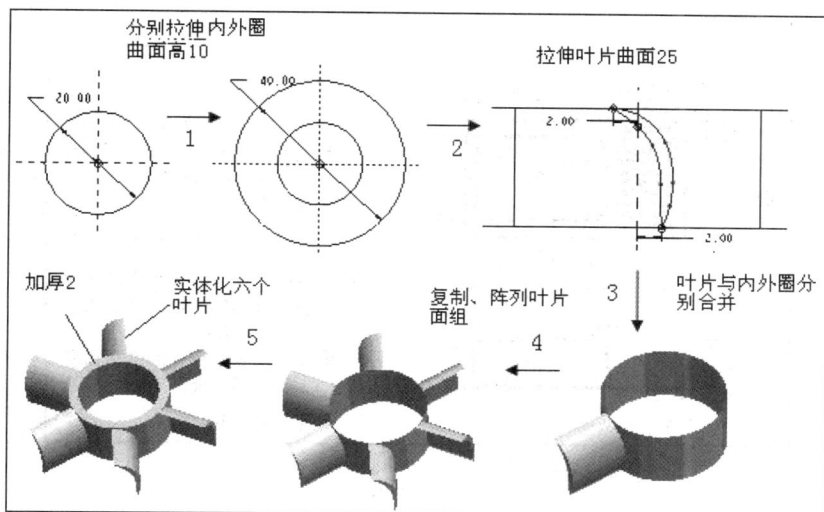

图 13－85

6. 利用边界曲面等功能做一双鞋

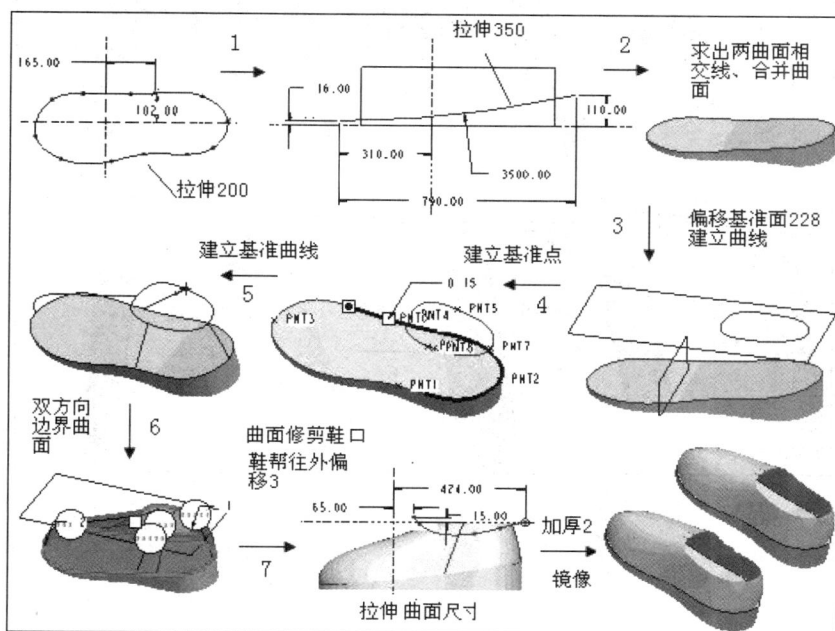

图 13－86

7. 利用曲面功能做水槽

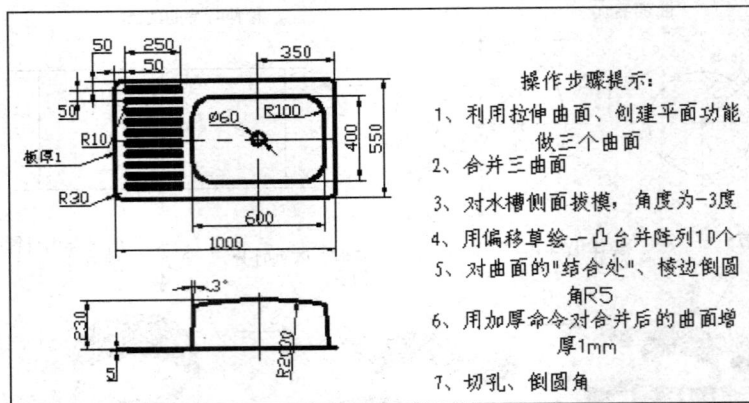

操作步骤提示：

1、利用拉伸曲面、创建平面功能
　　做三个曲面
2、合并三曲面
3、对水槽侧面拔模，角度为-3度
4、用偏移草绘一凸台并阵列10个
5、对曲面的"结合处"、棱边倒圆
　　角R5
6、用加厚命令对合并后的曲面增
　　厚1mm
7、切孔、倒圆角

图 13-87

8. 利用曲面功能做牙膏壳体

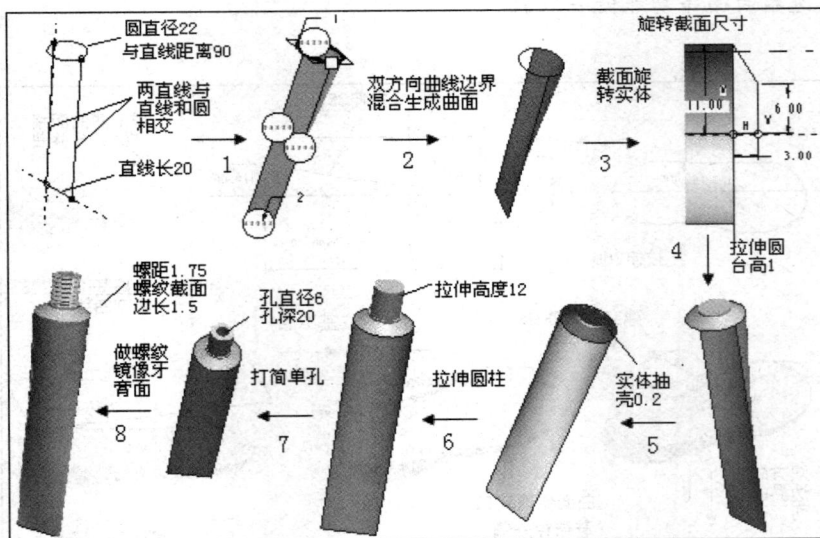

图 13-88

9. 利用可变截面扫描等功能做雨伞

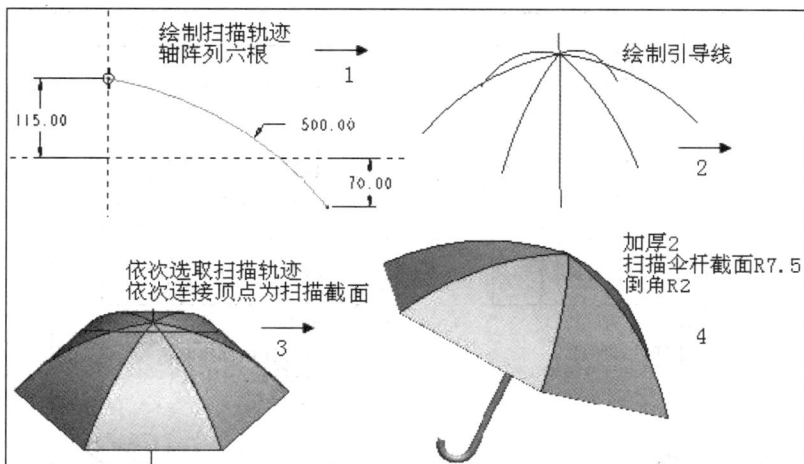

图 13-89

10. 利用可变截面扫描、函数等功能做加湿器喷气嘴罩

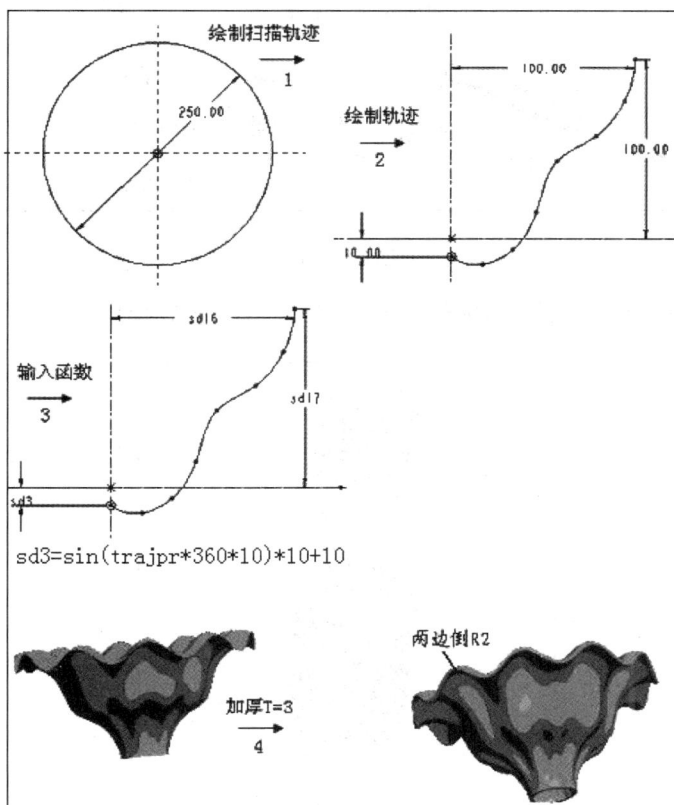

$$sd3=sin(trajpr*360*10)*10+10$$

图 13-90

11. 利用可变扫描曲面等功能做榔头手柄

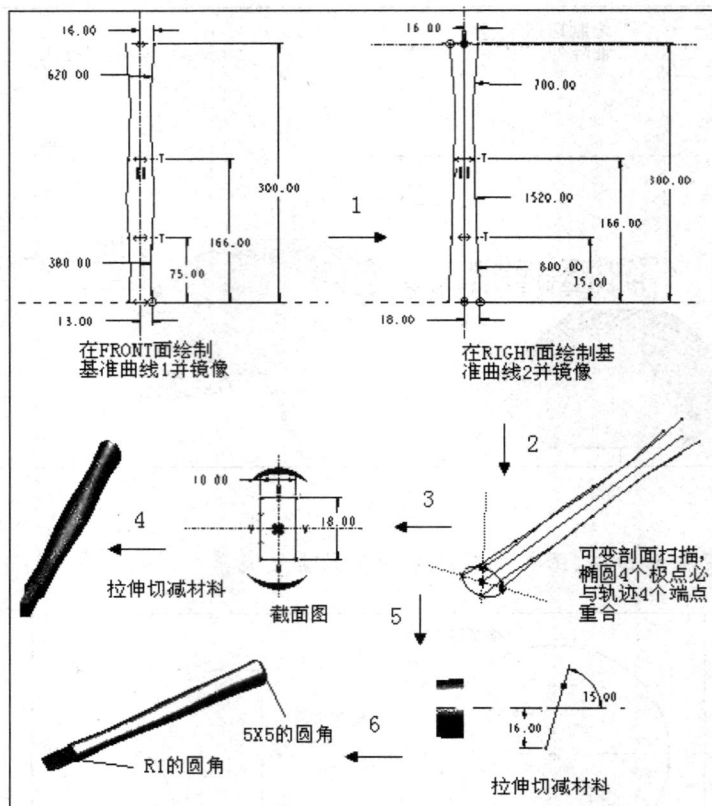

图 13-91

12. 利用可变扫描曲面等功能做榔头锤头(打开光盘详见 ch13-92)

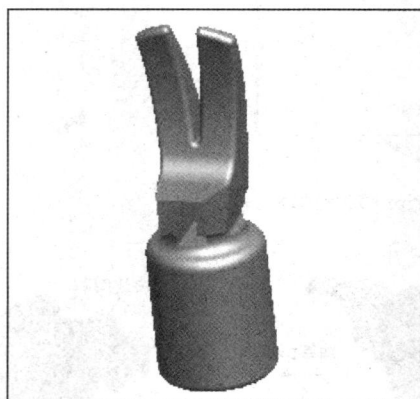

图 13-92

13. 利用曲面功能做头盔（打开光盘详见 ch13 - 93）

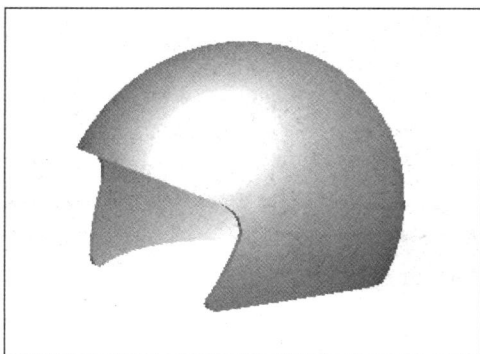

图 13 - 93

14. 利用曲面功能做足球（打开光盘详见 ch13 - 94）

图 13 - 94

15. 利用曲面功能做手机（打开光盘详见 ch13 - 95）

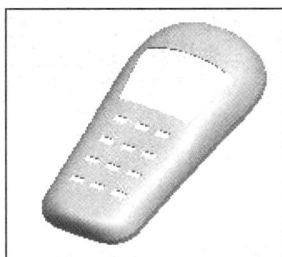

图 13 - 95

16. 利用曲面功能做饭盒（打开光盘详见 ch13 - 96）

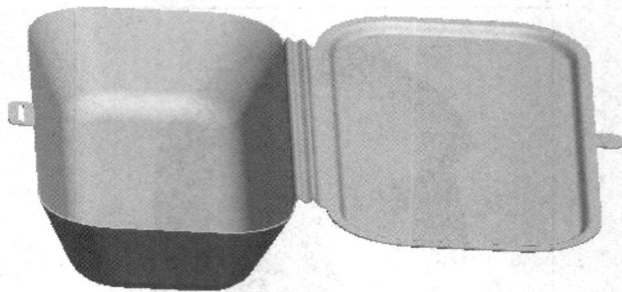

图 13 - 96

17. 利用造型工具等功能做风扇叶（打开光盘详见 ch13 - 97）

图 13 - 97

18. 利用曲面功能做洗菜盆（打开光盘详见 ch13 - 98）

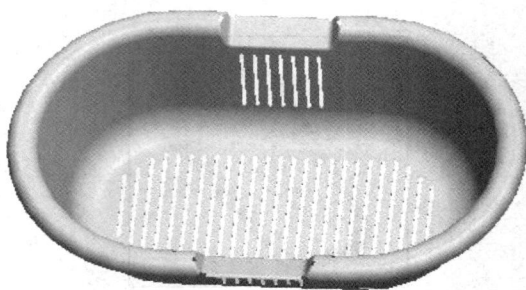

图 13 - 98

19. 利用曲面功能做灯罩(打开光盘详见 ch13-99)

图 13-99

20. 利用曲面功能做汽车盖(打开光盘详见 ch13-100)

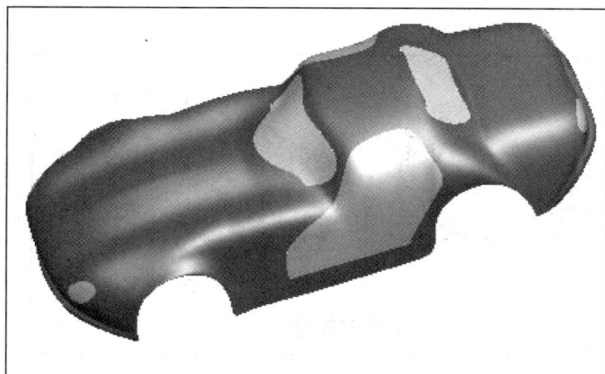

图 13-100

13.5 装配设计实训项目

产品设计过程中,如果零件的 3D 模型设计完成,就可通过建立零件之间的约束关系将零件装配起来。参照教材第九部分,熟练掌握装配设计的一般流程和操作技巧,完成零件的装配设计。

1. 饮料瓶装配设计

要求:根据已知零件图(详见高级实体题目)和装配图,完成饮料瓶零件造型并装配设计

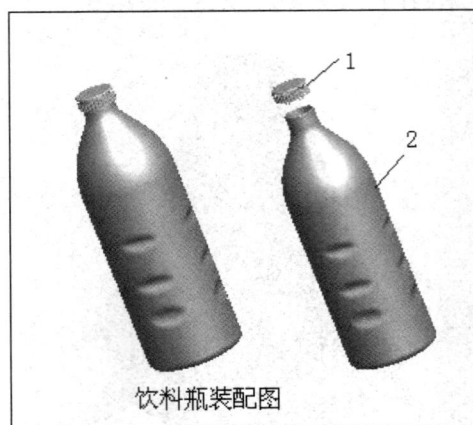

饮料瓶装配图

图 13－101

2. 轴承装配设计

要求：根据已知零件图和装配图，完成轴承零件造型并装配设计。

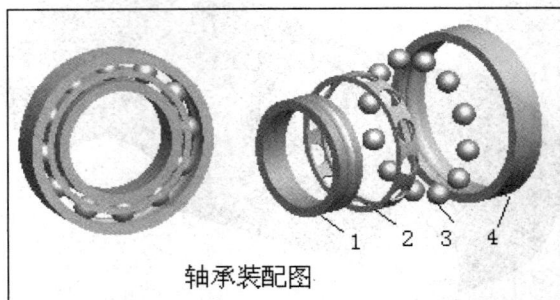

轴承装配图

图 13－102

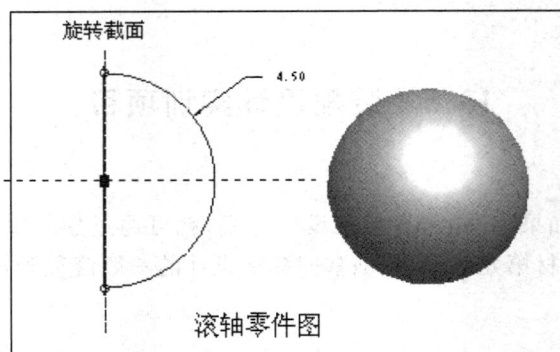

旋转截面

4.50

滚轴零件图

图 13－103

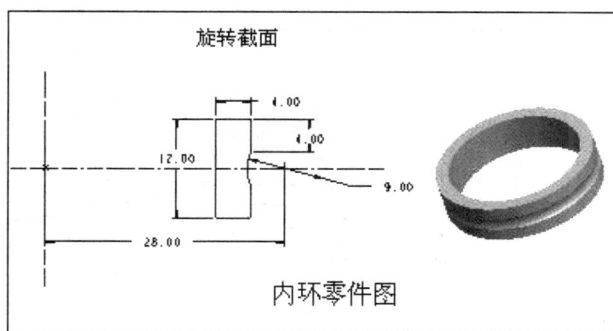

图 13－104

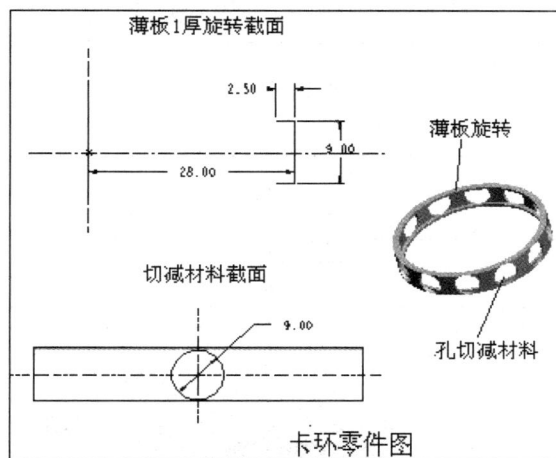

图 13－105

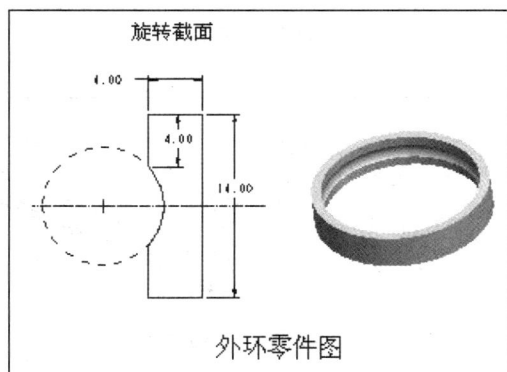

图 13－106

3. 刷子装配设计

要求：根据已知零件图和装配图，完成刷子零件造型并装配设计。

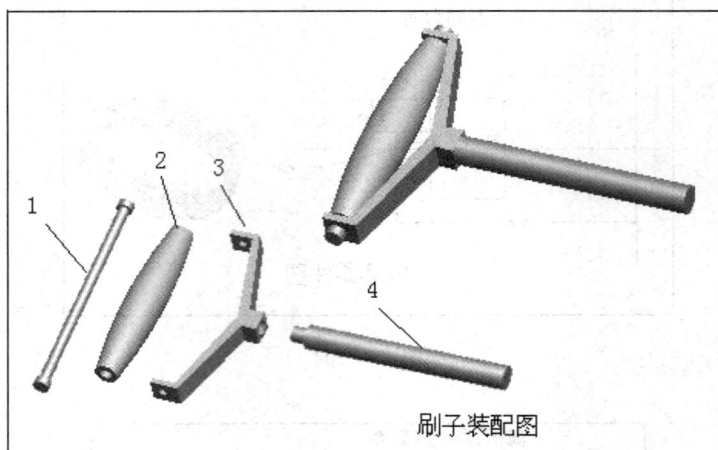

刷子装配图

图 13－107

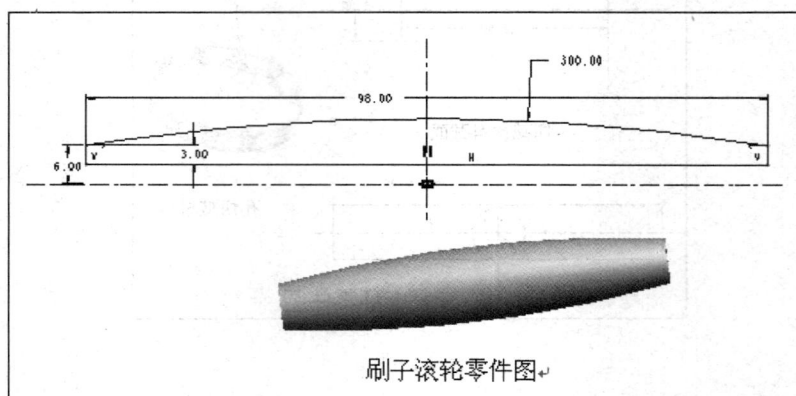

刷子滚轮零件图

图 13－108

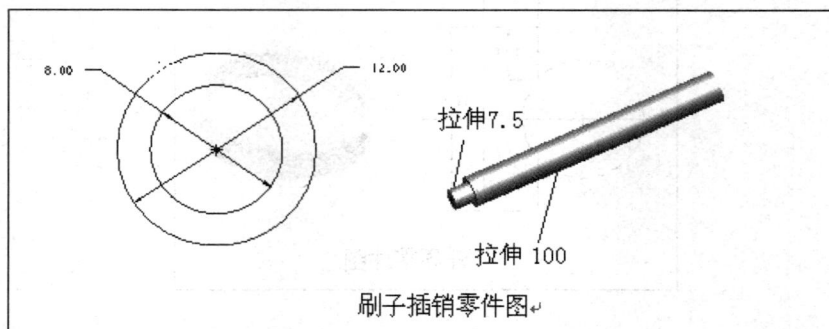

刷子插销零件图

图 13－109

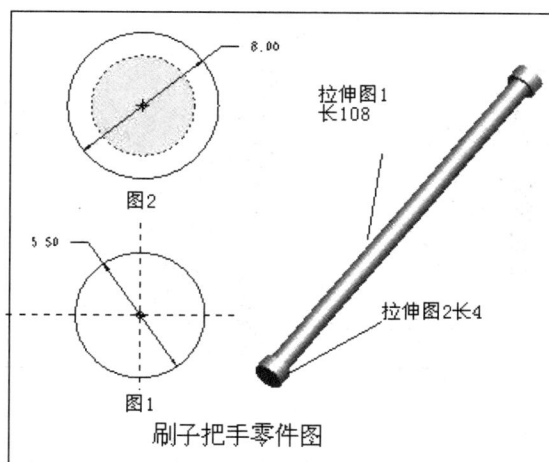

刷子把手零件图

图 13-110

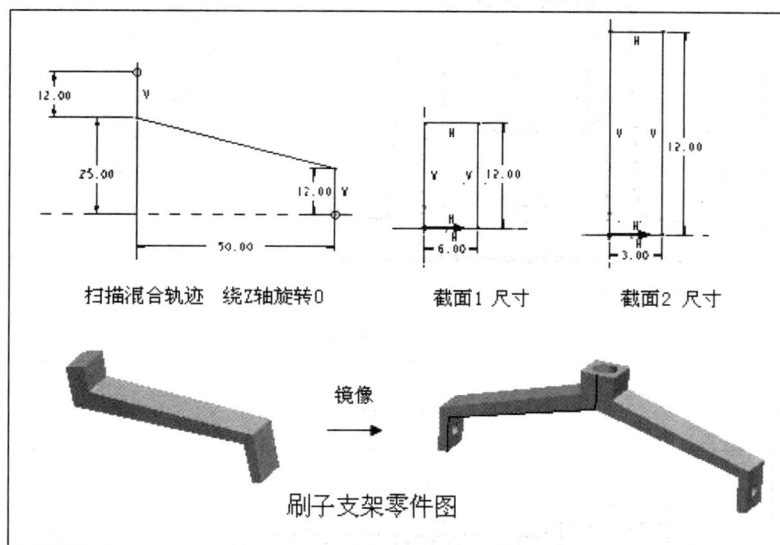

刷子支架零件图

图 13-111

4. 千斤顶装配设计

要求:根据已知零件图和装配图,完成千斤顶零件造型并装配设计。

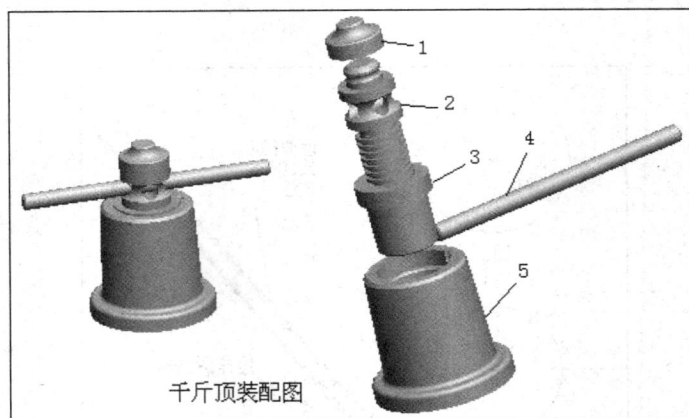

千斤顶装配图

图 13 - 112

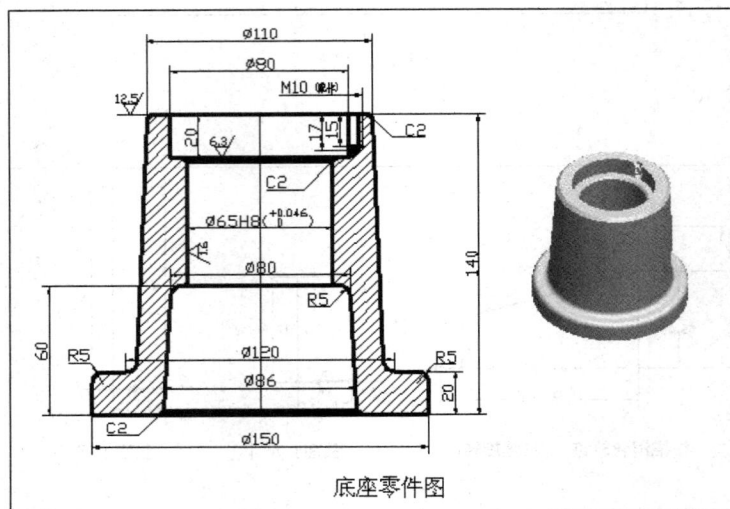

底座零件图

图 13 - 113

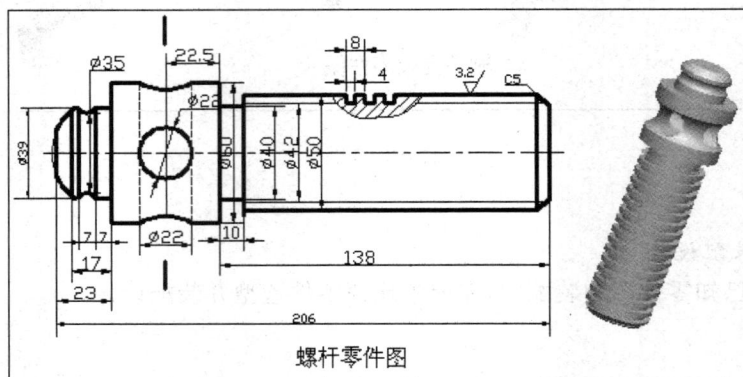

螺杆零件图

图 13 - 114

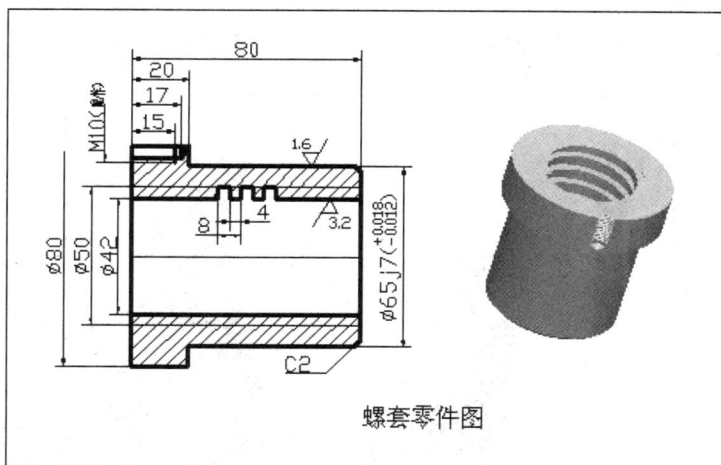

螺套零件图

图 13 – 115

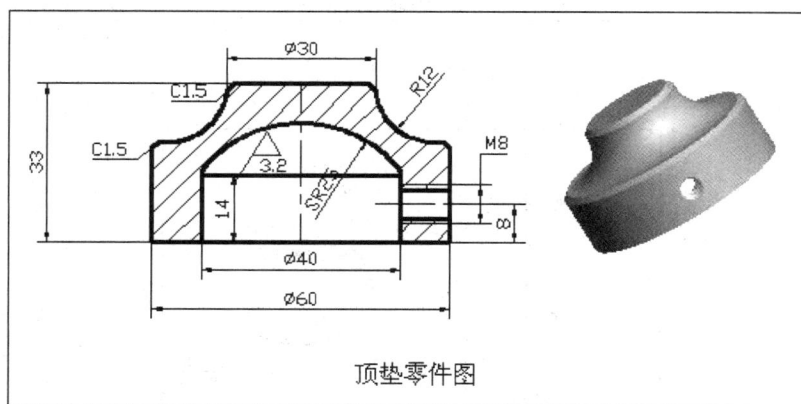

顶垫零件图

图 13 – 116

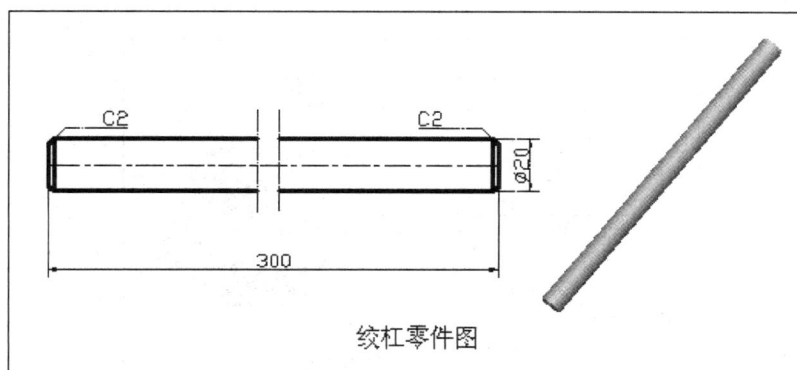

绞杠零件图

图 13 – 117

5. 联轴装配设计

要求：根据已知零件图和装配图，完成联轴零件造型并装配设计。

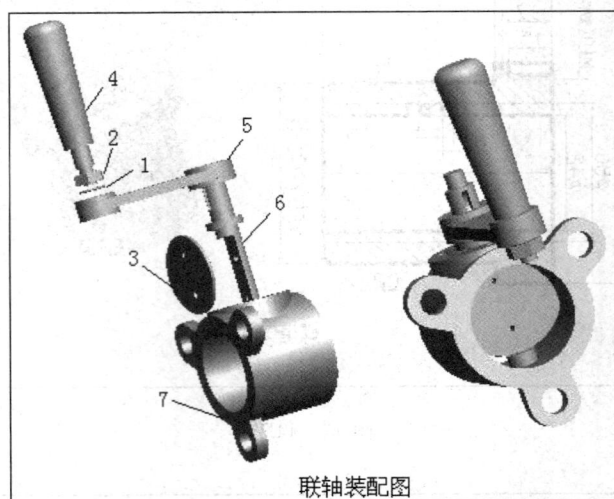

图 13-118

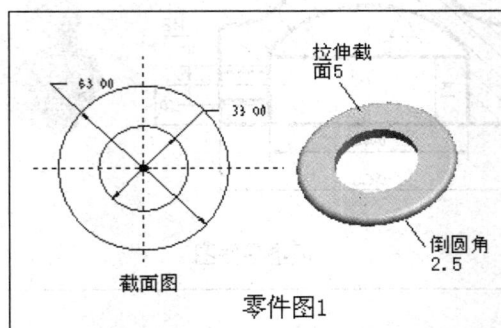

图 13-119

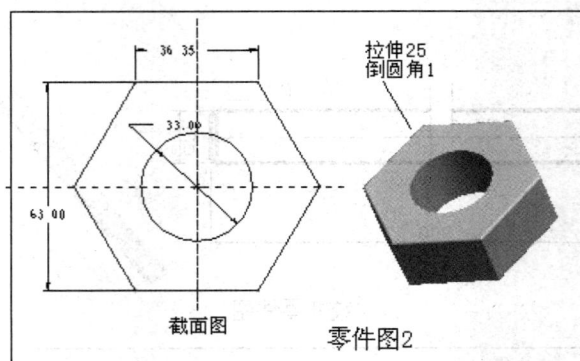

图 13-120

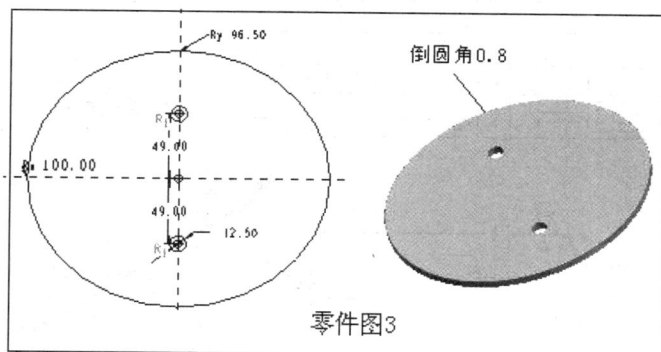

零件图3

图 13-121

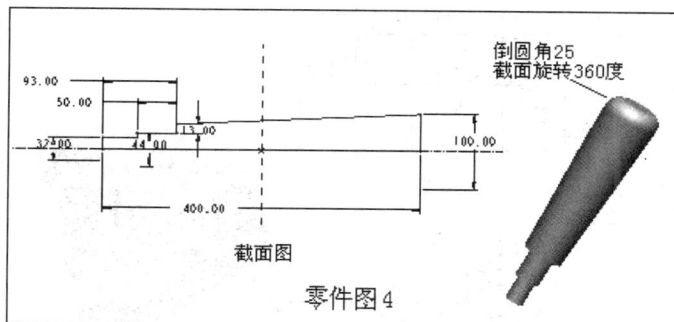

截面图

零件图4

图 13-122

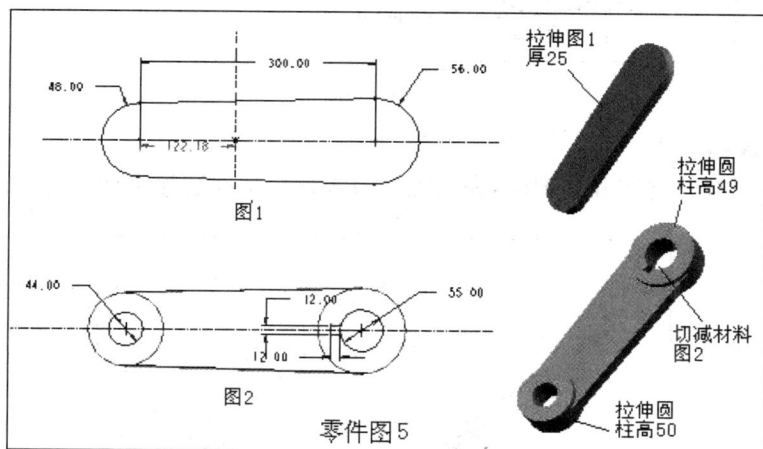

图1

图2

零件图5

图 13-123

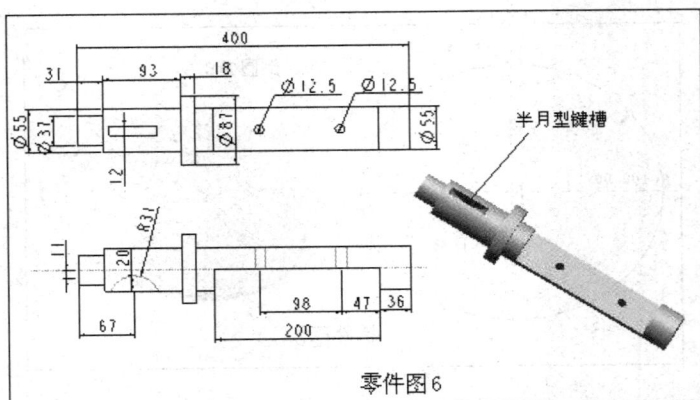

零件图6

图 13 - 124

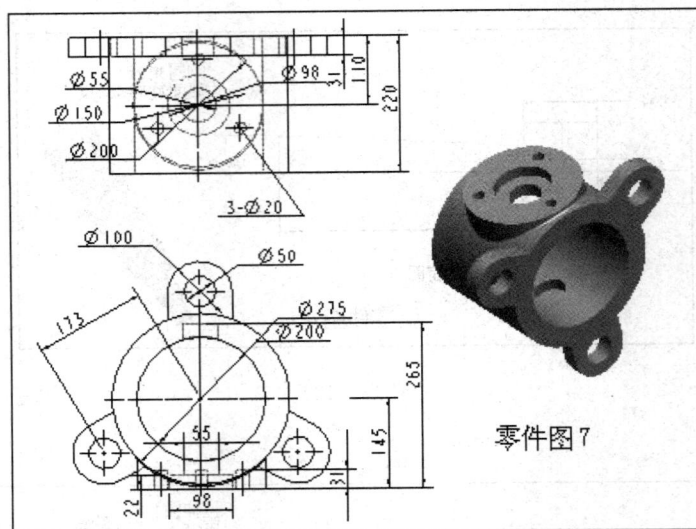

零件图7

图 13 - 125

6. 螺丝刀装配设计

要求:根据已知零件图和装配图,完成螺丝刀零件造型并装配设计。

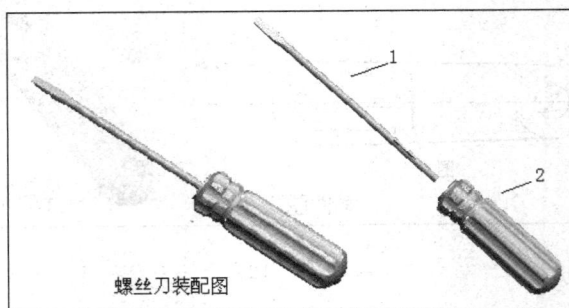

螺丝刀装配图

图 13 - 126

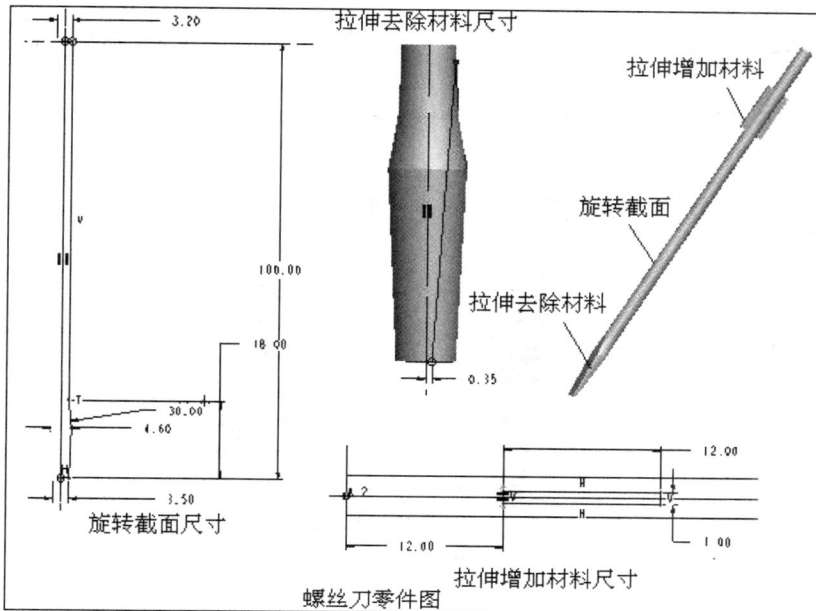

拉伸去除材料尺寸

拉伸增加材料

旋转截面

拉伸去除材料

旋转截面尺寸

拉伸增加材料尺寸

螺丝刀零件图

图 13-127

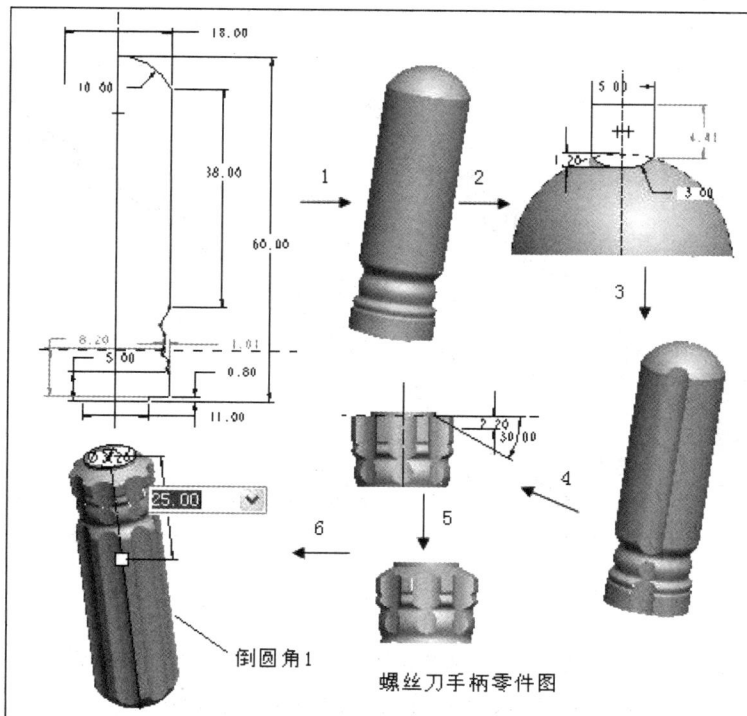

倒圆角1

螺丝刀手柄零件图

图 13-128

7. 铁榔头装配设计

要求:根据已知零件图(详见曲面题目)和装配图,完成铁榔头零件造型并装配设计。

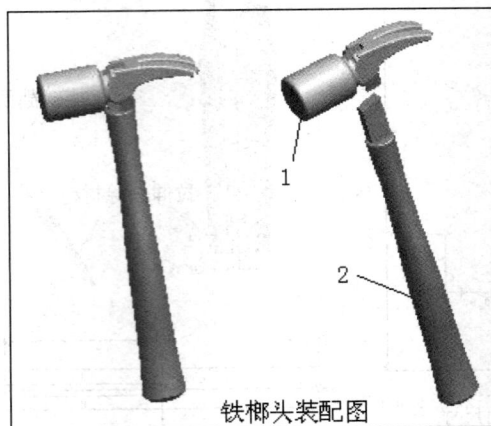

铁榔头装配图

图 13 - 129

9. 圆珠笔装配设计

要求:打开光盘 ch13 - 130,完成圆珠笔零件造型并装配设计。

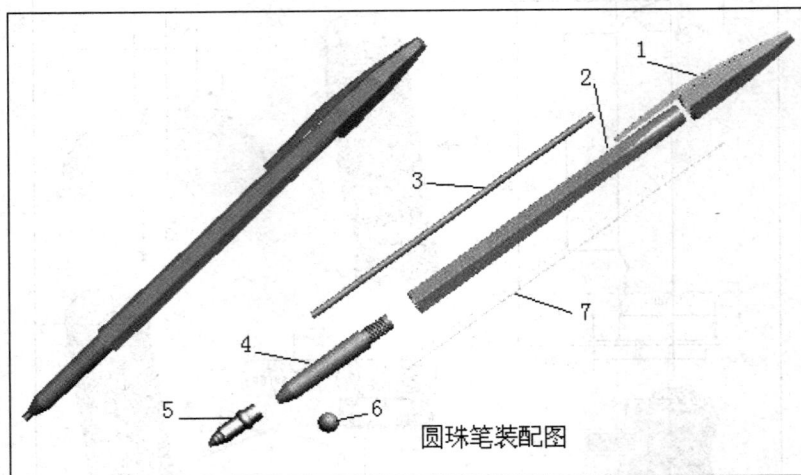

圆珠笔装配图

图 13 - 130

10. 发动机活塞、连杆及曲轴系统的装配设计

要求:打开光盘 ch13 - 131,完成该系统的零件造型并装配设计。

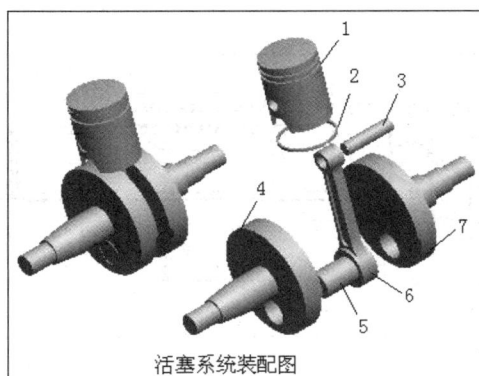

图 13 - 131

11. 千斤顶装配设计

要求:根据已知零件图和装配图,完成千斤顶零件造型并装配设计。

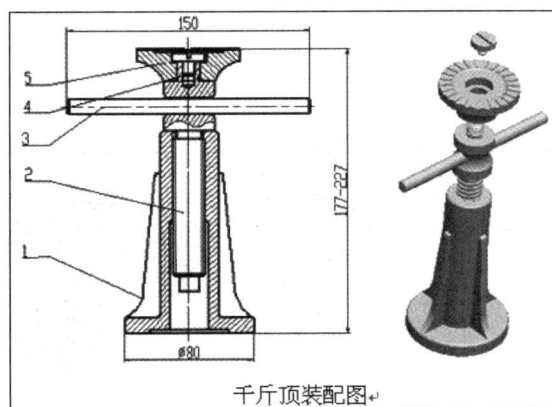

图 13 - 132

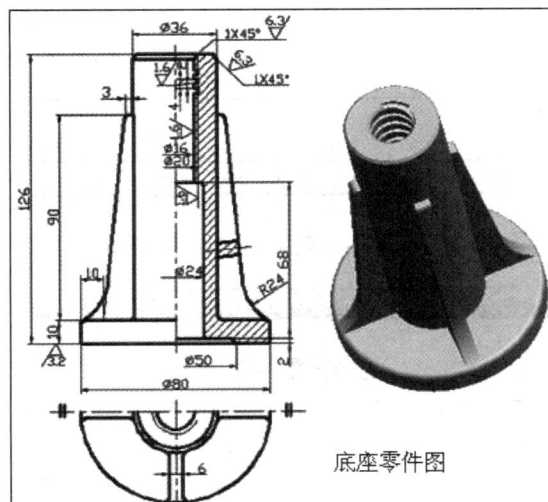

图 13 - 133

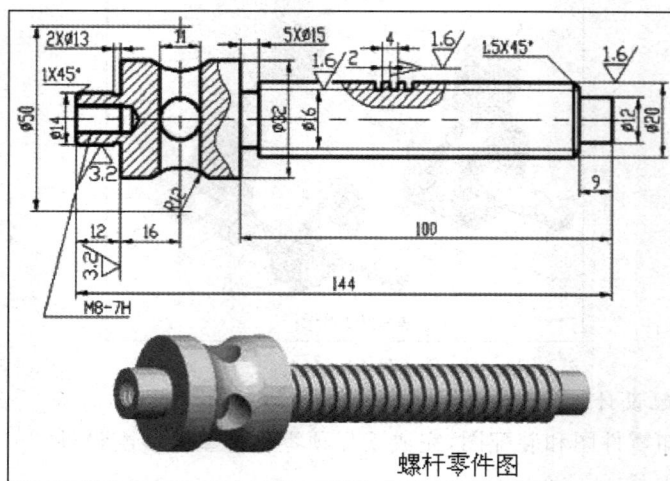

螺杆零件图

图 13 - 134

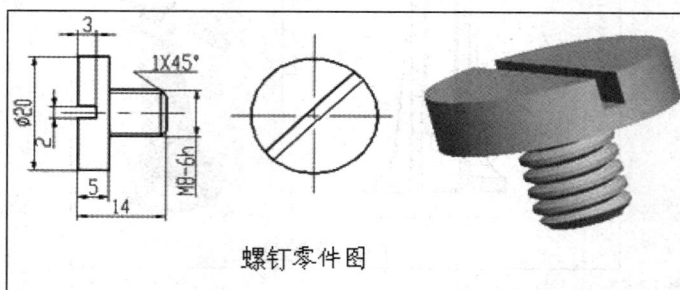

螺钉零件图

图 13 - 135

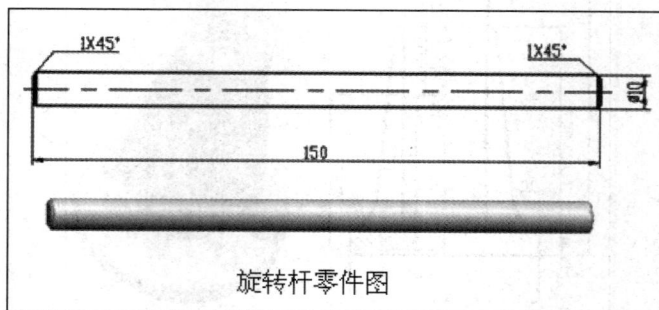

旋转杆零件图

图 13 - 136

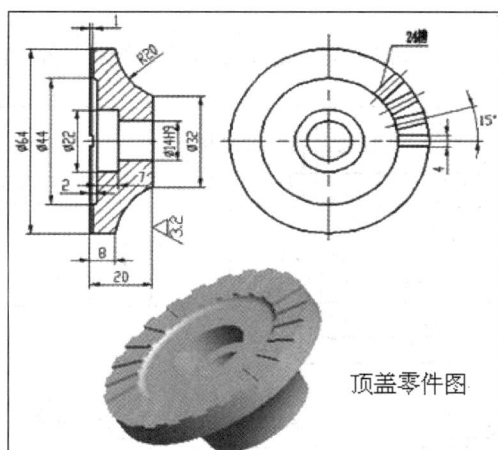

图 13-137

13.6 工程图制作实训项目

Pro/ENGINEER Wildfire 5.0 工程图制作是一个从三维造型到二维视图的数据转换过程。Pro/E 工程图模块,在工程图制作时能使工程图视图共享三维造型时的特征数据,把特征数据自动导入视图。大大节省了二维视图的绘制时间,缩短了整个产品设计的周期。

1. 创建支架零件工程图

要求:参照图 13-138 尺寸,进行造型设计并制作"支架零件"工程图。

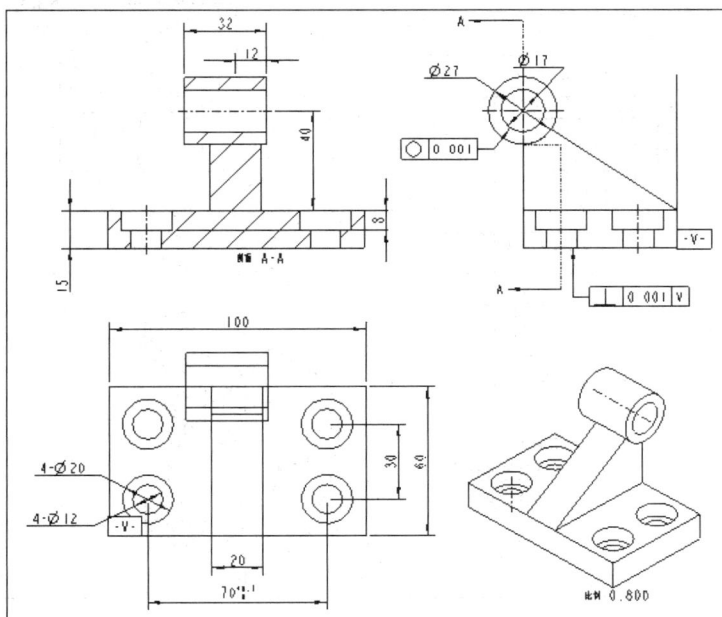

图 13-138

2. 创建箱体零件工程图

要求:参照图 13-139 尺寸,进行造型设计并制作"箱体零件"工程图。

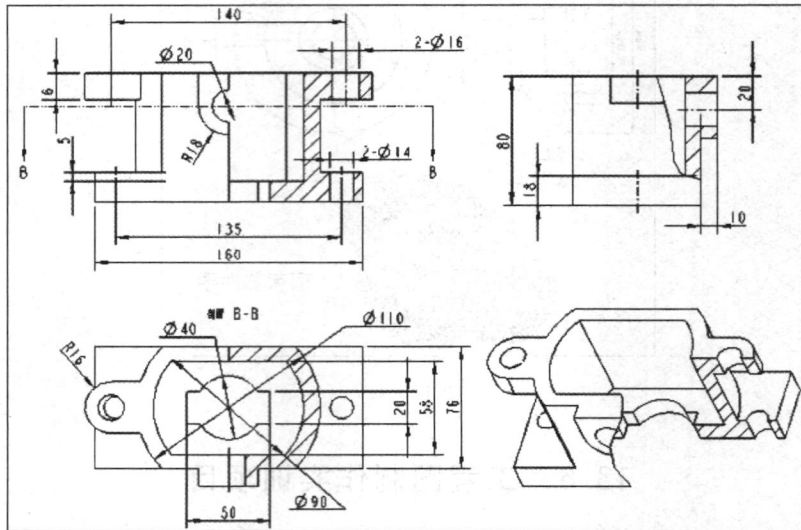

图 13-139

3. 创建带轮工程图

要求:参照图 13-140 尺寸,进行造型设计并制作"带轮"工程图。

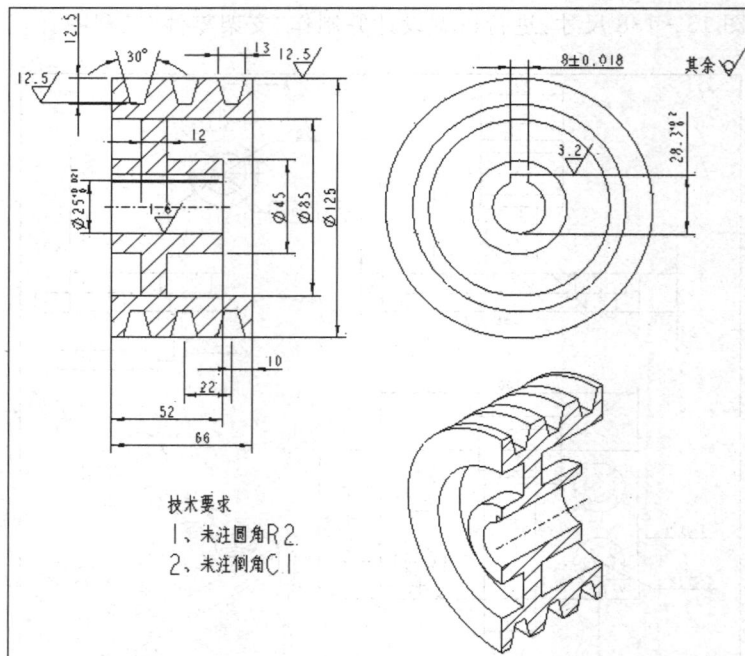

技术要求

1、未注圆角 R2

2、未注倒角 C1

图 13-140

4. 创建轴零件工程图

要求:参照图 13-141 尺寸,进行造型设计并制作"轴零件"工程图。

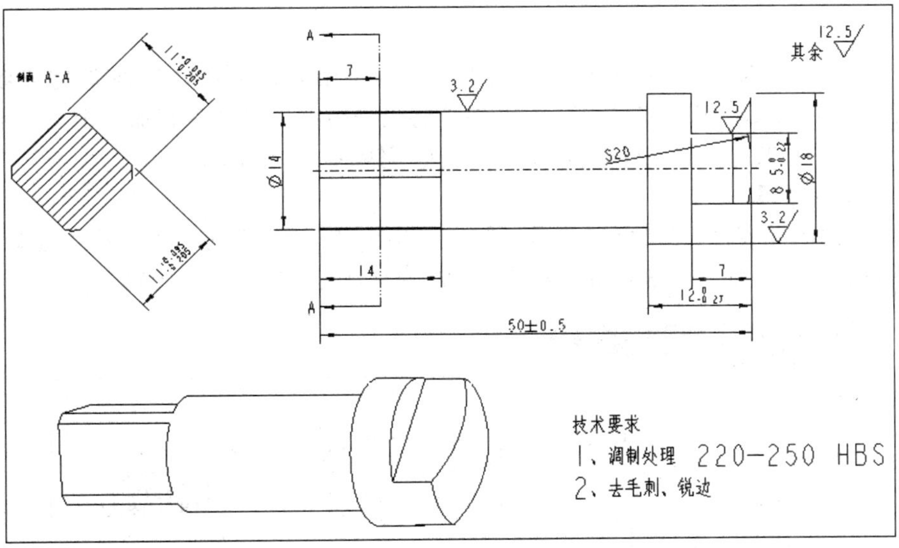

图 13-141

5. 创建管接头零件工程图

要求:参照图 13-142 尺寸,进行造型设计并制作"管接头零件"工程图。

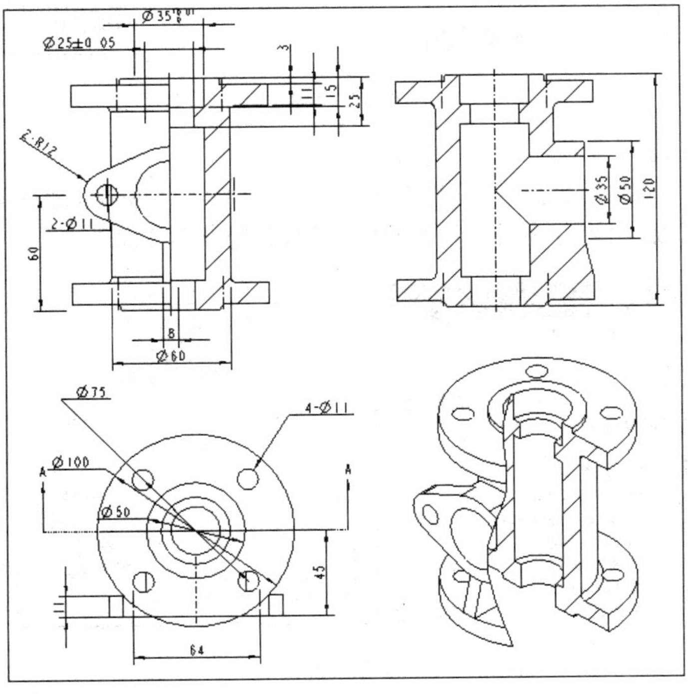

图 13-142

13.7 数控加工制造实训项目

Pro/ENGINEER Wildfire 5.0 模块用于生成数控加工的相关文件,能够完成数控加工的全过程。Pro/ENGINEER Wildfire 5.0 系统将设计模型信息体现到加工中。参考本书第12章,根据数控加工的一般操作流程和加工方法,完成零件的加工。

1. 加工练习【1】

要求:根据已知零件、参考加工参数及模型,如图 13-143 所示,进行零件造型,创建毛坯。用"体积块"方法加工上表面和凹槽,并生成加工刀具路径及 NC 代码。

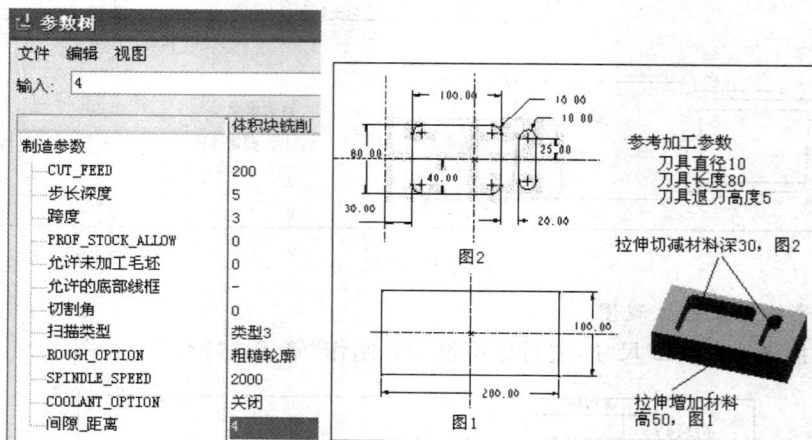

图 13-143

2. 加工练习【2】

要求:根据已知零件、参考加工参数及模型,如图 13-144 所示,进行零件造型,创建毛坯。用"轮廓"方法加工"2"字零件,并生成加工刀具路径及 NC 代码。

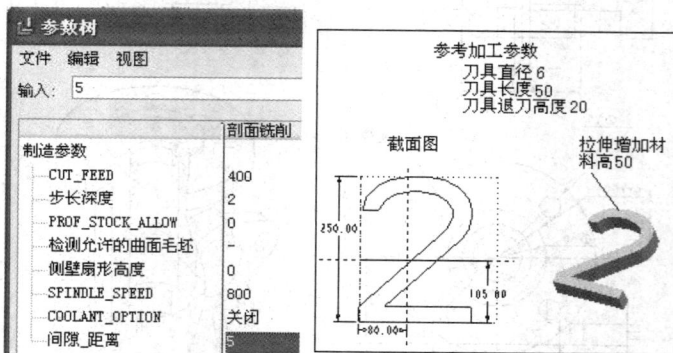

图 13-144

3. 加工练习【3】

要求:根据已知零件、参考加工参数及模型,如图 13 - 145 所示,进行零件造型,创建毛坯。用"轮廓"方法加工"芯型",并生成加工刀具路径及 NC 代码。

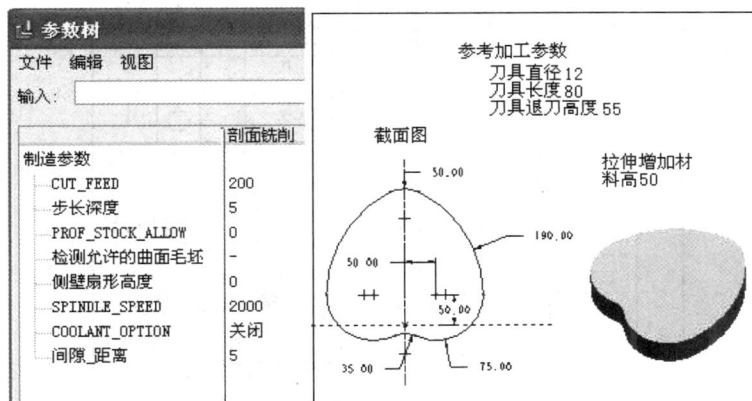

图 13 - 145

4. 加工练习【4】

要求:根据已知零件、参考加工参数及模型,如图 13 - 146、图 13 - 147 所示,进行零件造型,创建毛坯。分别用"腔槽加工"和"孔加工"该零件,并生成加工刀具路径及 NC 代码。

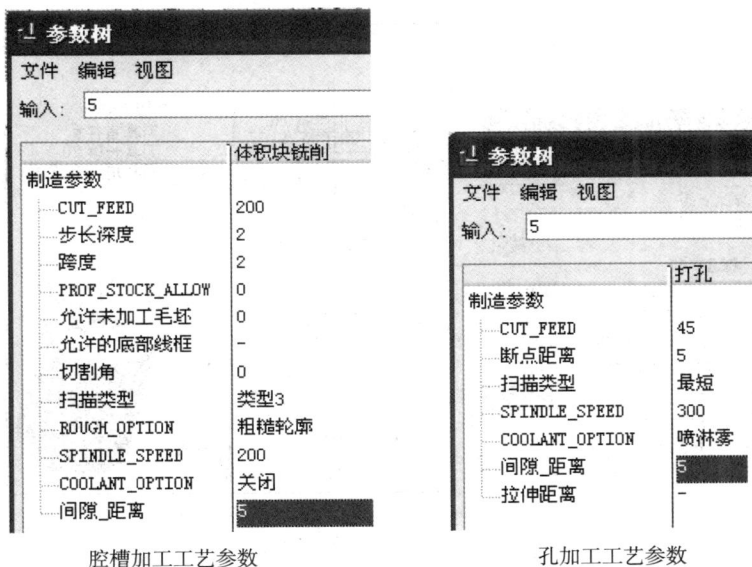

腔槽加工工艺参数　　　　孔加工工艺参数

图 13 - 146

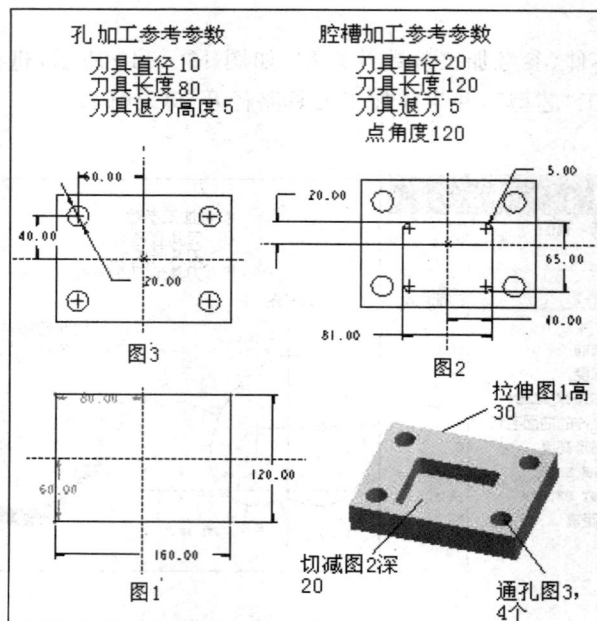

图 13-147

5. 加工练习【5】

要求：根据已知零件、参考加工参数及模型，如图 13-148 所示，进行零件造型，创建毛坯。用"刻模"加工零件上的文字，并生成加工刀具路径及 NC 代码。

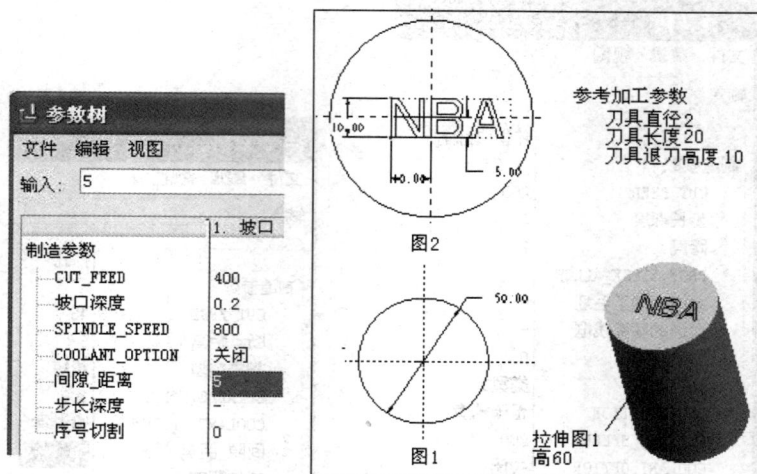

图 13-148

6. 加工练习【6】

要求：打开光盘 ch13-158，如图 13-149 所示，创建毛坯。用"曲面铣削"加工该零件，并生成加工刀具路径及 NC 代码。

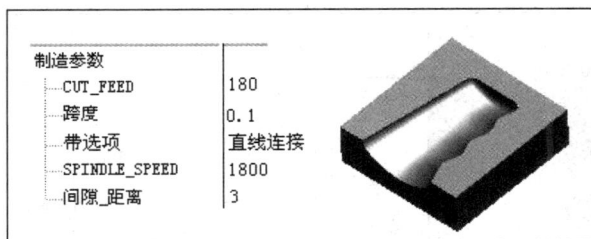

图 13－149

7. 加工练习【7】

要求：打开光盘 ch13－159,如图 13－150 所示。(1)设计香姑零件;(2)进行模具的开模仿真操作;(3)自定义加工参数,用"曲面铣削"加工香姑零件的凸模或凹模,并生成加工刀具路径及 NC 代码。

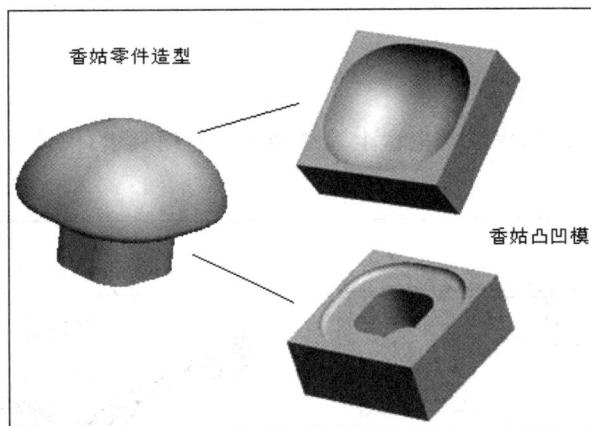

图 13－150

13.8　模具设计实训项目

Pro/ENGINEER Wildfire 5.0 系统中,有模具型腔和铸造型腔两个模块用于模具的设计和制造。除提供设计模具所需的常用工具外,还允许用户创建、修改、分析模具部件和装配件等。参照教材第十一部分,根据模具设计的一般流程和操作技巧,完成零件的模具设计。

1. 杯子模具设计

要求：根据已知零件图,完成杯子造型并进行模具设计。

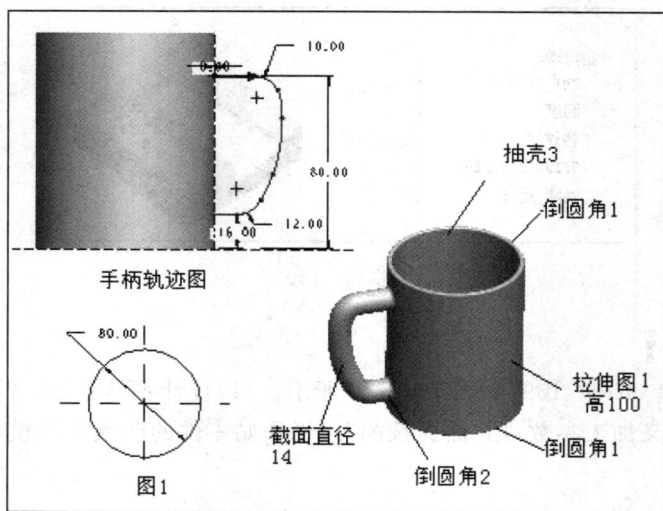

图 13 - 151

2. 香皂盒上盖模具设计

要求:根据已知零件图,完成香皂盒上盖造型并进行模具设计。

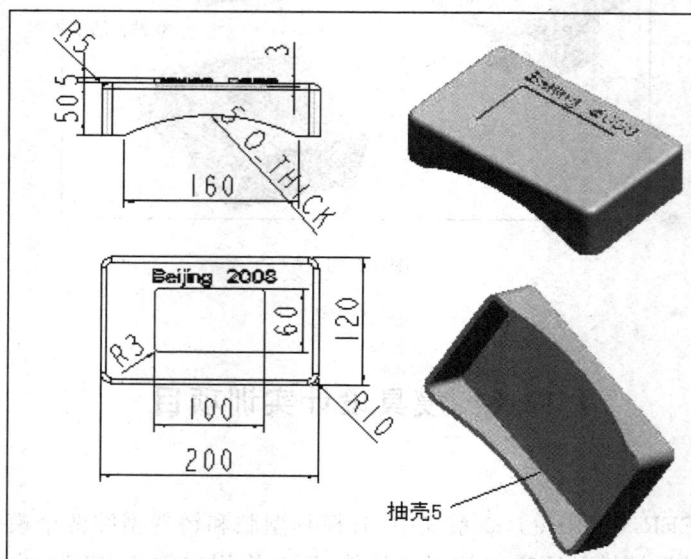

图 13 - 152

3. 香皂盒底盖模具设计

要求:根据已知零件图,完成香皂盒底盖造型并进行模具设计。

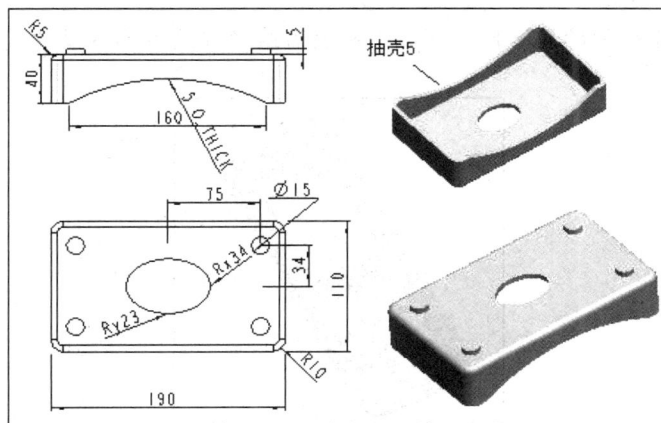

图 13 - 153

4. 香菇模具设计

要求:根据已知零件图,完成香菇造型并进行模具设计。

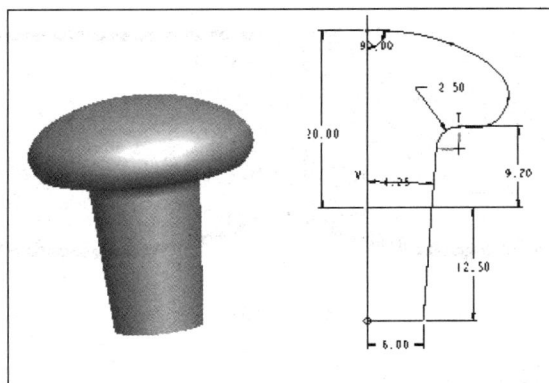

图 13 - 154

5. 电吹风模具设计

要求:打开光盘零件 ch13 - 155,完成电吹风造型并进行模具设计。

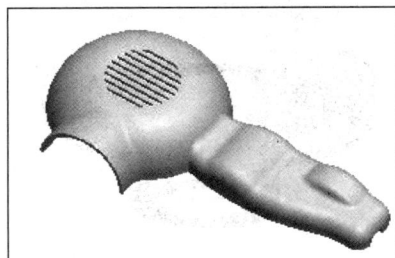

图 13 - 155

6. 手机上盖模具设计

要求:打开光盘零件 ch13 - 156,完成手机上盖造型并进行模具设计。

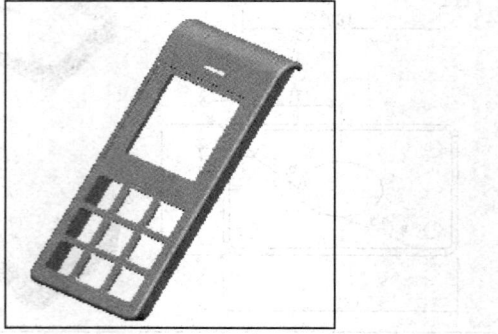

图 13 - 156

7. 计算器下盖模具设计

要求:打开光盘零件 ch13 - 157,完成计算器下盖造型并进行模具设计。

图 13 - 157

8. 煤气灶按钮模具设计

要求:打开光盘零件 ch13 -158,完成煤气灶按钮造型并进行模具设计。

图 13 - 158

9. 连接座模具设计

要求:打开光盘零件 ch13 - 159,完成连接座造型并进行模具设计。

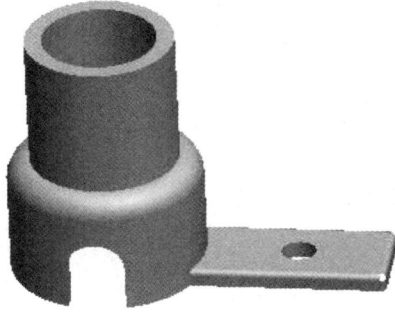

图 13 - 159

图书在版编目(CIP)数据

Pro/E Wildfire 5.0 三维设计基础教程/周源,刘良瑞主编. —合肥:合肥工业大学出版社,2016.8(2025.9 重印)

ISBN 978 - 7 - 5650 - 2784 - 0

Ⅰ.①P…　Ⅱ.①周…②刘…　Ⅲ.①机械设计—计算机辅助设计—应用软件—教材

Ⅳ.①TH122

中国版本图书馆 CIP 数据核字(2016)第 122474 号

Pro/E Wildfire 5.0 三维设计基础教程

主　编　周　源　刘良瑞	责任编辑　马成勋

出　版	合肥工业大学出版社	版　次	2016 年 8 月第 1 版
地　址	合肥市屯溪路 193 号	印　次	2025 年 9 月第 3 次印刷
邮　编	230009	开　本	787 毫米×1092 毫米　1/16
电　话	理工图书出版中心:15555129192	印　张	19.75
	营销与储运管理中心:0551 - 62903198	字　数	480 千字
网　址	press.hfut.edu.cn	印　刷	安徽联众印刷有限公司
E-mail	hfutpress@163.com	发　行	全国新华书店

ISBN 978 - 7 - 5650 - 2784 - 0　　　　　　　定价:48.00 元

如果有影响阅读的印装质量问题,请与出版社营销与储运管理中心联系调换。